中等职业学校教材

AutoCAD 2020基础及应用

陈　燕　主编　杨玉萍　副主编　孟笑红　主审

化学工业出版社

·北京·

内 容 简 介

《AutoCAD 2020 基础及应用》主要内容包括：AutoCAD 2020 入门知识、AutoCAD 2020 绘图设置及辅助工具、图层、基本绘图命令、编辑修改功能、查询与图案填充、文字与表格的创建、尺寸标注、块操作和外部参照、图形输出、二维图形绘制综合实例、装配图的绘制过程、绘制和编辑三维网格、三维实体绘制、三维实体编辑。每章均配有相关习题，全书配有 20 个二维码视频讲解。

本书紧密结合企业需求，注重实操能力培养，内容通俗易懂，图文声并茂。

本书适用于中等职业学校机械加工类专业学生，也可作为 CAD 从业者的入门辅导教材。

图书在版编目（CIP）数据

AutoCAD 2020 基础及应用/陈燕主编；杨玉萍副主编. —北京：化学工业出版社，2022.9

中等职业学校教材

ISBN 978-7-122-41763-3

Ⅰ. ①A… Ⅱ. ①陈… ②杨… Ⅲ. ①AutoCAD 软件-中等专业学校-教材 Ⅳ. ①TP391.72

中国版本图书馆 CIP 数据核字（2022）第 109241 号

责任编辑：高　钰　　　　文字编辑：蔡晓雅　师明远

责任校对：刘曦阳　　　　装帧设计：刘丽华

出版发行：化学工业出版社（北京市东城区青年湖南街 13 号　邮政编码 100011）

印　　装：大厂聚鑫印刷有限责任公司

787mm×1092mm　1/16　印张 $16^1/_2$　字数 298 千字　2022 年 10 月北京第 1 版第 1 次印刷

购书咨询：010-64518888　　　　售后服务：010-64518899

网　　址：http://www.cip.com.cn

凡购买本书，如有缺损质量问题，本社销售中心负责调换。

定　　价：42.00 元

前　言

AutoCAD 是一个交互式的绘图软件，可用于二维及三维设计、绘图，广泛应用于建筑、机械、测绘、电子、航空航天设计等领域，是从业人员不可或缺的一项技能。本书从学习者技术岗位能力的需求出发，内容由浅入深，并以适当的案例讲解引导学习者对所学内容融会贯通。

为使学习者更直观掌握各种绘图技术，本书在各章节重要知识点处配套了二维码讲解视频，学习者可通过手机二维码扫描查看知识点的具体讲解及部分习题的过程讲解。

本书共分十五章，第 1~12 章以二维绘图设计、编辑及装配图的绘制为主，第 13~15 章是三维实体设计及编辑，学习者可根据自己的需求选择学习。

参与本书编写的人员都是长期从事 CAD 教学和研究的一线教师。本书由陈燕担任主编、杨玉萍担任副主编，孟笑红担任主审，具体分工如下：第 1、2 章由王静、鄢鹏负责编写，第 3 章由赵艳茹负责编写，第 4 章由王峥嵘负责编写，第 5~7 章由陈美伊、郑盈盈负责编写，第 8、12 章由李响负责编写，第 9、15 章由陈燕、杨玉萍负责编写，第 10、11 章由王丽丽负责编写，第 13、14 章由张妍负责编写。

本书同步配有 PPT 电子教案，如有需要，请发电子邮件至 cipedu@163.com 获取，或登录 www.cipedu.com.cn 免费下载。

由于编者水平有限，书中疏漏之处欢迎广大读者批评指正。

编者

2022 年 4 月

目　录

第1章

AutoCAD 2020入门知识

20 世纪 60 年代，美国麻省理工学院采用人机交互技术，开发出第一个正式意义上的 CAD。在 CAD 软件发展初期，CAD 的含义仅仅是图板的替代品，意指 Computer Aided Drawing（or Drafting）而非现在我们经常讨论的 CAD（Computer Aided Design）所包含的全部内容。

1.1 AutoCAD 2020 基础知识

1.1.1 起源与发展

CAD 技术以二维绘图为主要目标的算法一直持续到 20 世纪 70 年代末期，应用较为广泛的是 CADAM 软件和 AutoCAD 软件。随着计算机硬件的高速发展以及三维 CAD 设计的诸多优势，三维 CAD 逐步取代二维 CAD。

截止到目前，CAD 技术已经经过了 60 多年的历程，纵观 CAD 的整个发展历程，可以分为这样五个阶段：

① 初始准备阶段。1959 年 12 月在 MIT 召开的一次计划会议上，明确提出了 CAD 的概念。

② 研制试验阶段。1962 年，美国 MIT 林肯实验室的博士研究生 I.E.Sutherland 发表了名为“Sketchpad 人机交互图形系统”的论文，首次提出计算机图形学、交互技术、分层存储的数据结构新思想，实现了人机结合的设计方法。1964 年美国通用汽车公司和 IBM 公司成功研制了将 CAD 技术应用于汽车前玻璃线性设计的 DAC-Ⅰ系统。这是 CAD 第一次用于具体对象上的系统，之后 CAD 技术得到了迅猛的发展。

③ 技术商品化阶段。20 世纪 70 年代，CAD 技术开始步入实用化，从二维技术发展到三维技术，开发 CAD 技术的软件公司层出不穷。

④ 高速发展阶段。20 世纪 80 年代开始，CAD 技术进入了高速发展阶段。随着科学技术的迅速发展，计算机的成本大幅度下降，计算机硬件和软件功能

提高的同时价格不升反降，使 CAD 的硬件配置和软件开发能够满足中、小型企业的承受能力，从此 CAD 技术不再被大企业垄断。Autodesk 公司 1982 年推出微机辅助设计与绘图软件系统 AutoCAD，随后多次更新版本，完善系统功能，在 CAD 发展的历程中产生了巨大的影响。

⑤ 全面普及阶段。20 世纪 90 年代开始，CAD 技术在设计领域得到了广泛应用，成为工程界一种重要的设计手段。

1.1.2　AutoCAD 2020 基本功能

（1）AutoCAD 2020 基本功能

① 平面绘图：AutoCAD 能以多种方式创建直线、圆、椭圆、多边形、样条曲线等基本图形对象。AutoCAD 提供了正交、对象捕捉、极轴追踪、捕捉追踪等辅助工具。正交功能使用户可以很方便地绘制水平、竖直直线，对象捕捉可帮助拾取几何对象上的特殊点，而追踪功能使画斜线及沿不同方向定位变得更加容易。

② 编辑图形：AutoCAD 具有强大的编辑功能，可以移动、复制、旋转、阵列、拉伸、延长、修剪、缩放等。AutoCAD 的“绘图”菜单包含丰富的绘图命令，也可以将绘制的图形转换为面域，对其进行填充。如果再借助于“修改”菜单中的修改命令，便可以绘制出各种各样的二维图形。

AutoCAD 能轻易在图形的任何位置、沿任何方向书写文字，可设定文字字体、倾斜角度及宽度缩放比例等属性。

图层管理功能：图形对象都位于某一图层上，可设定图层颜色、线型、线宽等特性。

③ 三维绘图：可创建 3D 实体及表面模型，能对实体本身进行编辑。

网络功能：可将图形在网络上发布，或是通过网络访问 AutoCAD 资源。

数据交换：AutoCAD 提供了多种图形图像数据交换格式及相应命令。

二次开发：AutoCAD 允许用户定制菜单和工具栏，并能利用内嵌语音 Autolisp、Visual、Lisp、VBA、ADS、ARX 等进行二次开发。

④ 标注图形尺寸：可以创建多种类型尺寸，标注外观可以自行设定。尺寸标注是向图形中添加测量注释的过程，是整个绘图过程不可缺少的一步。AutoCAD 的“标注”菜单中包含了一套完整的尺寸标注和编辑命令，使用它们可以在图形的各个方向上创建各种类型的标注，也可以方便、快速地以一定格式创建符合行业或项目标准的标注。

标注显示了对象的测量值，对象之间的距离、角度或者特征与指定原点的距离。在 AutoCAD 中提供了线性、半径和角度 3 种不同的标注类型，可以进行水平、垂直、对齐、旋转、坐标、基线或连续等标注。此外，还可以进行引线标注、公差标注，以及自定义粗糙度标注。标注的对象可以是二维或者三维图形。

⑤ 渲染三维图形：在 AutoCAD 中，可以运用雾化、光源和材质，将模型渲染为具有真实感的图像。如果是为了演示，可以渲染全部对象，如果时间有限或显示设备和图形设备不能提供足够的灰度等级和颜色，就不必精细渲染，如果只需要快速查看设计的整体效果，则可以简单消隐或设置视觉样式。

⑥ 输出与打印图形：AutoCAD 不仅允许将所绘图形以不同样式通过绘图仪或打印机输出，还允许将不同格式的图形导入 AutoCAD 或将其以其他格式输出。因此，当图形绘制完成之后，可以使用多种方法输出。

（2）AutoCAD 2020 附加功能

① 新的黑暗主题：通过对比度改进，更清晰的图标和现代蓝色界面减少眼睛疲劳。

② 块调色板：使用可视库从最近使用的列表中有效插入块。

③ 文字设定：将单行或多行文本创建为单个文本对象。

④ 中心线和中心标记：创建和编辑移动关联对象时自动移动的中心线和中心标记。

⑤ AutoCAD Web 应用程序：AutoCAD 2020 通过浏览器可从任何设备创建、编辑和查看 CAD 绘图。

⑥ AutoCAD 移动应用程序：AutoCAD 2020 支持在移动设备上创建、编辑和查看 CAD 绘图。

⑦ 共享视图：在 Web 浏览器中发布图形的设计视图以进行查看和注释。

⑧ 云存储连接：使用 Autodesk 的云以及领先的云存储提供商访问 AutoCAD 中的任何 DWG 文件。

⑨ CUI 定制：自定义用户界面以改善可访问性并减少频繁任务的步骤数。

⑩ DWG 比较功能：使用此功能可以在模型空间中亮显相同图形或不同图形的两个修订之间的差异。

1.1.3　AutoCAD 2020 运行环境

AutoCAD 2020 系统配置要求：

操作系统：Windows7 SP1（仅限 64 位）、Windows8.1（仅限 64 位）、Windows10（仅限 64 位）。

CPU：基本要求 2.5~2.9GHz，建议 3GHz 或更高频率处理器。

内存：最低 8GB。

分辨率：1920 × 1080 真彩色。

显卡：建议使用与 DirectX 11 兼容的显卡。

磁盘空间：4GB 或以上可用硬盘空间。

NET Framework：.NET Framework 版本 4.7 或更高版本。

浏览器：Windows Internet Explorer® 11.0 或更高版本。

1.1.4　启动与退出

（1）AutoCAD2020 的启动

“开始”菜单 ⇨ AutoCAD 2020。

在桌面上找到 AutoCAD 2020 的快捷程序（如图 1-1 所示），左键双击打开程序，或者单击右键，在弹出快捷菜单中，单击“打开”。

启动 AutoCAD 2020 后，进入了 AutoCAD 2020 的开始页面（如图 1-2 所示），系统将会自动创建一个名为“Drawing1.dwg”的图形文件，该图形文件默认以 acadiso.dwt 为样板创建。

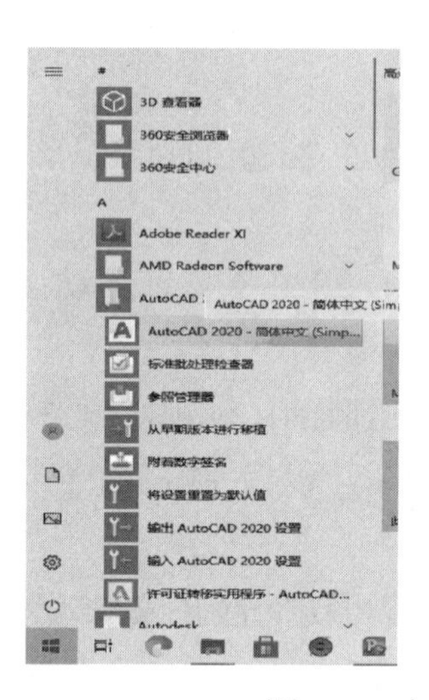

图 1-1　应用程序图标

（2）AutoCAD 2020 的退出

鼠标左键单击标题栏最右上角的关闭按钮✕。

应用程序按钮：A键按钮⇨“退出 Autodesk AutoCAD 2020”[如图 1-3（a）所示]。

菜单栏：“文件”菜单⇨“退出”［图 1-3（b）]。

命令行：输入“QUIT”以空格结束。

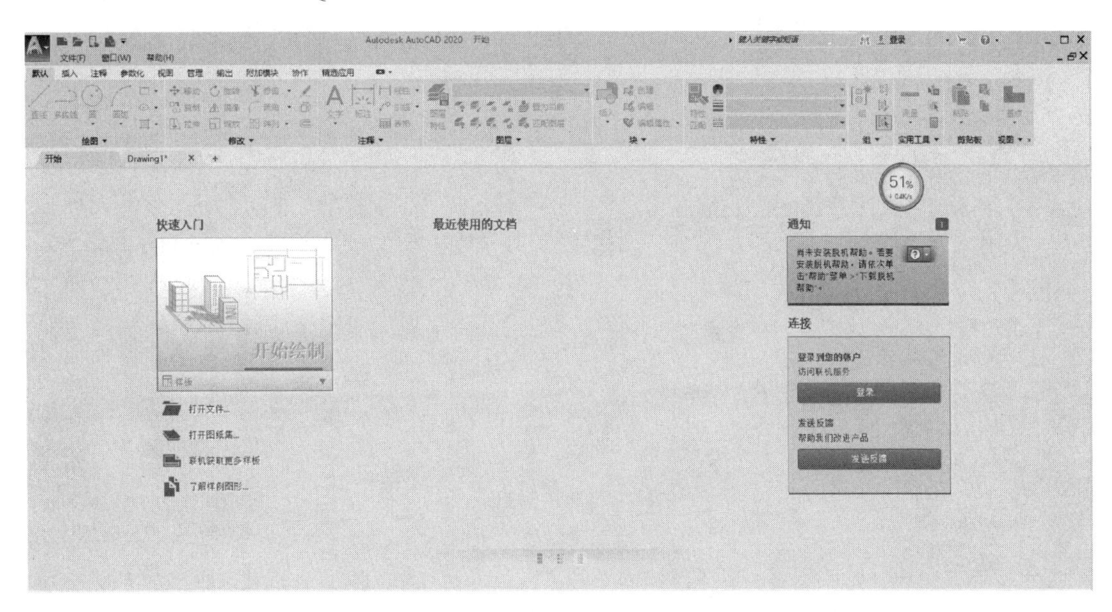

图 1-2　开始页面

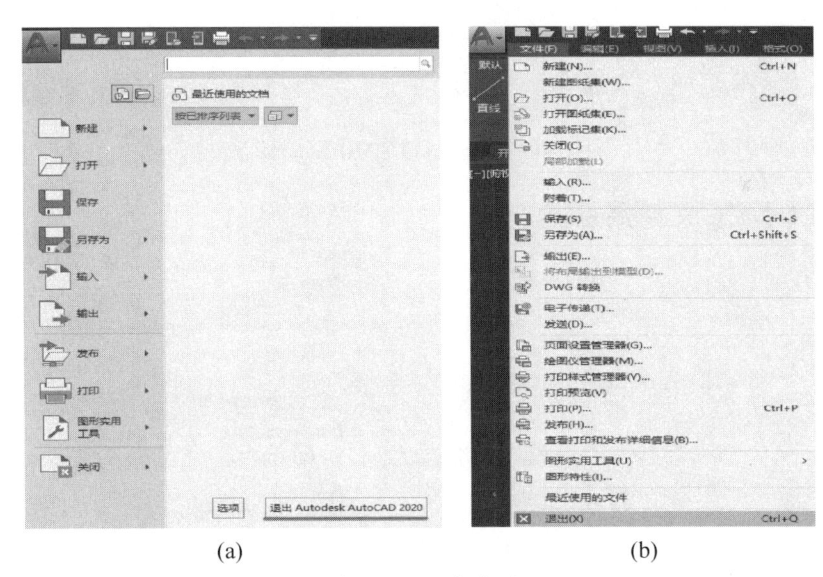

(a)　(b)

图 1-3　退出方式

1.2　AutoCAD 2020 基本组成

M1-1　AutoCAD 2020 界面组成讲解

1.2.1　AutoCAD 2020 界面组成

（1）应用程序按钮

AutoCAD 2020 的操作界面是显示、编辑图形的区域，其窗口组成如图 1-4

所示，窗口组成的内容按照由上到下，从左及右的顺序依次是应用程序按钮 、快速访问工具栏、标题栏、菜单栏、功能区、绘图区、坐标系、命令窗口、状态栏等。

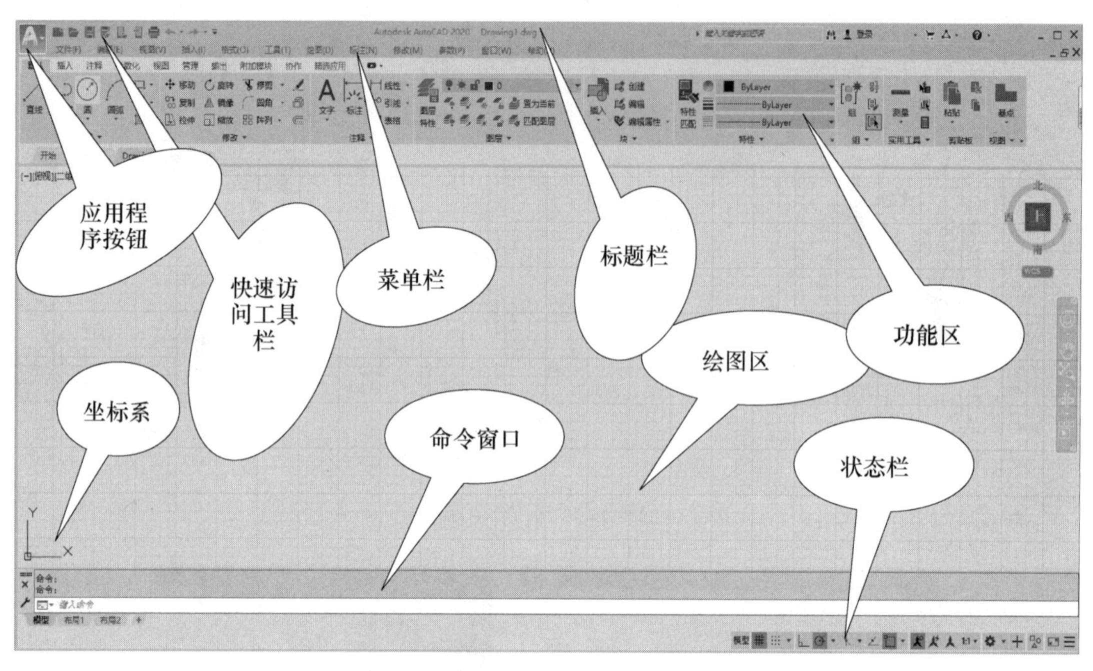

图 1-4　AutoCAD 2020 窗口组成

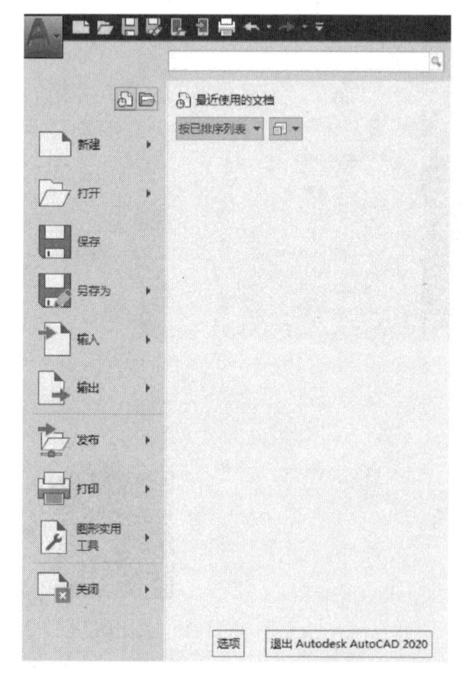

图 1-5　应用程序按钮

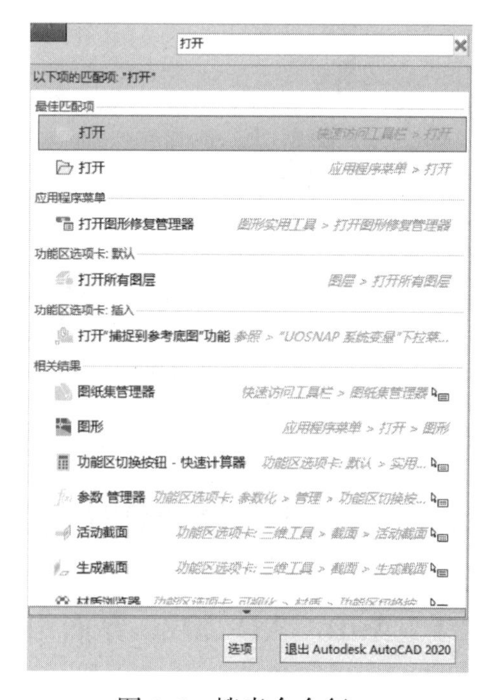

图 1-6　搜索命令行

应用程序按钮位于 AutoCAD 2020 操作界面窗口的左上角，单击按钮，会弹出一个左右两栏的下拉列表，其中列表左侧包含“新建”“打开”“保存”“另存为”“输入”“输出”等命令（如图 1-5 所示），右侧包含“搜索”命令（如图 1-6 所示）以及“最近使用的文档”列表。在列表的最下方，有一个选项按钮，单击选项按钮，会弹出一个包含“文件”“显示”“打开和保存”等多个选项卡的选项对话框（如图 1-7 所示）。

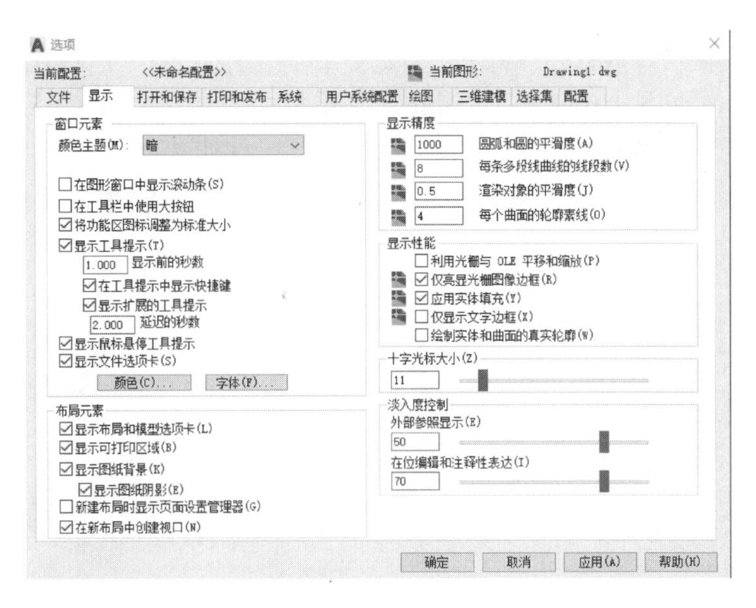

图 1-7　选项对话框

（2）快速访问工具栏

快速访问工具栏位于按钮右侧，标题栏的最左侧，它里面包含了 AutoCAD 常用的 9 个快捷命令按钮，从左到右依次是“新建”“打开”“保存”“另存为”“从 Web 和 mobile 中打开”“保存到 Web 和 mobile”“打印”“放弃”“重做”以及工作空间下拉列表框最右侧的按钮。其中，工作空间下拉列表框可以选择不同的工作空间进行切换，需要注意的是不同的工作空间对应不同的操作界面。单击按钮可以打开下拉菜单，在菜单中可以自定义快速访问工具栏中显示的命令按钮。

（3）标题栏

标题栏位于 AutoCAD 2020 操作界面窗口的最上端。标题栏显示了当前软件名称以及当前新建或打开的图形文件名称。标题栏的最右侧是“最小化”按钮、“恢复窗口”按钮和“关闭”按钮。

（4）交互信息工具栏

交互信息工具栏位于标题栏右侧，主要包括“搜索框”“A360 登录栏”

“App store” 和“保持连接” 4 个部分。

（5）菜单栏

菜单栏位于按钮右侧，标题栏与快捷访问工具栏的下方。但在 AutoCAD 2020 的任何工作空间中，菜单栏都是默认不显示状态。因此只有单击快捷访问工具栏最右侧按钮，在弹出的下拉菜单中选择显示菜单栏命令（如图 1-8 所示），才能够将菜单栏显示出来。

菜单栏共包含了“文件”“编辑”“视图”“插入”“格式”“工具”“绘图”“标注”“修改”“参数”“窗口”“帮助”12 个菜单，并且每一个菜单下面都有一级或几级子菜单（如图 1-9 所示）。因此，菜单栏中收纳了 AutoCAD 2020 的绝大部分命令，但是过多的命令集中在一起给实际操作带来了很多不便。因为无论要查找哪个命令都需要打开多级菜单，通常操作一般不使用菜单栏执行命令，只是为了查找或者执行某些少数不常用的命令。

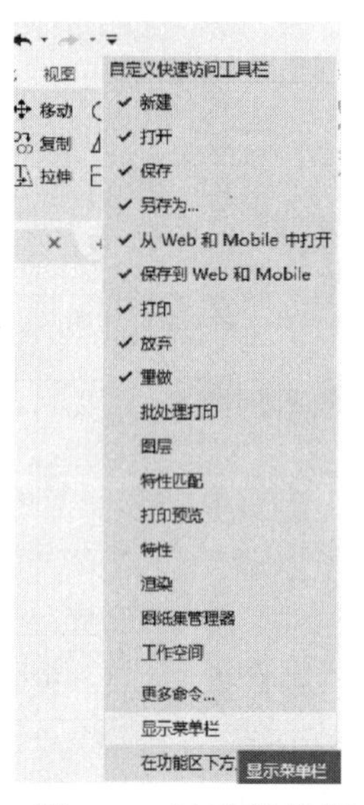

图 1-8　显示菜单栏

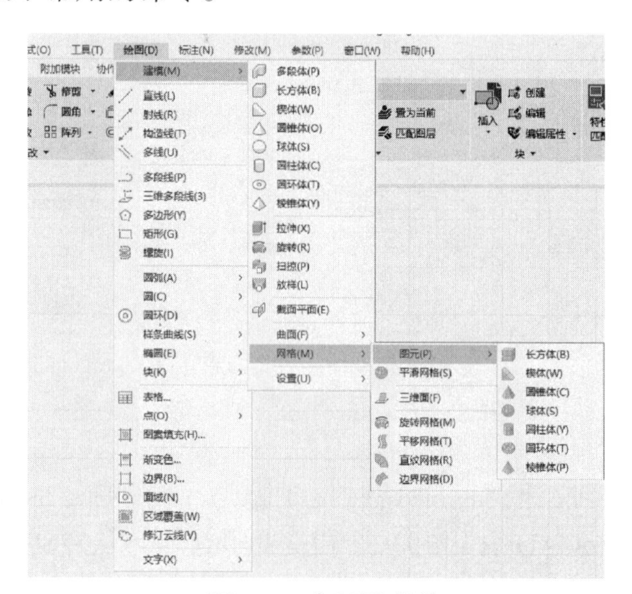

图 1-9　多级子菜单

（6）功能区

功能区（如图 1-10 所示）位于菜单栏的下方，它是 AutoCAD 2020 各种命令选项卡的集合，主要用于显示与工作空间相对应的按钮与命令，是 AutoCAD 主要的操作命令调用区域。

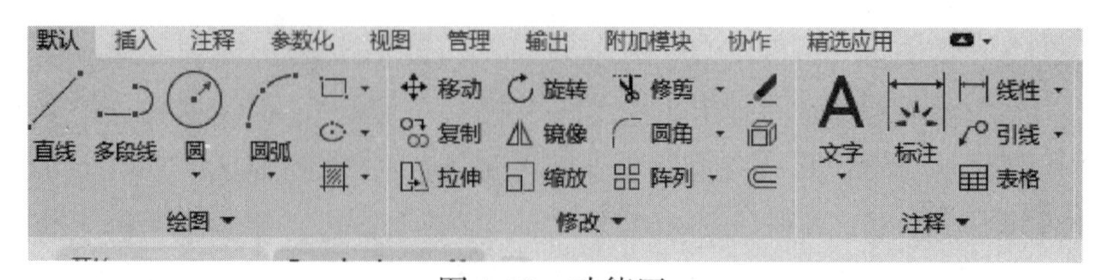

图 1-10　功能区

① 功能区显示方式：功能区可以采取水平或者垂直的方式显示，也可以显示为浮动选项板，另外单击功能选项卡最右侧下拉按钮后面的按钮，在弹出的功能区切换状态选项卡列表（如图 1-11 所示）中选择其中一种最小化状态选项，即可以选定最小化状态显示。而单击下拉按钮左侧的按钮，即可在各种最小化功能状态之间切换显示。

② 功能区选项卡的组成：系统默认的是“草图与注释”工作空间，在这个工作空间的功能区包含了“默认”“插入”“注释”“参数化”“视图”“管理”“输出”“附加模块”“协作”“精选应用”十个选项卡，每一个选项卡包含若干功能面板，每个功能面板包含若干命令按钮。

a.“默认”选项卡。“默认”选项卡（如图 1-12 所示）包含了“绘图”“修改”“注释”“图层”“块”“特性”“组”“实用工具”“剪贴板”“视图”10 个功能面板。

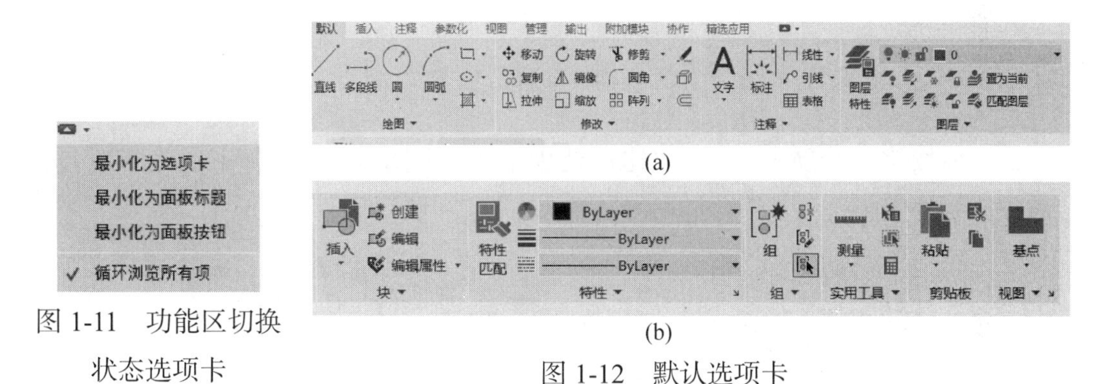

图 1-11　功能区切换状态选项卡

图 1-12　默认选项卡

b.“插入”选项卡。“插入”选项卡（如图 1-13 所示）主要用于图块、外部

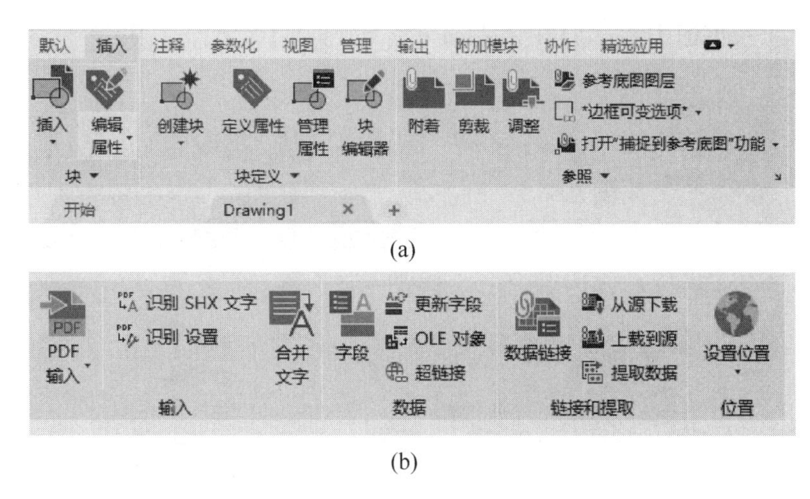

图 1-13　插入选项卡

参照等外在图形的调用，其中包含了“块”“块定义”“参照”“输入”“数据”“链接和提取”“位置”7 个功能面板。

c.“注释”选项卡。“注释”选项卡（如图 1-14 所示）提供了详尽的标注命令，其中包含了“文字”“标注”“中心线”“引线”“表格”“标记”“注释缩放”7 个功能面板。

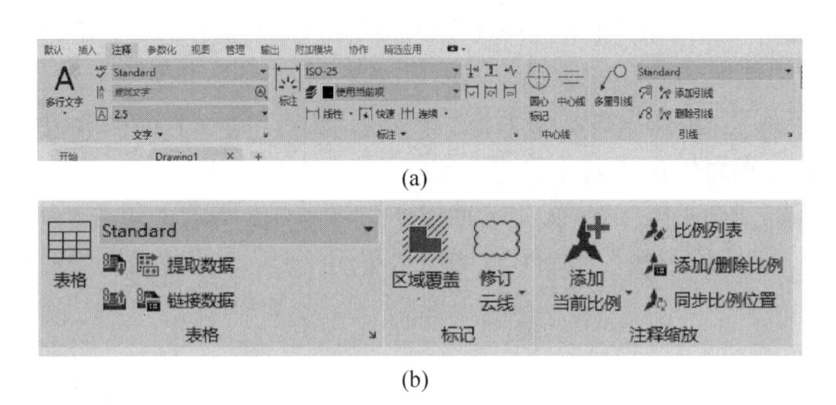

(a)

(b)

图 1-14　注释选项卡

d.“参数化”选项卡。“参数化”选项卡（如图 1-15 所示）主要提供管理图形约束方面的命令，包含了“几何”“标注”“管理”3 个功能面板。

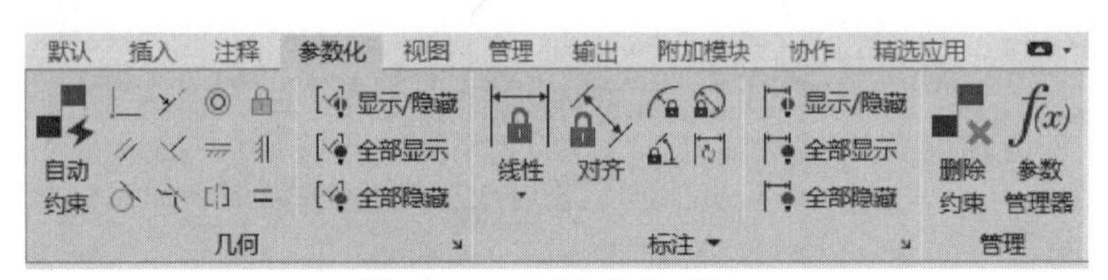

图 1-15　参数化选项卡

e.“视图”选项卡。“视图”选项卡（如图 1-16 所示）提供了大量用于控

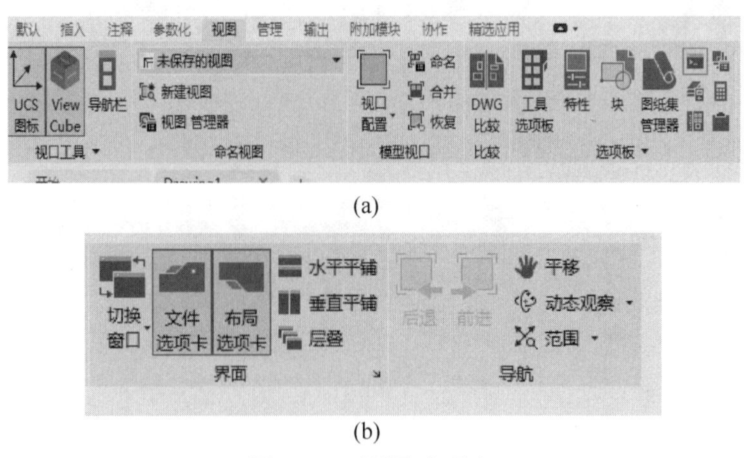

(a)

(b)

图 1-16　视图选项卡

制视图显示的命令，其中包含了“视口工具”“命名视图”“模型视口”“比较”“选项板”“界面”“导航”7 个功能面板。

f.“管理”选项卡。“管理”选项卡（如图 1-17 所示）可以用来加载 AutoCAD 各种插件与应用程序，其中包含了“动作录制器”“自定义设置”“应用程序”“CAD 标准”“清理”5 个功能面板。

图 1-17　管理选项卡

g.“输出”选项卡。“输出”选项卡（如图 1-18 所示）提供了图形输出的相关命令，其中包含了“打印”和“输出为 DWF/PDF”2 个功能面板。

图 1-18　输出选项卡

h.“协作”选项卡。“协作”选项卡（如图 1-19 所示）可以分别提供共享视图和 DWG 图形比较功能，其中包含了“共享”和“比较”2 个功能面板。

图 1-19　协作选项卡

i.“附加模块”选项卡。“附加模块”选项卡收纳了在 Autodesk 应用程序网站中下载的各类应用程序和插件。

③ 调整功能区位置：功能区各选项卡的位置不是一成不变的，右键单击功能选项卡名称，在弹出的调整功能区快捷菜单（如图 1-20 所示）中选择“浮动”命令，“功能区”便可浮动在“绘图区”上方（如图 1-21 所示）。在浮动显示的功能区选项卡菜单中，鼠标左键拖动各选项卡，就可以自由调整其位置。

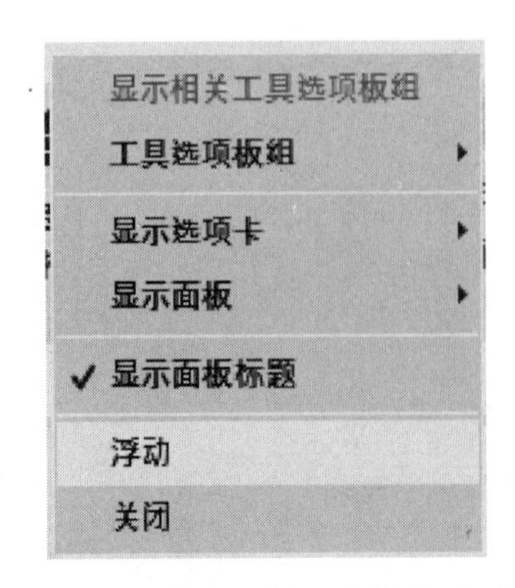

图 1-20　调整功能区快捷菜单

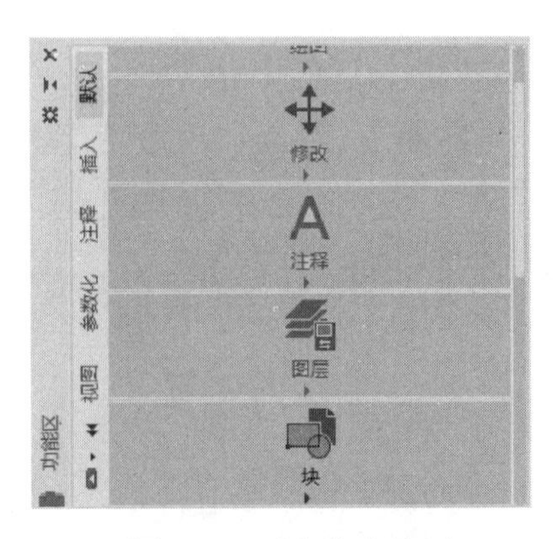

图 1-21　浮动功能区

（7）标签栏

标签栏（如图 1-22 所示）位于功能区的下方、绘图区的上方，是所有打开的图形文件名称的标签集合。每个打开的图形文件都会在标签栏显示一个标签，单击标签栏的文件标签可以快速切换图形文件窗口。

图 1-22　标签栏

其中“开始”标签是系统默认的，始终显示在标签栏的最前面位置，创建和打开其他图形文件时并不影响它的排列。

将光标放置在标签栏的图形文件名称上时，可以预览显示模型的图像与布局。若将光标滑过某个预览图像，相应的模型或布局将临时显示在绘图区中。

单击文件标签上的 ✕ 按钮，可以快速关闭当前的图形文件；单击标签栏上 ＋ 按钮，可以快速新建图形文件；右键单击标签栏的空白位置，弹出包含“新建”“打开”“全部保存”“全部关闭”命令的快捷菜单。

（8）绘图区

绘图区位于用户界面的正中央，绘图的核心操作都在这一区域，是 CAD 绘图的主要区域。它由十字光标、坐标系图标、ViewCube 工具和视口控件几部分组成。

① 十字光标：十字光标（如图 1-23 所示）是类似十字线的光标，其坐标点反映了光标在当前坐标系中的位置。在 AutoCAD 中，十字线的长度系统预设为绘图区域大小的 5%。在应用程序按钮的选项对话框中，选择显示选项卡（如图 1-24 所示），可以根据需要修改十字光标的大小。

② 坐标系图标：在绘图区的左下角有一个箭头指向的图标，称为坐标系图标，表示用户绘图时正在使用的坐标样式。坐标系图标的作用是为点的坐标确

定提供一个参照系。根据绘图工作的需要，用户可以选择打开或者关闭坐标系图标。

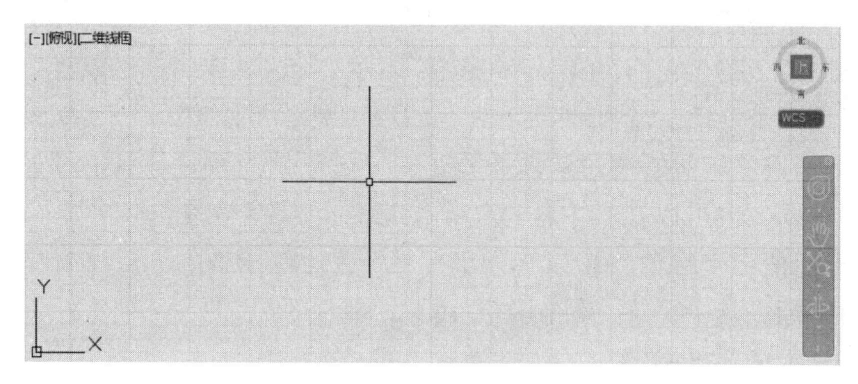

图 1-23　十字光标

图 1-24　显示选项卡

③ ViewCube 工具：在绘图区的右上角浮现的是 ViewCube 工具图标。它是一种方便的工具，可以用来控制三维视图的方向，用于重定向三维模型的视图。

④ 视口控件：视口控件显示在绘图区的左上角，它提供了更改视图、视觉样式和其他设置的便捷方式。用户可以单击视口控件中三个括号区域中的任意一个来更改设置。

（9）命令窗口

命令窗口默认位于绘图区的下方，是一个可固定（浮动）并可调整大小的窗口。用来显示命令、系统变量、选项、信息和提示。由“命令行”和“命令历史窗口”两部分构成。

（10）状态栏

状态栏位于整个窗口的最底部，用来显示 AutoCAD 当前的状态。它包括快速查看工具、坐标值、绘图辅助工具、注释工具、工作空间工具等 5 部分。

① 快速查看工具：通过快速查看工具，可以快速预览打开的图形，以及模型空间与布局，也可以在其中任意切换图形，并以缩略图的形式显示。

② 坐标值：坐标值一栏以直角坐标系（*X*、*Y*、*Z*）的形式实时显示光标所处位置的坐标。其中，在二维制图模式下，只显示 *X* 轴、*Y* 轴坐标，在三维建模模式下显示全部坐标轴。

③ 绘图辅助工具：绘图辅助工具主要是为了提高绘图的速度以及准确性，包括“模型”“栅格”“捕捉模式”“推断约束”“动态输入”“正交模式”“极轴追踪”“对象捕捉”等工具。

④ 注释工具：用于显示缩放注释的工具。在不同的模型空间和图纸空间，显示对应的注释工具。当图形状态栏打开时，注释工具将显示在绘图区的底部；当图形状态栏关闭时，注释工具被移至应用程序状态栏。

⑤ 工作空间工具：用于切换工作空间，以及进行工作空间设置等操作。

1.2.2 图形文件管理

AutoCAD 2020 图形文件管理包括创建新的图形文件、打开已有的图形文件、保存图形文件以及关闭图形文件等操作。

（1）创建新的图形文件

应用程序按钮：键按钮⇨“新建”⇨“选择样板”（如图 1-25 所示）对话框，选择图形样板文件，点击“打开”按钮，创建图形文件。

快速访问工具栏：在自定义快速访问工具栏单击“新建”按钮。

菜单栏：选择“文件”菜单⇨“新建”命令，在弹出的“选择样板”对话框中，选择图形样板文件，点击“打开”按钮，创建新的图形文件。

标签栏：单击标签栏上新建按钮。

命令行：键入“NEW”或“QNEW”后以空格键结束，在弹出的“选择样板”对话框中，选择图形样板文件，点击“打开”按钮，创建新的图形文件。

快捷键：Ctrl+N。

启动 AutoCAD 2020 后，系统会自动创建一个以“Drawing1.dwg”命名的图形文件，且该文件默认以“acadiso.dwt”为样板。

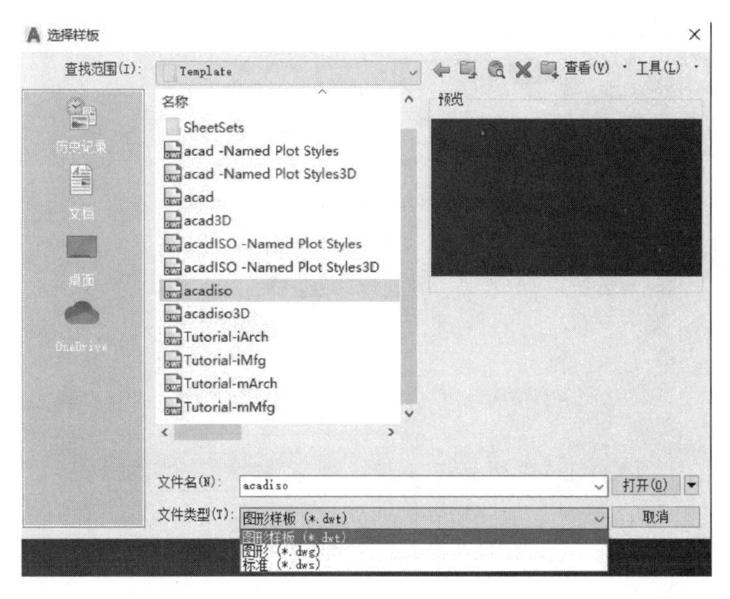

图 1-25　选择样板对话框

常见的 AutoCAD 文件格式类型有“DWG”“DWT”“DXF”“DWS”“DWL”等。其中 DWG 是 CAD 默认的图形文件格式，是用户建立的二维或三维图形档案，可以直接在 CAD 软件中双击打开；DWT 是图形样板文档，经常用来保存一些图形设置和常用对象；DXF 是包含图形信息的文本文件，其他的 CAD 系统可以读取文件中的信息；DWS 是图形标准文件；DWL 是与 DWG 相关联的文件，一般在 CAD 强制退出时容易生成与原 DWG 同名的这类文件，一旦生成此类文件原 DWG 文件无法打开，必须手动删除 DWL 文件，原 DWG 文件才可恢复。

（2）打开已有图形文件

应用程序按钮：键按钮⇨“打开”⇨选择需要的文件。

快捷方式：直接双击要打开的 DWG 图形文件。

快速访问工具栏：在自定义快速访问工具栏单击“打开”按钮，弹出“选择文件”（如图 1-26 所示）对话框，查找出要打开的图形文件，单击“打开”按钮。

菜单栏：选择“文件”菜单⇨“打开”命令，弹出“选择文件”对话框，查找出要打开的图形文件，单击“打开”按钮。

标签栏：在标签栏空白位置右键单击，在弹出的快捷菜单中选择“打开”，弹出“选择文件”对话框，查找出要打开的图形文件，单击“打开”按钮。

命令行：键入“OPEN”或“QOPEN”。

快捷键：Ctrl+O。

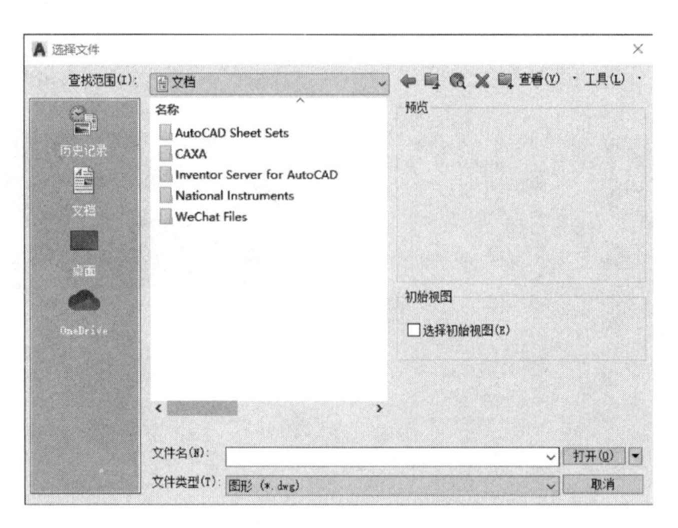

图 1-26　选择文件对话框

（3）保存图形文件

对打开的已有图形进行修改后，可用“另存为”（如图 1-27 所示）命令对其进行改名存储。

图 1-27　图形另存为对话框

应用程序按钮：键按钮⇨“保存”/“另存为”。

快速访问工具栏：在自定义快速访问工具栏单击“保存”按钮/“另存为”按钮。

菜单栏：选择“文件”菜单⇨“保存”/“另存为”命令。

标签栏：在标签栏空白位置右键单击，在弹出的快捷菜单中选择“另存为”选项。

命令行：在命令行输入“SAVE”命令。

（4）关闭图形文件

应用程序按钮：A·键按钮⇨“关闭”⇨“关闭当前图形”/“关闭所有图形”。

快捷方式：标题栏最右侧的关闭按钮×。

菜单栏：选择“文件”菜单⇨“退出”命令。

标签栏：关闭单个标签，可以单击相应标签栏右侧的关闭按钮×。关闭所有标签，在标签栏空白位置右键单击，在弹出的快捷菜单中选择“全部关闭”。

命令行：键入 Ctrl+Q。

1.3 图形显示与控制

在绘图过程中，为了更好地观察和绘制图形，通常需要对视图进行重生成、平移、缩放等操作。

1.3.1 重画与重生成图形

使用“重画”命令，系统将在显示内存中更新屏幕，消除临时标记。使用“重画”命令（REDRAW），可以更新用户使用的当前视图。重生成与重画在本质上是不同的，利用“重生成”命令可重生成屏幕，此时系统从磁盘中调用当前图形的数据，比“重画”命令执行速度慢，更新屏幕花费时间较长。

CAD 使用时间太久或者图纸中内容过多，有时就会影响到图形的显示效果，这时就会用到“重生成”命令来恢复，类似于很多软件中的刷新功能。此命令不仅可以重新计算当前视图中所有对象的屏幕坐标，重新生成整个图形，还能重新建立图形数据库索引，从而优化显示和对象选择的性能。需要注意的是要显示的图形越多，重生成所需的时间越长，这并不是由图形的大小决定的，而是由最终要显示到屏幕上的线、三角形填充等数据的数量决定的。

那么，重画与重生成命令的异同点有哪些呢?

① 作用不同。重新生成命令的作用是重新生成整个图形或者是重新计算屏幕坐标,而重画命令的作用是快速刷新显示，清除所用的图形轨迹点，例如亮点和零散的像素等。

② 速度不同。重画命令和重新生成命令就是显示数据和显示效果的更新，重画和重生成的速度可以说成软件的显示速度，而重画命令要比重新生成命令更快。

③ 快捷命令不同。重画命令的快捷命令是“R”，而重新生成命令的快捷命令是“RE”。

1.3.2 视图平移

为了更好地观察图形的组成部分，可以采取视图平移的办法。视图平移是平行于屏幕移动图形，使用此命令或窗口滚动条可以移动视图的位置。使用“实时”选项，可以使用定点设备动态平移。但是视图平移只是改变其相对位置，不会改变视图的大小和角度。当图形不完全显示并且部分区域不可见时，即可使用平移命令（如图 1-28 所示），以便更好地观察图形。

功能区：在“视图”选项卡中，单击“导航”面板选择视图“平移”按钮。

菜单栏：选择“视图”菜单⇨“平移”命令。

命令行：键入 PAN 或者 P。

快捷操作：鼠标滚轮。

鼠标操作：通常情况下左键代表选择功能，右键代表确定“回车”功能。如果是 3D 鼠标，则滚动键起缩放作用。拖拽操作是按住鼠标滚动轮不放拖动鼠标。在窗口选择时从左往右拖拽鼠标左键表示窗选，从右往左拖拽表示框选。

1.3.3 视图缩放

视图缩放命令（如图 1-29 所示）可以调整当前视图大小，既能观察较大的图形范围，又能观察图形的细部而不改变图形的实际大小。可以通过放大和缩小操作更改视图的比例，类似于使用照相机进行缩放，只是改变视图的比例，并不改变图形对象的绝对尺寸。

图 1-28　视图平移

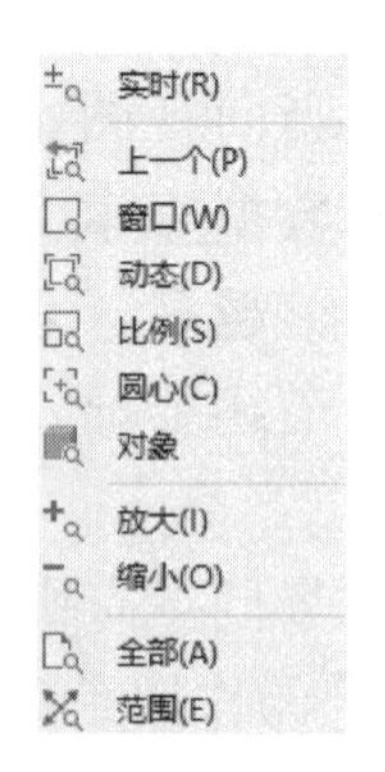

图 1-29　视图缩放

M1-2　视图平移与缩放演示

功能区：在“视图”选项卡中，单击“导航”面板选择视图缩放工具。

菜单栏：选择“视图”菜单⇨“缩放”命令。

命令行：键入 ZOOM 或者 Z。

快捷操作：鼠标滚轮。

其中范围缩放用以显示所有对象的最大范围；窗口缩放用以显示由矩形窗口指定的区域；实时放大或缩小显示当前视口中对象的外观尺寸；全部缩放用以显示所有可见对象和视觉辅助工具；动态使用矩形框平移和缩放；缩放使用比例因子进行缩放，以更改视图的比例；圆心缩放显示由中心点及比例值或高度定义的视图；对象缩放以在视图中心尽可能大地显示一个或多个选定对象；放大使用比例因子进行缩放，放大当前的视图比例；缩小使用比例因子进行缩放，减小当前的视图比例。

1.4　基本输入操作及快捷键操作

1.4.1　基本输入操作

AutoCAD 2020 的基本输入方式有功能区调用、菜单栏调用、工具栏调用、快捷菜单调用、命令行调用等多种。

（1）使用功能区调用

AutoCAD 2020 功能区收纳了几乎所有操作的常用命令。要执行命令只需在对应的面板选项卡中找到合适的功能按钮单击即可完成。

（2）使用菜单栏调用

在每一个菜单栏的下拉菜单中，有不同的绘图命令，通过菜单栏的下拉菜单也能快速地进入绘图中，事实上 CAD 软件的所有命令，都可以在菜单栏找到。

（3）使用命令行调用

使用命令行是 AutoCAD 的特色，它是最便捷的绘图方式。只要用户熟记绘图命令，就会大大提高绘图效率。

（4）使用快捷菜单调用

单击鼠标右键，在弹出的快捷菜单（如图 1-30 所示）中选择需要的命令。可以在“最近的输入”菜单中运用鼠标在执行过的命令行上下移动选择最近使用过的命令。

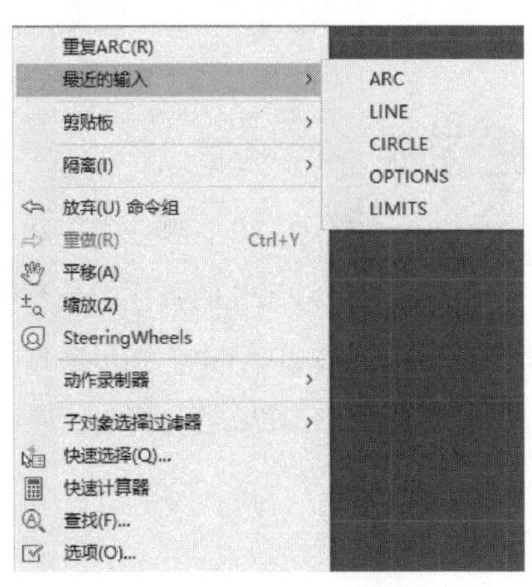

图 1-30　快捷菜单

（5）使用工具栏调用

AutoCAD 2020 的工具栏默认的是不显示状态，如果需要，依次打开“工具”菜单⇨工具栏选项，选中所需的工具栏。拖动工具栏边框，可以把工具栏放置在屏幕的任何位置。选取工具栏中的相应图标，在状态栏中也可以看到对应的命令说明及命令名。使用工具栏调用命令是 AutoCAD 的经典执行方式，但是随着 AutoCAD 技术的更新换代，这种方式现在已经不适合大多用户的操作需求。

1.4.2 快捷键操作

在实际绘图过程中，用户为了节约时间，提高绘图效率，一般都采取快捷键操作的方式，利用“ALT”热键，可以打开和激活菜单选项。在菜单栏和菜单命令后都有一个带下划线的字母，按住“ALT”+相应的字母，就可以打开相应的菜单，再按命令后的字母，就可以执行相应命令。

大多命令都可以用缩写，只需键入一两个字母就可以代表完整的命令。

以下是 AutoCAD 2020 常用的快捷命令。

ESC：取消当前正在执行的命令 Enter 或 Space：重复执行同一命令

Ctrl+Y：恢复前一次或者前几次已经放弃执行的命令

Ctrl+Z：撤销　　Ctrl+C：复制

Ctrl+X：剪切　　Ctrl+V：粘贴

Ctrl+N：新建　　Ctrl+O：打开

Ctrl+S：保存　　Ctrl+Q：退出

F1：获取帮助　　F2：作图窗口与文本窗口切换

F3：控制是否实现对象捕捉　　F4：数字化仪控制

F5：等轴平面切换　　F6：控制状态行上坐标的显示方式

F7：栅格显示模式控制　　F8：正交模式控制

F9：捕捉到极轴角度控制　　F10：极轴模式控制

F11：对象追踪模式控制　　F12：动态输入

习题

1. AutoCAD 2020 有哪些主要功能特性?
2. AutoCAD 2020 的界面组成有哪些?
3. AutoCAD 2020 中，图形文件的扩展名是什么，模板文档的扩展名是什么?
4. AutoCAD 2020 的打开方式有哪些?

第2章

AutoCAD 2020绘图设置及辅助工具

在使用CAD进行图形绘制的时候有些功能是需要提前设置的，只有对某些功能进行了相应的设置才可以大大加快绘图速度。通过对绘图辅助工具的适当设置，也可以提高用户制图的工作效率和绘图的准确性。

2.1 AutoCAD 2020绘图设置

2.1.1 图形单位设置

用户使用AutoCAD绘图，有时就会遇到把按“毫米”单位绘制的图插入按“米”或其他单位绘制图中这样的情况。要如何操作呢？“图形单位”既可以是“毫米”也可以是“米”，既可以是“公制”也可以是“英制”，它可以微小到“微米”也可以巨大到“光年”。其实“图形单位”并不是上述任何一个单位。“图形单位”是AutoCAD的虚拟度量单位，绘制CAD图形都需要有精确的尺寸，在AutoCAD 2020中有时需要根据图纸要求调整图形单位，用户可以根据绘图的需要自由设置或修改图形单位。设置图形单位方式：

应用程序按钮：A键按钮⇨“图形实用工具”选项⇨“单位”⇨弹出“图形单位”对话框。

菜单栏：“格式菜单”⇨“单位”⇨弹出“图形单位”对话框。

命令行：键入UNITS或UN。

在图形单位对话框中，一般“长度”用于设定或改变绘图长度单位类型和精度。

工程绘图中一般使用“小数”和“0.0000”。“角度”用于设定图形的角度单位类型和精度。工程绘图中一般使用“十进制度数”和“0”。“插入时的缩放单位”，用于缩放插入内容的单位，默认为“毫米”。“输出样例”按当前单位设置显示点的直角坐标和极坐标示例。“光源”用于指定光源强度单位，如图2-1所示。

2.1.2 图形界限设置

设置图形界限就是设置绘图界限，它相当于手工绘图时事先准备的图纸，绘图界限用于标明用户的工作区域和图纸的边界，以便于用户准确地绘制和输出图形，避免用户绘制的图形超出某个范围。设置“图形界限”最实用的一个目的，就是满足不同范围的图形在有限窗口中的恰当显示，以方便视窗的调整及用户的观察编辑等。用户可以使用 AutoCAD 2020 的图形界限功能，所设置图形界限的大小和 A0~A5 纸相对应，绘图时超出界限将无法进行绘图操作。

设置图形界限方式：

菜单栏：选择“格式”菜单⇨“图形界限”命令（如图 2-2 所示）。

命令行：键入 LIMITS。

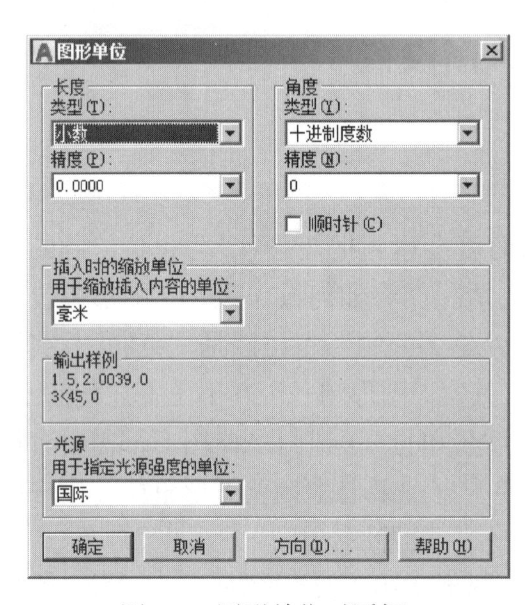

图 2-1 图形单位对话框

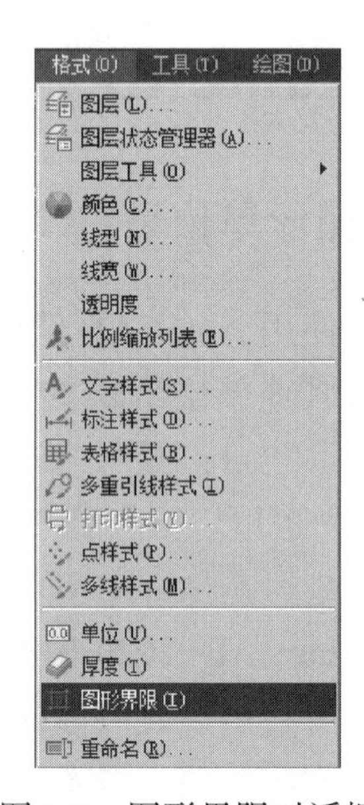

图 2-2 图形界限对话框

执行命令后，根据需要依次指定左下角点和右上角点。一般指定坐标原点为左下角点，右上角点根据用户需要的图形界限自主选择。其中需要注意的是，在进行图形界限设置时，一定要开启图形界限开关按钮（如图 2-3 所示）。

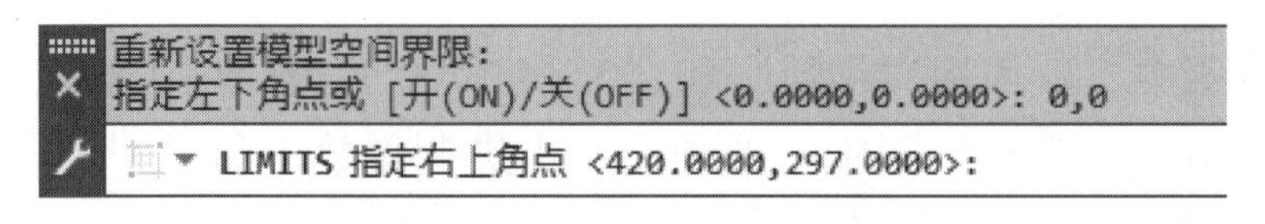

图 2-3 图形界限开关

在这个命令使用的过程中需要注意的是，在指定坐标值时，“*X*、*Y*、*Z*”三个方向的坐标值应该采用英文状态下的“逗号”隔开，在中文状态下的输入无效。常用的 A0~A5 的尺寸分别是 A0：841mm×1189mm；A1：594mm×841mm；A2：420mm×594mm；A3：297mm×420mm；A4：210mm×297mm；A5：105mm×210mm。CAD 默认的图形界限是 420mm×297mm 即 A3 纸型。

2.2 绘图辅助工具

M2-1　绘图辅助工具讲解

在实际绘图过程中，用十字光标定位虽然快捷方便，但是精度不够，因此为了解决快速准确定位问题，AutoCAD 提供了一系列实用的绘图辅助工具，如“栅格显示”“正交模式”“对象捕捉”“极轴追踪”“动态输入”等，通过对绘图辅助工具的适当设置，可以提高用户制图的工作效率和绘图的准确性。

2.2.1 绘图前光标设置

在使用 AutoCAD 定位辅助功能进行精准绘图时，主要通过光标来进行拾取、捕捉等一系列操作。为了能够快速识别定位状态、及时做出相应操作，需要先对光标进行设置。

（1）十字光标大小的调整

十字光标在绘图中可以作简单的参照，比如检验线画得够不够横平竖直，或者说太大或者太小的光标都会影响绘图，依照个人习惯不同，要先调整十字光标的大小。调整十字光标大小的方式：

图 2-4　选项对话框“显示”选项卡

应用程序按钮：键按钮⇨“选项”⇨“选项对话框”⇨“显示”选项卡（如图 2-4 所示）。

菜单栏：选择“工具”菜单⇨“选项”⇨“选项对话框”⇨“显示”选项卡。

命令行：键入 OPTIONS 或 OP。

快捷菜单：鼠标右键单击弹出快捷菜单⇨“选项”⇨“选项”对话框⇨“显示”选项卡。

左右调整“显示”选项卡右下部十字光标大小调节拉条，就可以在 1~100 的范围内随意调整十字光标的大小，拖动时左边的数字也跟着变化。数字的大小反映的是十字光标的大小，数字越大表明十字光标越大。一般系统默认为 5（如图 2-5 所示）。除了调节拉条以外也可以采取直接输入数值的方式确定十字光标的大小。将拉条拖到最右侧 100，再回到 CAD 主界面，就会看到十字光标变得很大，充满了整个屏幕，一般这样的光标用于大型的建筑图或者景观图的设计。

（2）靶框大小的调整

十字光标中心的框“”叫“拾取框”，拾取框的大小也是可以调节的。用户可以在选项对话框的“选择集”选项卡（如图 2-6 所示）内调整拾取框的大小。靶框的大小是可以任意调整的。在选项对话框的“绘图”选项卡（如图 2-7 所示）内对靶框大小进行调整设置。十字光标的虚线“靶框”会随之改变大小，“靶框”调得越小，在任务状态下，用户使用光标选择目标点时，需要将光标放到距离目标点很近的地方才可选中，反之，距离稍远也可以选中。同时调整“自动捕捉标记大小”和“靶框大小”，便于我们清晰地识别并自动捕捉标记点。

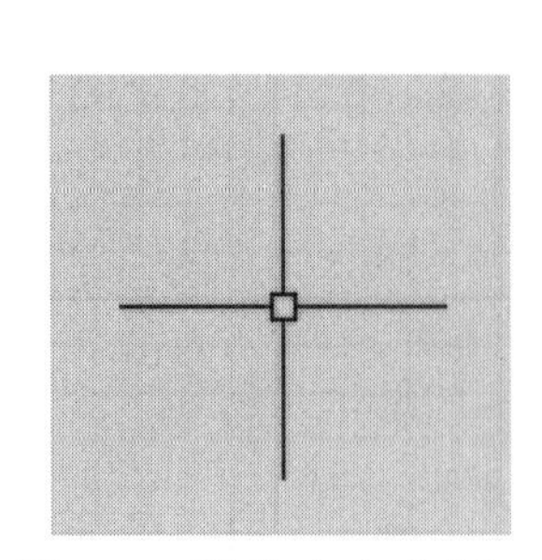

图 2-5　默认十字光标

图 2-6　“选项”对话框“选择集”选项卡

图 2-7　“选项”对话框“绘图”选项卡

2.2.2　精准定位工具

（1）正交工具

正交模式用于控制用户是否以正交方式绘图。AutoCAD 的正交，是将绘图光标限制在只能水平或垂直方向移动，以完成水平或垂直线的绘制。在正交模式下，可以方便地绘出与当前 *X* 轴或 *Y* 轴平行的线段。如果不采取这种模式，光标的移动几乎不可能绘制垂直或水平直线。

开启正交方式：

状态栏：“正交”按钮。

命令行：OREHO。

快捷键：F8。

（2）栅格工具

栅格是点或线的矩阵，遍布绘图的整个区域。利用栅格可以对齐对象并直观显示对象之间的位置与距离。设置合理的栅格间距和范围后，打开栅格捕捉，就可以不需要输入坐标值直接通过捕捉栅格来精确绘图。

开启栅格捕捉方式：

状态栏：“栅格”按钮。

快捷菜单：右键单击“栅格”按钮 ⇨“网格设置”⇨“草图设置”（如图 2-8 所示）⇨“捕捉和栅格”选项卡⇨启用栅格。

快捷键：F7。

勾选了“启用栅格”选项后，栅格的间距不是一成不变而是可以沿 *X* 轴、*Y* 轴随意调整的。但栅格仅是制图辅助工具，绘图时有无栅格均可，它只是对用户视觉的帮助，对打印没有影响，一般在绘制轴侧图形时才必须要用到栅格。

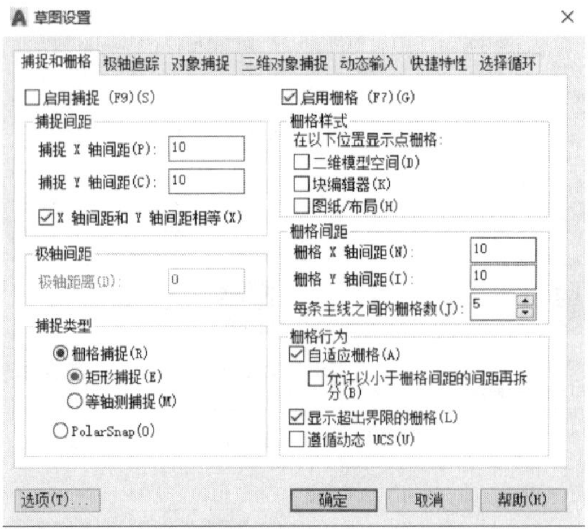

图 2-8　草图设置对话框

2.2.3　对象捕捉

用户在绘图时，靠鼠标和眼睛很难精确控制，利用 CAD 的捕捉功能可以很好地解决这个问题。对象捕捉属于透明命令，意即：在不退出其他操作的过程中，可以同时使用的命令。通过“对象”捕捉功能，可以精确定位现有图形对象的特征点，如圆心、中点、端点、节点等，为精确绘图提供有利条件，使用户在绘图过程中可直接利用光标来准确地确定目标点。“对象捕捉”生效需要满足以下两个条件：

（1）开启“对象捕捉”方式

状态栏：左键单击“对象捕捉”按钮。

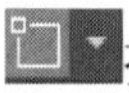

快捷键：F3。

（2）设置捕捉选项

状态栏：左键单击“对象捕捉”按钮右侧的下拉按钮⇨“对象捕捉设置”⇨“草图设置”⇨“对象捕捉”选项卡（如图 2-9 所示）。

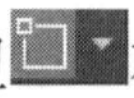

菜单栏：“工具”菜单⇨“绘图设置”⇨“草图设置”⇨“对象捕捉”。

快捷菜单：“对象捕捉”按钮右侧下拉按钮⇨“对象捕捉”快捷菜单（如图 2-10 所示）。

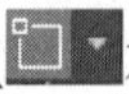

命令行：键入 OSNAP 或 OS/DESETTING 或 DS。

（3）对象捕捉特征点的含义及图示（图 2-11）

① 端点：END，捕捉离拾取点最近的直线、圆弧或多段线的端点，以及离拾取点最近的填充多边形或 3D 面的封闭角点。

② 中点：MID，捕捉对象的中点。

③ 圆心：CEN，捕捉圆或圆弧或椭圆的圆心。

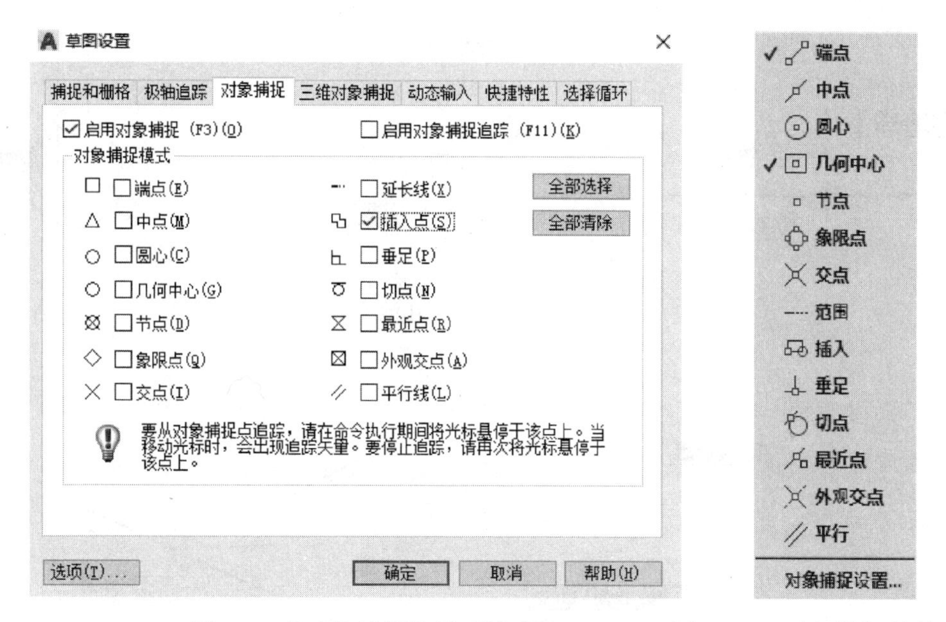

图 2-9　“对象捕捉”选项卡　　图 2-10　对象捕捉快捷菜单

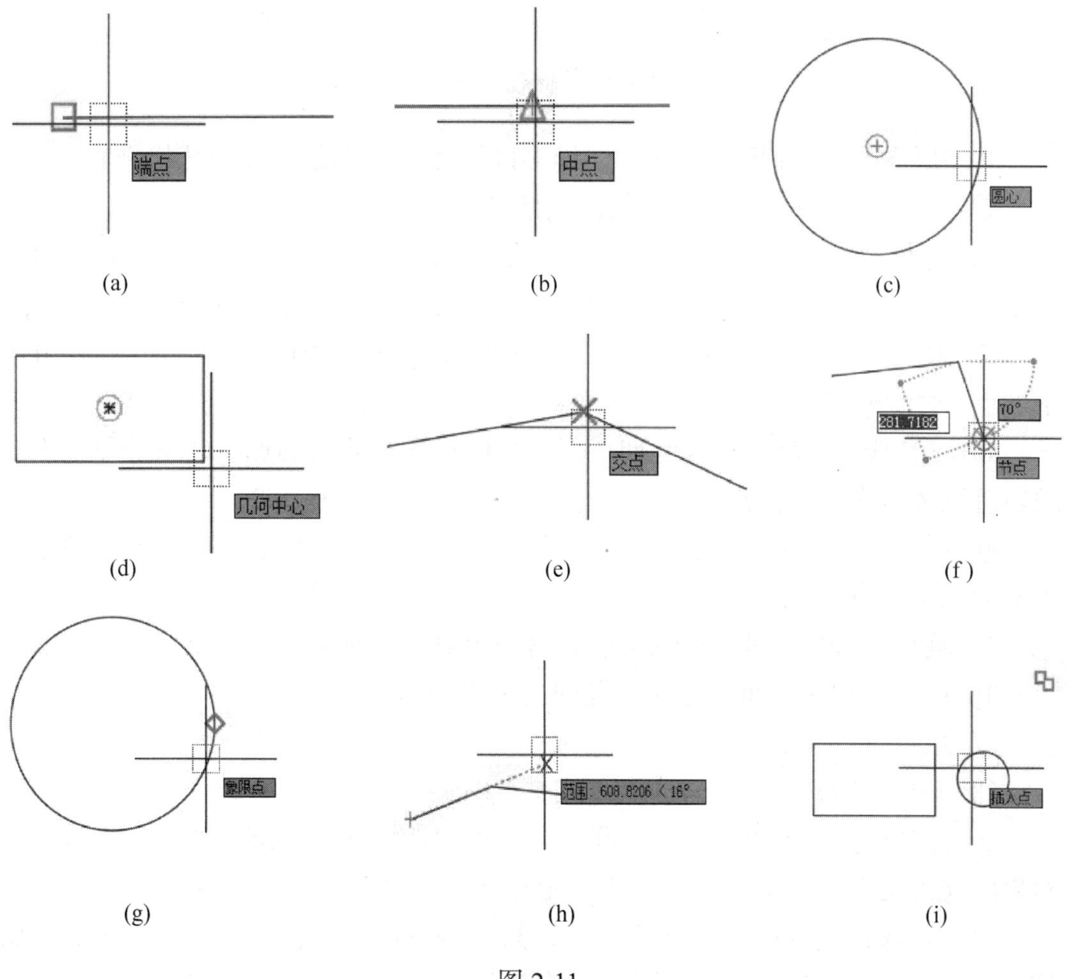

图 2-11

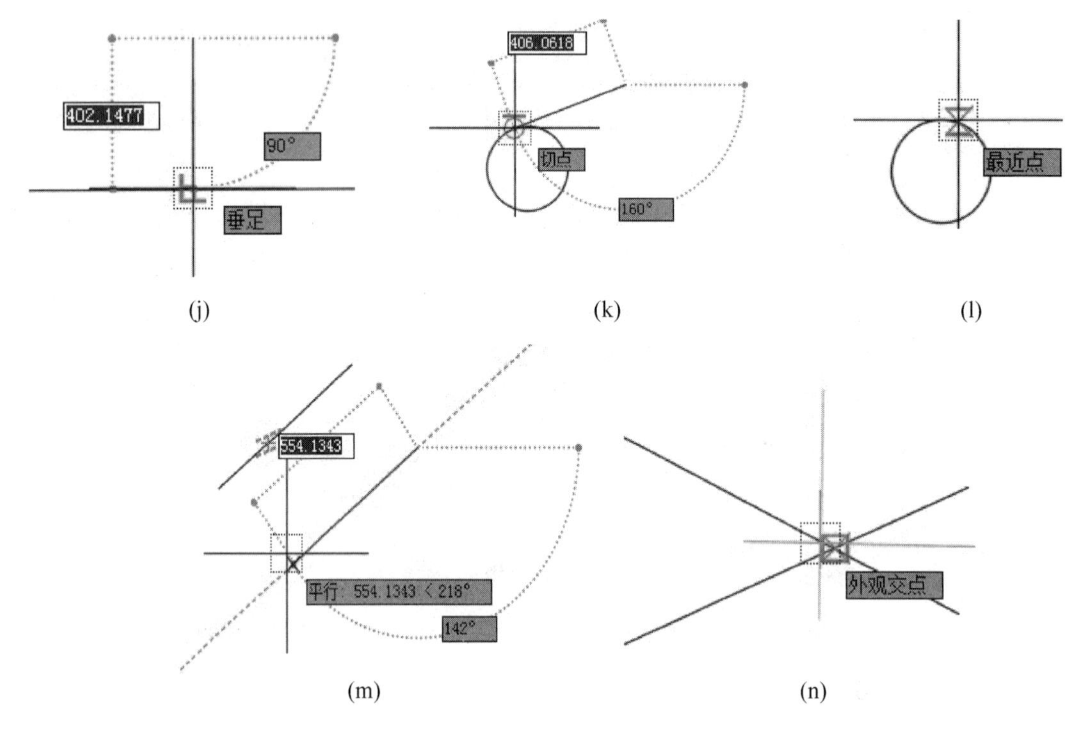

图 2-11　各捕捉特征点图示

④ 几何中心：捕捉多段线、二维多段线和二维样条曲线的几何中心点。

⑤ 节点：NOD，捕捉点对象，包括尺寸的定义点。

⑥ 交点：INT，捕捉直线、圆弧、圆或多段线的交点。如果第一次拾取时选择了一个对象，提示输入第二个对象，捕捉的是两个对象真实的或延伸的交点。

⑦ 象限点：QUA，捕捉圆、圆弧或椭圆上 0°、90°、180° 和 270° 方向上的点。

⑧ 延长线：EXT，捕捉延伸点。当光标移出对象的端点时，系统显示沿对象轨迹延伸出来的虚拟点。

⑨ 插入点：INS，捕捉插入图形文件中的块、形、文字、属性或属性定义等对象的插入点。

⑩ 垂足：PER，捕捉某指定点到另一个对象的垂点。

⑪ 切点：TAN，捕捉与圆、椭圆或圆弧相切的点。

⑫ 最近点：NEA，捕捉对象上最近的点。

⑬ 平行：PAR，捕捉与选定直线平行的点。

⑭ 外观交点：APP，二维空间，与捕捉交点相同；三维空间中，捕捉两个对象的视图交点（两个对象实际不一定相交，但是看上去相交）。

用户在操作过程中需要注意的是，只要是在草图设置对话框中勾选的对象捕捉内容，其选项会一直起作用。如果将所有选项都选上，不仅会增加 CAD 在捕捉时的计算量，同时这些选项之间也会造成相互干扰，所以只需勾选需要的常用选项。

2.2.4　对象捕捉追踪

（1）对象捕捉追踪

对象追踪更准确地说是对象捕捉追踪，也就是在捕捉对象特征点处进行追踪，可以方便地参考已有图形对象的相对位置，来快速精准地进行图形的绘制或编辑操作。利用对象追踪可以在捕捉的同时输入偏移量，并且可以通过对捕捉点进行追踪，获取沿极轴方向的交点等。

① 开启“对象捕捉追踪”方式：

状态栏：打开“对象捕捉追踪”按钮。

快捷键：F11。

② 设置对象捕捉追踪选项：

状态栏：右键单击“对象捕捉追踪”按钮 ⇨对象捕捉追踪设置⇨“草图设置”⇨“对象捕捉”⇨“启用对象捕捉追踪”。

菜单栏：“工具”菜单⇨“绘图设置”⇨“草图设置”⇨“对象捕捉”⇨“启用对象捕捉追踪”。

命令行：键入 DS/OS。

（2）极轴追踪

极轴追踪就是在作图时可以沿着某一角度追踪的功能。当极轴追踪按钮打开后，系统默认的极轴追踪是正交方向，即 0°、90°、180°、270° 方向。

① 开启“极轴追踪”方式：

状态栏：打开“极轴追踪”按钮。

快捷键：F10。

② 设置极轴追踪选项：

状态栏：右键单击“极轴追踪”按钮 ⇨正在追踪设置⇨“草图设置”⇨“极轴追踪”（如图 2-12 所示）。

菜单栏：“工具”菜单⇨“绘图设置”⇨“草图设置”⇨“极轴追踪”。

命令行：键入 OSNAP 或 OS/DESETTING 或 DS。

利用极轴追踪用户可以根据绘图需要设置极轴增量角，当光标移到靠近满足条件的角度时，就会在此方向显示一条绿色的虚线，也就是极轴，当光标被锁定在极轴上时，用户直接输入距离值就完成了操作。极轴增量角包括“5、10、15、18、22.5、30、45、90”这些数值，在需要角度超出这个范围时，勾选附加角选项，单击新建，可以添加任意角度的数值。

栅格捕捉、正交和极轴追踪都会限制光标的角度，因此极轴追踪不能与正交和栅格捕捉同时打开，打开极轴，就会自动关闭正交。

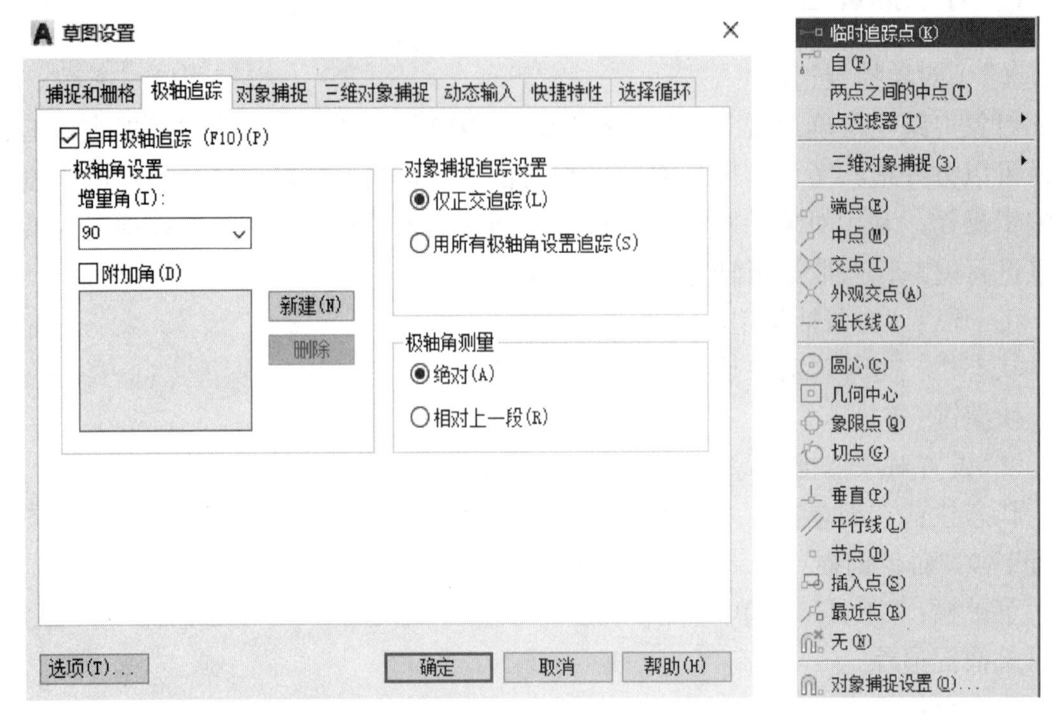

图 2-12　极轴追踪选项卡

图 2-13　“临时捕捉”快捷菜单

（3）临时追踪点

临时捕捉是一种一次性捕捉模式，这种模式不需要提前设置，当用户需要时临时设置即可。

开启“ 临时追踪”方式：用户只需在绘图的过程中，按住 Shift 键后单击右键，在弹出的临时捕捉快捷菜单（如图 2-13 所示）中找到需要的捕捉方式，再选择捕捉对象即可。

但值得注意的是这种捕捉模式只是单次有效，就算是在命令未结束时也不能反复使用。

（4）动态输入

动态输入是 AutoCAD 除了命令行以外又一种友好的人机交互方式。启用动态输入功能，可以直接在光标附近显示信息、输入值，比如画一条直线或一个圆时，会显示其尺寸大小、圆的半径大小等，数值会随着鼠标的移动而变化。

① 开启“动态输入”方式：

状态栏：打开“动态输入”按钮。

快捷键：F12。

启用动态输入功能后，将在光标处显示“标注输入”和“命令提示”等信息，从而为用户绘图提供极大的便利。动态输入有指针输入和标注输入两种类型。

指针输入（如图 2-14 所示）用于输入坐标值。

标注输入（如图 2-15 所示）能够直接显示当前绘图尺寸。

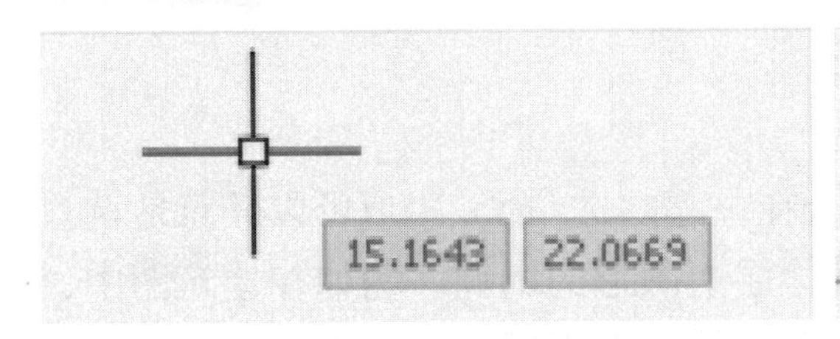

图 2-14　指针输入

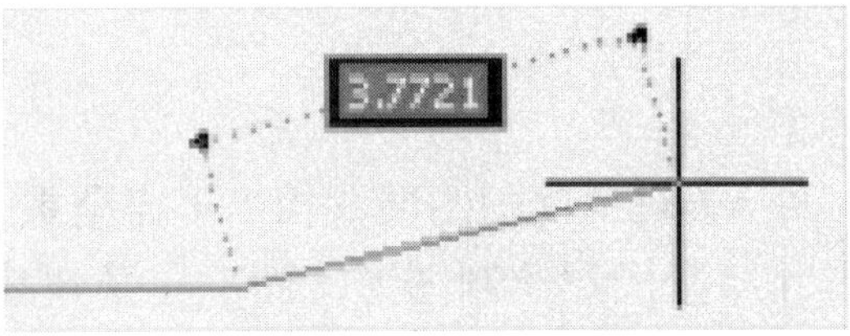

图 2-15　标注输入

② 动态输入设置：在“草图设置”对话框的动态输入选项卡（如图 2-16 所示）内，勾选“启用指针输入”和“可能时启用标注输入”。鼠标单击“指针输入”“标注输入”的设置按钮，对其进行设置。

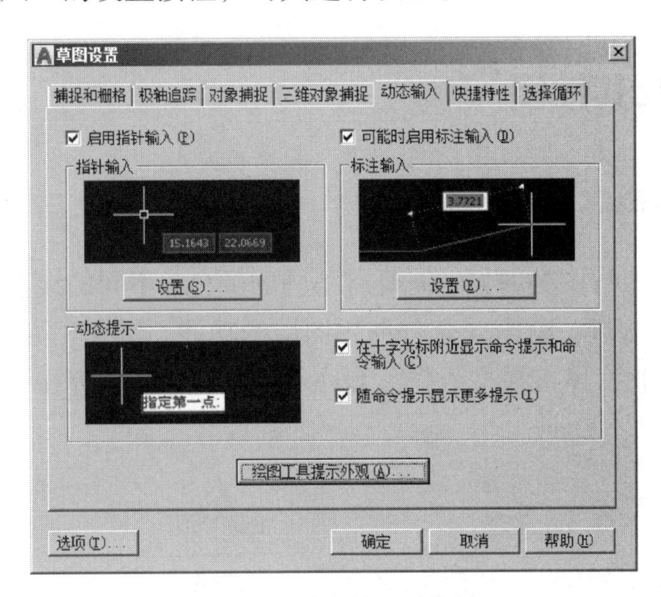

图 2-16　动态输入选项卡

习题

1. AutoCAD 2020 的常用快捷键有哪些?

2. AutoCAD 2020 的数据输入方式有哪些?

3. AutoCAD 2020 中，如何设置图形界限?

4. AutoCAD 2020 中，重画与重生成命令有什么区别?

第3章

图层

Auto CAD 的图层就相当于完全重合在一起的透明纸，用户可以任意地选择其中一个图层绘制图形，而不会受到其他层上图形的影响。例如在建筑图中，可以将基础、楼层、水管、电气和冷暖系统等放在不同的图层进行绘制；而在印制电路板的设计中，多层电路的每一层都在不同的图层中分别进行设计。在 AutoCAD 中每个图层都以一个名称作为标识，并具有颜色、线型、线宽等各种特性和开、关、冻结等不同的状态。本章主要介绍图层的创建与删除，设置图层颜色、线型、线宽以及图层的管理等内容。

3.1 图层及其性质

3.1.1 图层的概念

在绘制各种工程图的时候，需要有不同的颜色、不同的线型和不同的线宽，若要进行分项的管理，就需要充分利用图层的功能。图层相当于没有厚度的透明玻璃板，可以将实体按线型或颜色画在不同的板上，重叠在一起便形成图形，如图 3-1 所示。

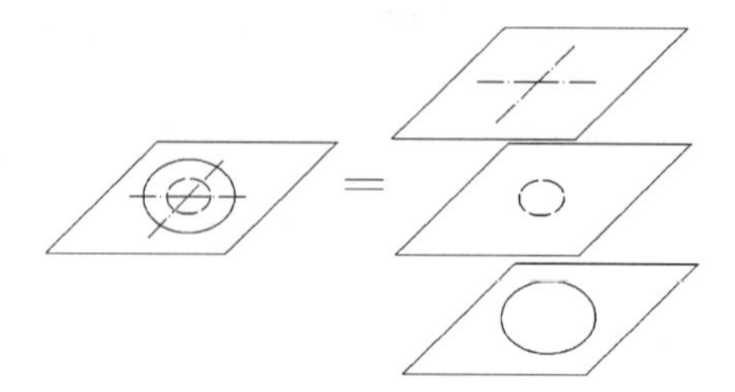

图 3-1　图层的原理

3.1.2 图层的性质

图层具有下列性质：

① 一幅图纸中可以包含多个图层，而每个图层中的图形数量不受任何限制。

② 在创建一张新图时，系统会自动生成“0”层，“0”层的缺省颜色、线型、线宽分别是“白色”“Continuous”“默认”。“0”层是不能被删除的。

③ 在同一张图纸中不允许建立相同名字的图层。

④ 用户在某一图层上绘制图形时，首先必须要把该图层设置为当前图层。

⑤ 图层可以打开或关闭。

⑥ 除了当前图层以外，其他图层都可以被冻结，而处于冻结图层上的实体是看不见的。

⑦ 当前图层和其他图层均可以被锁定，处于被锁定图层上的图形可以看见但不可以被编辑。

3.2 图层的设置

3.2.1 图层的创建与删除

在使用 AutoCAD 进行绘图工作前，用户最好根据行业要求创建好对应的图层。AutoCAD 的图层创建和设置等操作通常都在“图层特性管理器”选项板中进行。

（1）打开“图层特性管理器”选项板

功能区：“默认”选项卡⇨“图层”面板⇨“图层特性”按钮（图 3-2）。

功能区：“视图”选项卡⇨“选项板”面板 ⇨“图层特性”按钮（图 3-3）。

菜单栏：“格式”菜单⇨“图层”命令。

工具栏：“图层”工具栏中的“图层特性”按钮。

命令行：LAYER（缩写为 LA）。

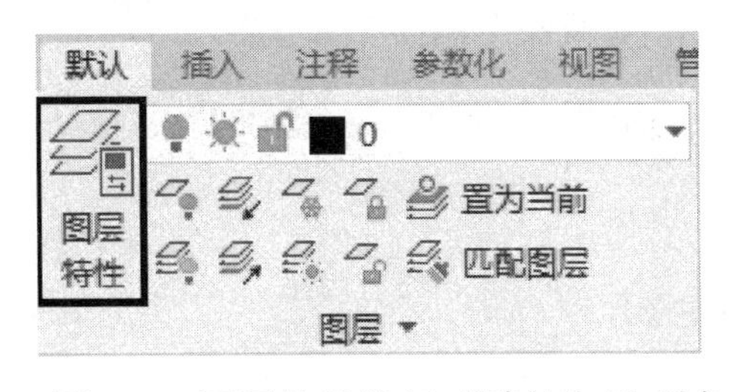

图 3-2　图层特性按钮“默认”选项卡

图 3-3　图层特性按钮“识图”选项卡

（2）图层的创建

执行上述任意命令后，弹出“图层特性管理器”选项板，如图 3-4 所示。

单击对话框上方的“新建”按钮，就可新建一个图层，如图 3-5 所示。默认情况下，创建的图层会以“图层 1”“图层 2”等按顺序进行命名，用户可以自行修改图层名称，单击该图层名就能修改图层的名称。

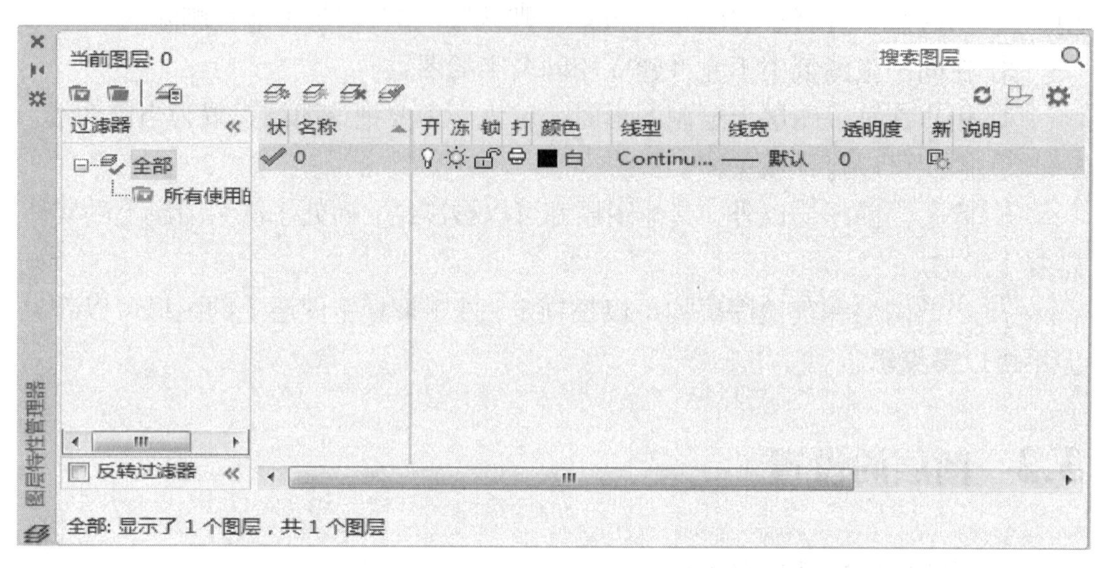

图 3-4 “图层特性管理器”选项板

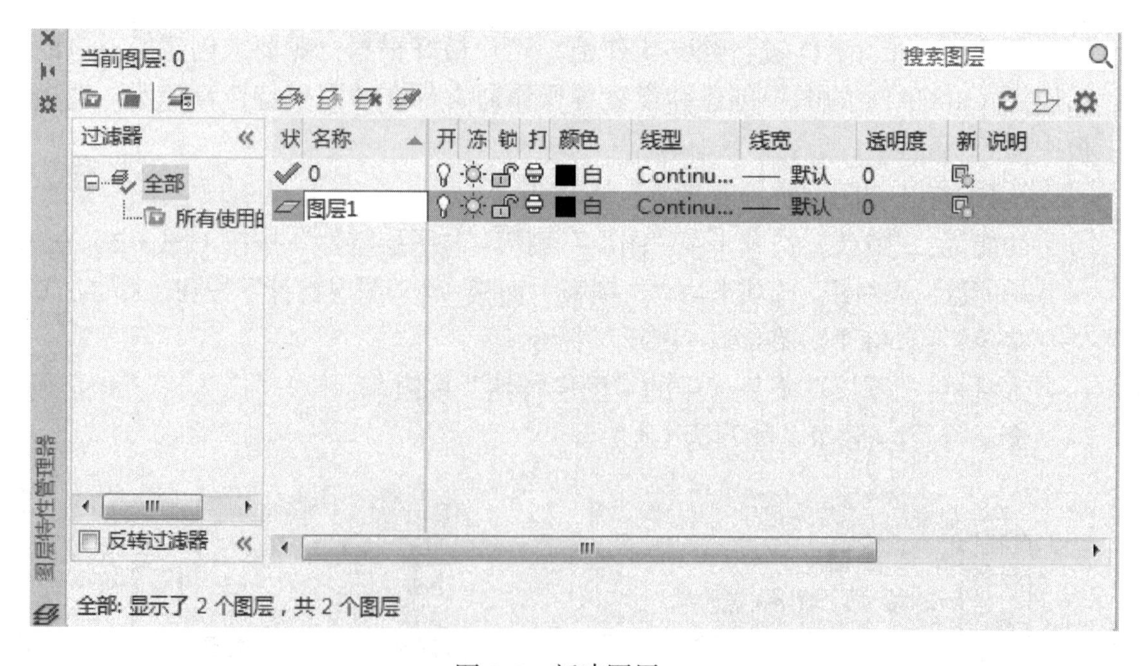

图 3-5 新建图层

注意：

图层的名称最多可以包含 255 个字符，中间可以含有空格。图层名区分大小写字母。但图层名不能包含的字符有< > ^“”；？ * | ， = ’/ \等。

（3）图层的删除

在图层创建过程中，如果新建了多余的图层，可以在“图层特性管理器”选项板中单击“删除”按钮将其删除。

注意：

以下 4 类图层不能被删除。

① 0 图层和图层 Defpoints，这两个图层是系统建立的；

② 当前图层，要删除当前图层，可以改变当前图层到其他图层；

③ 包含对象的图层，要删除该图层，必须先删除该图层中所有的图形对象；

④ 依赖外部参照的图层，要删除该图层，必先删除外部参照。

3.2.2　图层的颜色、线型、线宽设置

（1）设置图层的颜色

为了区分不同的对象，通常为不同的图层设置不同的颜色。设置图层颜色后，该图层上的所有对象都显示为该颜色（修改了特性的对象除外）。

打开“图层特性管理器”选项板，单击某一图层对应的“颜色”项目，如图 3-6 所示，弹出“选择颜色”对话框，如图 3-7 所示。在调色板中选择一种颜色，单击“确定”按钮，即完成颜色设置。

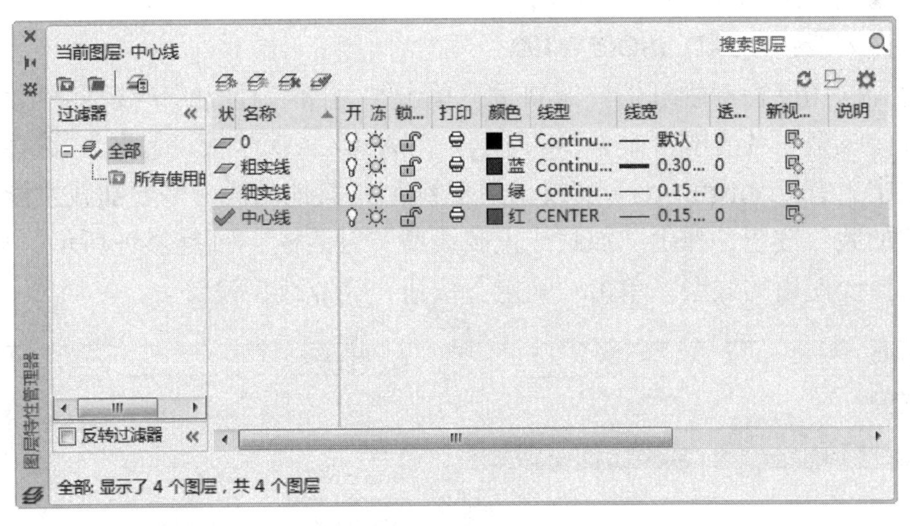

图 3-6　单击图层颜色项目

（2）设置图层的线型

一般，在工程制图中常用的线型主要有实线、虚线、点划线、双点划线等。AutoCAD 标准线型库中提供了多种不同的线型，虚线或点划线中也有多种长短

不同、间隔不同的线型。下面推荐几种常用的线型，供参考。

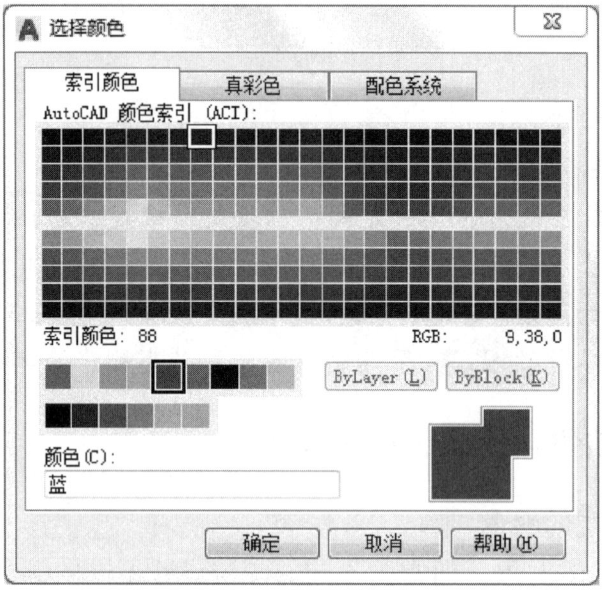

图 3-7 “选择颜色”对话框

实线：Continuous；

虚线：ACAD_ISO02W100；

点划线：ACAD_ISO04W100；

双点划线：ACAD_ISO05W100。

打开“图层特性管理器”选项板，单击某一图层对应的“线型”项目，弹出“选择线型”对话框，如图 3-8 所示，在 AutoCAD 默认状态下，“选择线型”对话框中只有 Continuous（实线）一种线型，其他的线型需要加载才能使用。单击“加载”按钮，弹出“加载或重载线型”对话框，如图 3-9 所示，从对话框中选择要使用的线型，单击“确定”按钮，完成线型设置。

图 3-8 “选择线型”对话框

图 3-9 “加载或重载线型”对话框

小技巧

大家经常遇到本来设置好了虚线或点划线，但绘制时仍会显示出实线的效果，这通常是因为线型比例过大，需要调整“线型比例”。方法是在“默认”选项卡中，单击“特性”面板中“线型”下拉列表框中的“其他”按钮，弹出“线型管理器”对话框，在中间的线型列表框中选择所要修改的线型，单击右上角“显示细节”按钮，出现全局比例因子，修改这个数值即可。

（3）设置图层的线宽

① 线宽的设置：打开“图层特性管理器”选项板，单击某一图层对应的“线宽”项目，弹出“线宽”对话框，如图 3-10 所示，选择所需的线宽即可。

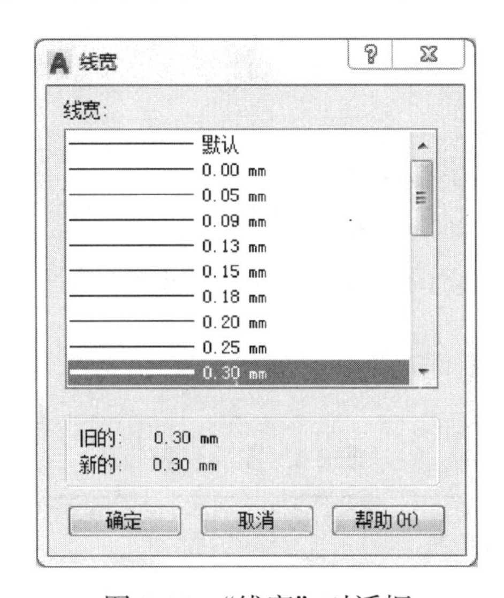

图 3-10　“线宽”对话框

一般，机械制图中采用粗、细两种线宽，在 AutoCAD 中常设置粗细比例为 2∶1，共有 0.25/0.13、0.35/0.18、0.5/0.25、0.7/0.35、1/0.5、1.4/0.7、2/1 七种组合，同一图纸只允许采用同一种组合。其他行业制图请自行查阅相关标准。

② 线宽的显示：AutoCAD 中默认的系统配置是不显示线宽的，若要显示出所设线宽，应按如下操作：

功能区：在“默认”选项卡中，单击“特性”面板中的“线宽”下拉按钮中的“线宽设置”。

菜单栏：“格式”⇨“线宽”命令。

命令行：LWEIGHT（缩写为 LW）。

打开“线宽设置”对话框，选中对话框中的“显示线宽”选项即可，如图 3-11 所示。

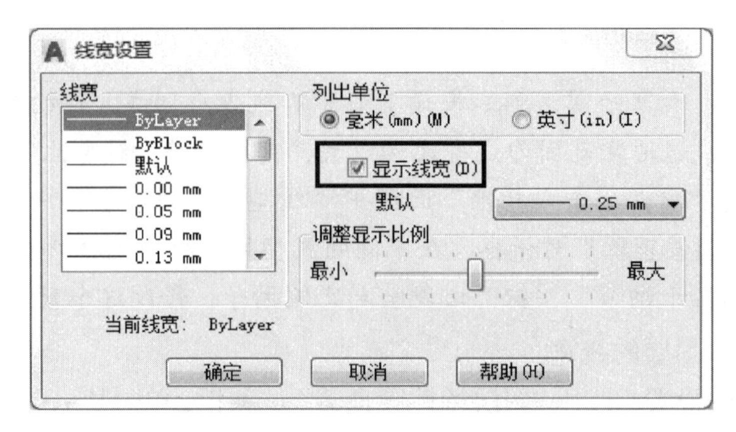

图 3-11　“线宽设置”对话框

或单击状态栏上的“线宽”按钮，使按钮处于激活状态，即可显示相应的线宽，如图 3-12 所示。

图 3-12　状态栏中的“线宽”按钮

［**例题 3-1**］ 按表 3-1 所示要求创建图层。

表 3-1　图层列表

序号	图层名	颜色	线型	线宽
1	中心线	黄色	CENTER	0.15
2	粗实线	红色	Continuous	0.3
3	细实线	绿色	Continuous	0.15
4	标注	蓝色	Continuous	0.15
5	虚线	洋红	ACAD_ISO02W100	0.15

① 在命令行输入 LAYER（缩写为 LA），弹出“图层特性管理器”选项板，单击“新建”按钮，新建图层。系统默认“图层 1”为新建图层的名称，如图 3-13 所示。

M3-1　创建图层过程讲解

② 此时文本框呈可编辑状态，在其中输入文字“中心线”，然后敲回车键，完成中心线图层的创建，如图 3-14 所示。

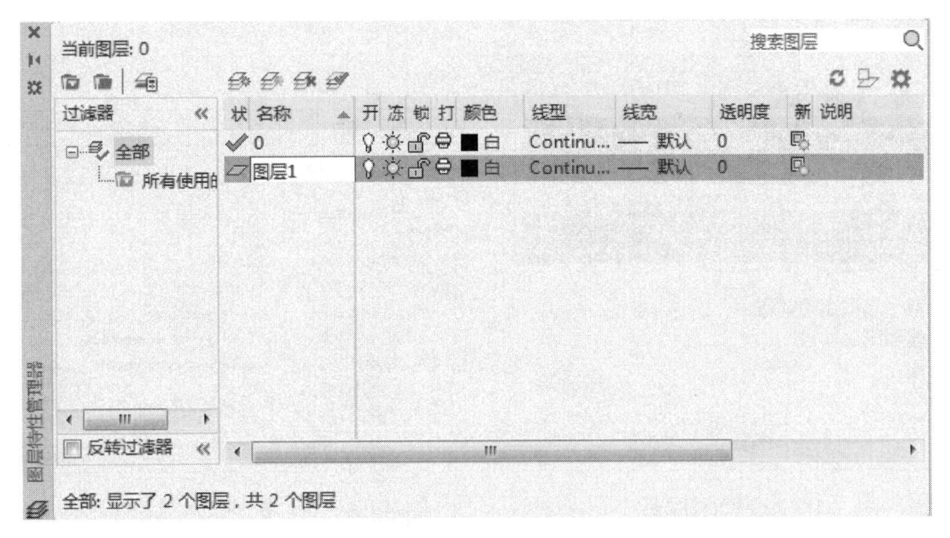

图 3-13　新建图层

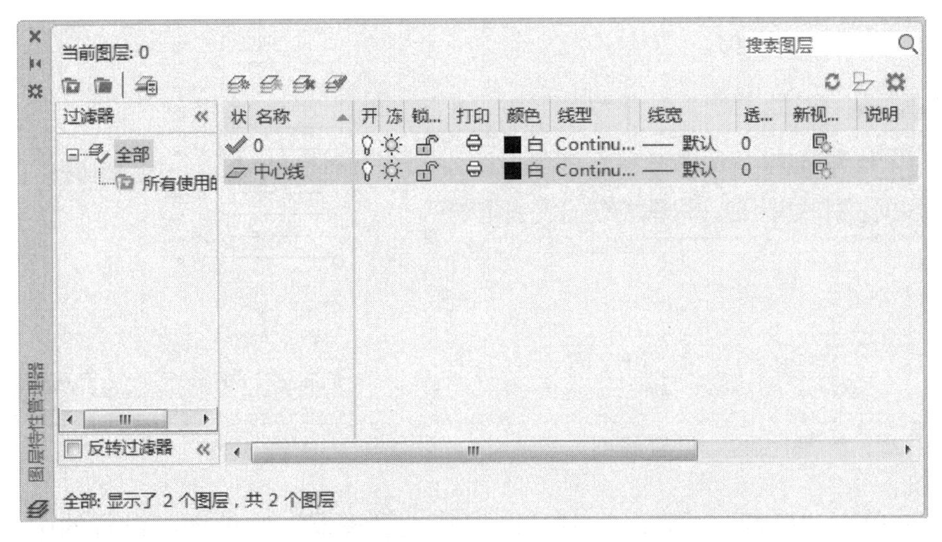

图 3-14　重命名图层

③ 单击“颜色”项目，弹出“选择颜色”对话框，选择“黄色”，如图 3-15 所示。单击“确定”按钮，回到“图层特性管理器”选项板。

④ 单击“线型”项目，弹出 “选择线型”对话框，单击“加载”按钮，弹出“加载或重载线型”对话框，选择 CENTER 线型，如图 3-16 所示。单击“确定”按钮，回到“选择线型”对话框。再次选择 CENTER 线型，如图 3-17 所示。

⑤ 单击“确定”按钮，回到“图层特性管理器”选项板。单击“线宽”项目，在弹出的“线宽”对话框中，选择线宽为 0.15mm，如图 3-18 所示。

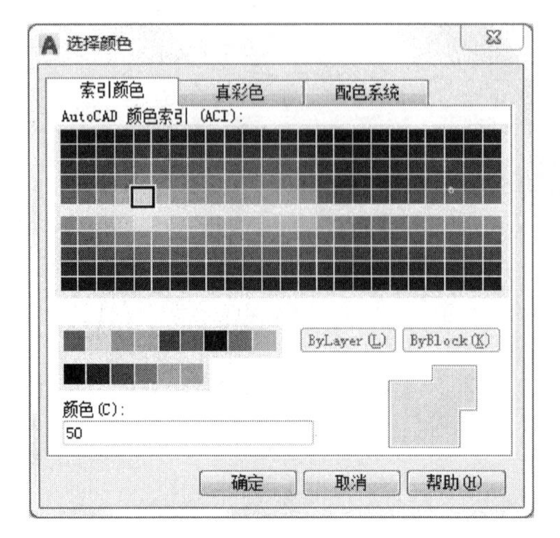

图 3-15 设置图层颜色

图 3-16 “加载或重载线型”对话框

图 3-17 设置线型

图 3-18 选择线宽

⑥ 单击“确定”按钮，回到“图层特性管理器”选项板，设置的中心线图层如图 3-19 所示。

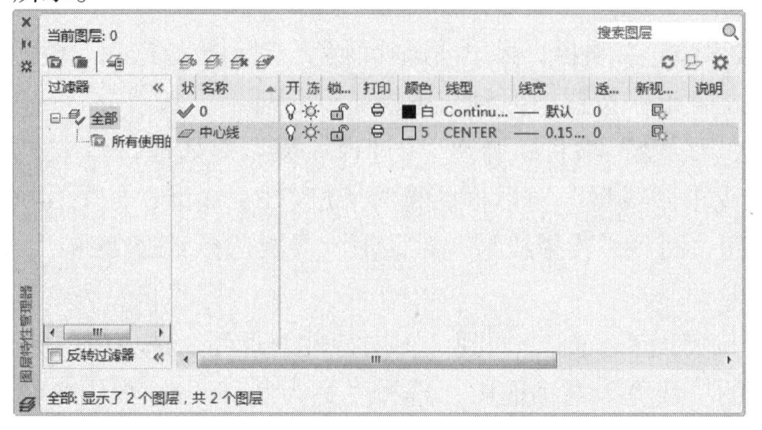

图 3-19 设置的中心线图层

⑦ 重复上述操作，分别创建“粗实线”层、“细实线”层、“标注”层和“虚线”层，为各图层选择合适的颜色、线型和线宽特性，结果如图 3-20 所示。

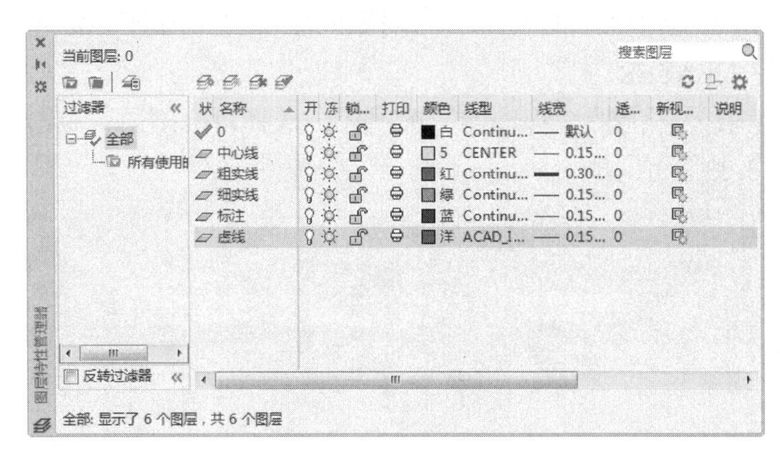

图 3-20　图层设置结果

3.3　图层的管理

3.3.1　当前图层的设置

图层创建好以后，用户在绘图时就应该在相应的图层完成相应的绘制任务。用户所在的图层就是当前图层。只有设定了当前图层后，用户才能在这个图层中完成相关的操作，如果要在其他图层中绘图，就需要更改当前图层。被置为当前的图层在名称前会出现“√”符号。在 AutoCAD 中设置当前图层的方法有以下几种。

功能区：“默认”选项卡⇨“图层”面板⇨“图层控制”下拉列表，单击要设置的图层即可（图 3-21）。

功能区：“默认”选项卡⇨“图层”面板⇨“置为当前”按钮（图 3-22）。

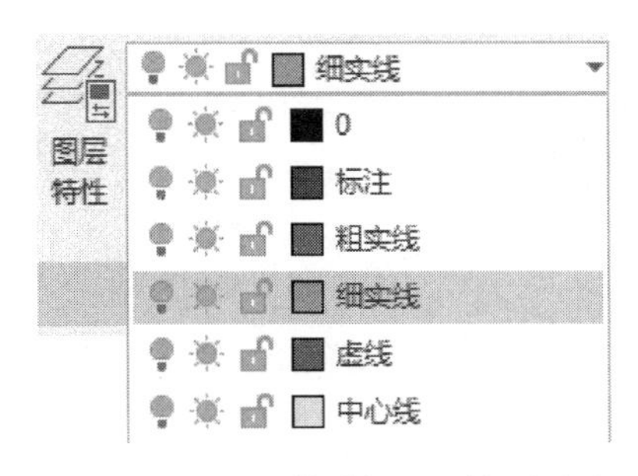

图 3-21 “图层控制”下拉列表框

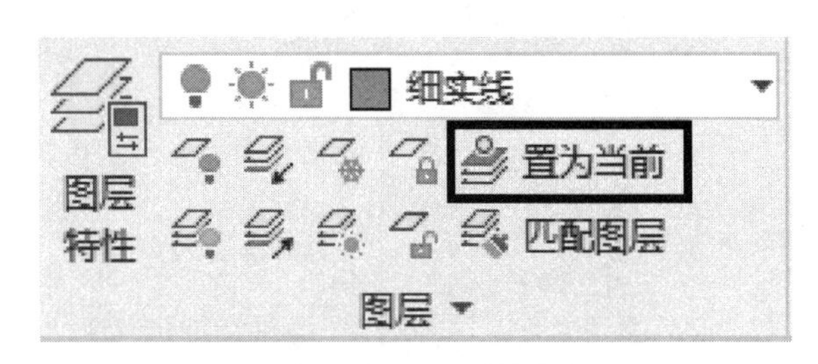

图 3-22 “置为当前”按钮

菜单栏：“格式”菜单⇨“图层工具”命令⇨“将对象的图层置为当前”命令。

工具栏：“图层”工具栏中的“将对象的图层置为当前”按钮。

命令行：CLAYER。

选项板：在“图层特性管理器”选项板中选择目标图层，单击“置为当前”按钮，如图 3-23 所示。

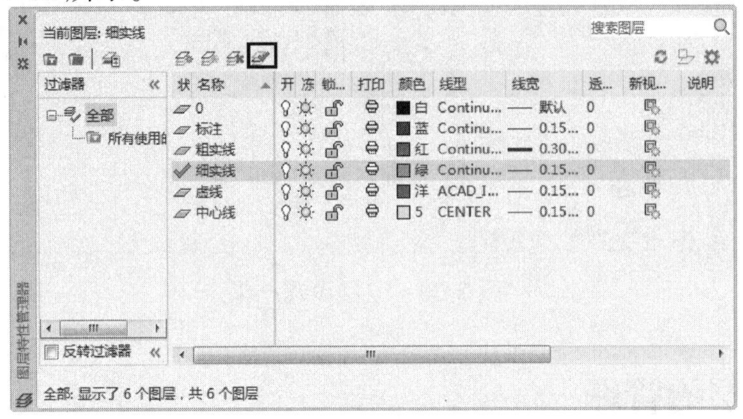

图 3-23 “图层特性管理器”中的“置为当前”按钮

3.3.2 图层特性的设置

（1）图层的打开与关闭

图层设置好后，当在某个图层绘图时，可以将暂时不用的图层关闭，被关闭的图层中的对象暂时隐藏起来，隐藏的图形不能被选择、编辑、修改以及打印。默认情况下，所有图层都处于打开状态，通过以下方法可以关闭图层。

选项板：在“图层特性管理器”选项板中选择要关闭的图层，单击按钮即可关闭该图层，图层被关闭后按钮显示为，如图 3-24 所示。

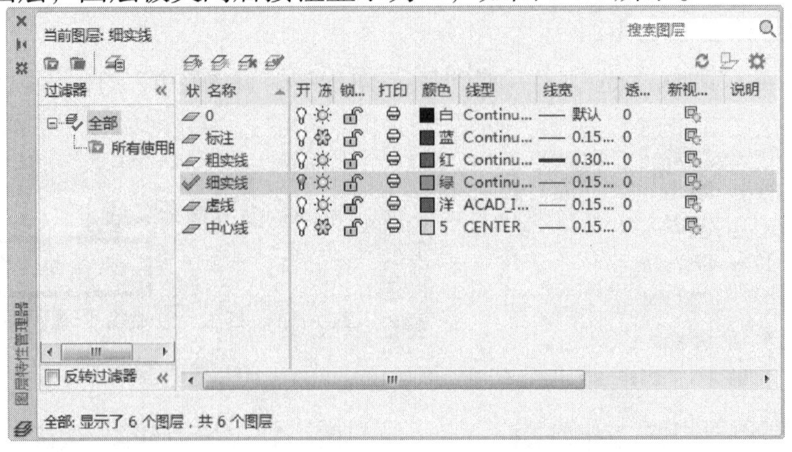

图 3-24 在“图层特性管理器”中关闭图层

功能区：“默认”选项卡⇨“图层”面板⇨“图层控制”下拉列表，单击要关闭的图层前的💡按钮即可关闭图层，如图 3-25 所示。

如果要打开关闭的图层，重复以上操作，单击图层前的“关闭”图标💡即可打开图层。

注意：

如果关闭的图层是当前图层，将打开询问对话框，在对话框中单击“关闭当前图层”选项即可。如果不小心对当前图层执行关闭操作，可以在打开的对话框中单击“使当前图层保持打开状态”选项，如图 3-26 所示。

图 3-25　在“图层控制”下拉列表中关闭图层

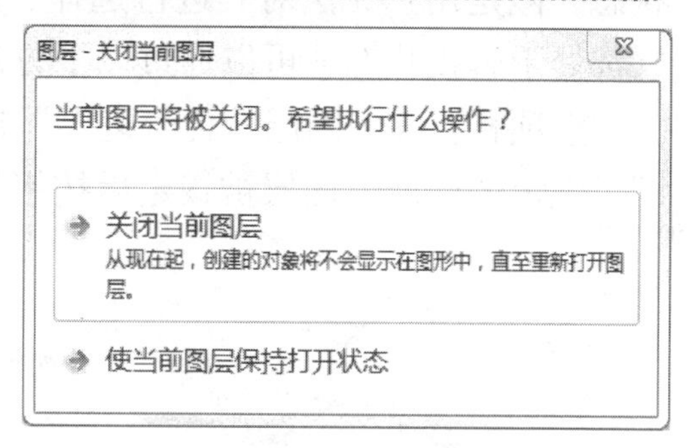

图 3-26　关闭当前图层

（2）图层的冻结与解冻

在绘图过程中，可以对图层中不需要修改的对象进行冻结处理，以避免这些图形被误操作，同时还可以缩短绘图过程中系统生成图形的时间，从而提高计算机的运行速度。因此在绘制复杂图形时冻结图层非常重要。被冻结的图层对象将不能被选择、编辑、修改以及打印。默认情况下，所有图层都处于解冻状态，可以通过以下方法将图层冻结。

选项板：在“图层特性管理器”选项板中选择要冻结的图层，单击按钮☼即可冻结该图层，图层被冻结后按钮显示为❄，如图 3-27 所示。

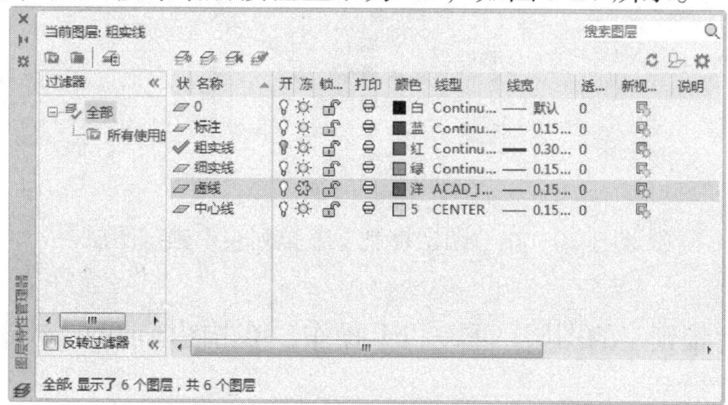

图 3-27　在“图层特性管理器”中冻结图层

功能区：“默认”选项卡⇨“图层”面板⇨“图层控制”下拉列表，单击要冻结的图层前的按钮即可冻结图层，如图 3-28 所示。

如果要取消冻结的图层，重复以上操作，单击图层前的“冻结”图标即可解冻图层。

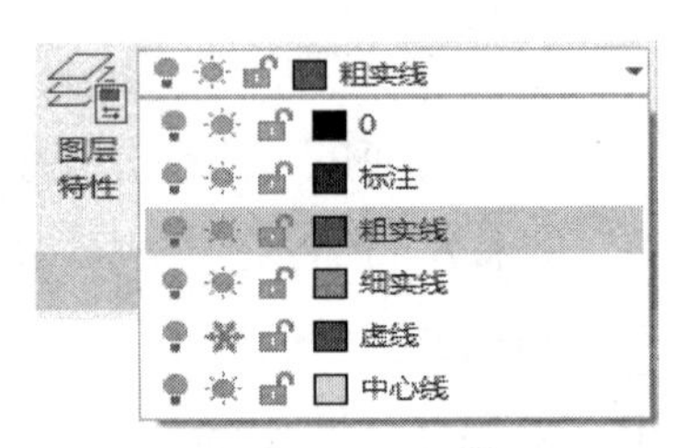

图 3-28　在“图层控制”下拉列表中冻结图层

（3）图层的锁定与解锁

若某个图层上的对象只需要显示，不需要被选择和编辑，就可以锁定该图层。锁定该图层后，图层上的对象仍然处于显示状态，但是用户无法对其进行选择、编辑和修改等操作。默认情况下，所有图层都处于解锁状态，可以通过以下方法将图层锁定。

选项板：在“图层特性管理器”选项板中选择要锁定的图层，单击按钮即可锁定该图层，图层被锁定后按钮显示为，如图 3-29 所示。

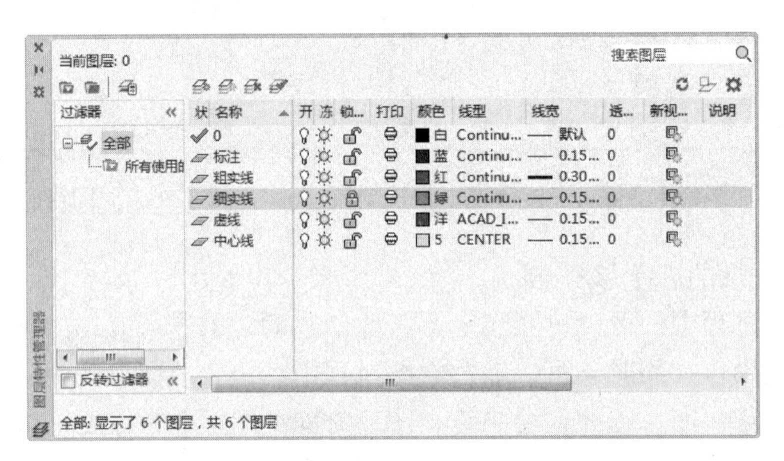

图 3-29　在“图层特性管理器”中锁定图层

功能区：“默认”选项卡⇨“图层”面板⇨“图层控制”下拉列表，单击要锁定的图层前的按钮即可锁定图层，如图 3-30 所示。

图 3-30　在“图层控制”下拉列表中锁定图层

如果要解锁锁定的图层，重复以上操作，单击图层前的“锁定”图标即可解锁图层。

当前图层不能被冻结，但可以被关闭和锁定。

3.3.3　图层的匹配、隔离、漫游与合并

（1）图层匹配

在 AutoCAD 中还可以进行图层匹配，即将选定对象的图层更改为目标图层，同时使其颜色、线型、线宽等特性发生改变。可以通过以下方法执行此操作。

功能区：“默认”选项卡⇨“图层”面板⇨“匹配图层”按钮 匹配图层 。

菜单栏：“格式”菜单⇨“图层工具”命令⇨“图层匹配”命令。

命令行： LAYMCH。

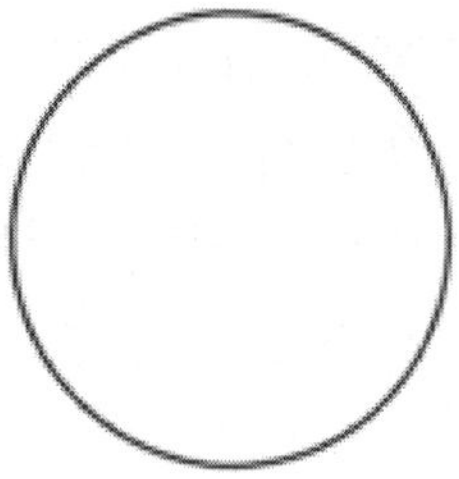

图 3-31　在 0 图层上绘制圆

［**例题 3-2**］　将圆所在的 0 图层更改为粗实线层。

① 在 0 图层上绘制一个圆，如图 3-31 所示。

② 执行“图层匹配”命令，将圆所在图层更改为“粗实线”，命令行操作如下：

```
命令：_ laymch
选择要更改的对象：                              //选择圆
选择对象：找到 1 个                             //Enter，结束选择
选择对象：
选择目标图层上的对象或 [名称 (N)]:n
                    //n Enter，打开如图 3-32 所示的“更改到图层”对话框，单
                      击“粗实线”层一个对象已更改到图层“粗实线”上
```

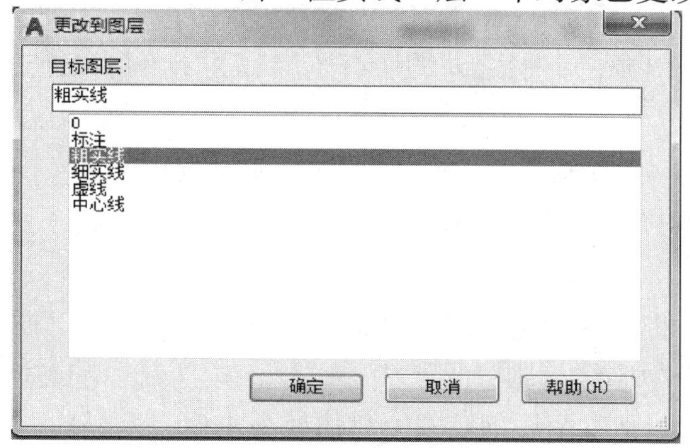

图 3-32　“更改到图层”对话框

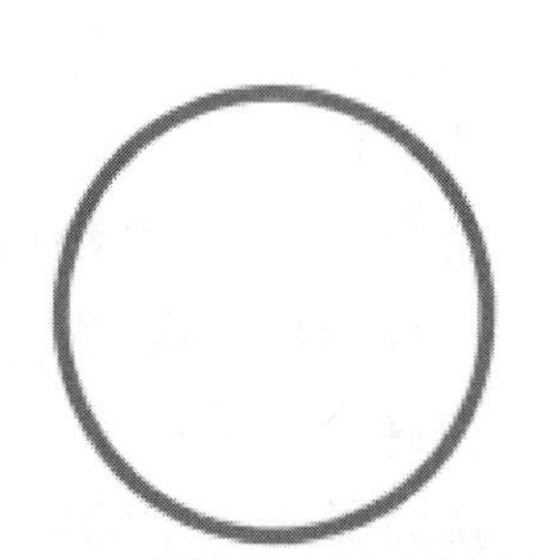

图 3-33　图层更改后的效果

③ 图层更改后的效果如图 3-33 所示。

小技巧

如果单击“更改为当前图层”按钮，可以将选定对象的图层更改为当前图层；如果单击“将对象复制到新图层”按钮，可以将选定的对象复制到其他图层。

（2）图层隔离

图层隔离是将除了选定对象的图层之外的所有图层都隐藏或锁定。可以通过以下方法执行此操作。

功能区：“默认”选项卡⇨“图层”面板⇨“隔离”按钮 。

菜单栏：“格式”菜单⇨“图层工具”命令⇨“图层隔离”命令。

命令行：LAYISO。

执行“图层隔离”命令后，命令行提示如下：

命令：_layiso

当前设置：隐藏图层，Viewports=视口冻结

选择要隔离的图层上的对象或［设置(S)］：找到 1 个

//选择对象，将对象所在的图层进行隔离

选择要隔离的图层上的对象或［设置(S)］：

//Enter，结果除了对象所在图层的所有图层均被隐藏

已隔离图层 粗实线

图层被设置隔离后，还可以取消，这样可以恢复使用被隐藏锁定的图层。可以通过以下方法执行此操作。

功能区：“默认”选项卡⇨“图层”面板⇨“取消隔离”按钮 。

菜单栏：“格式”菜单⇨“图层工具”命令⇨“取消图层隔离”命令。

命令行：LAYUNISO。

（3）图层漫游

图层漫游是将除了选定对象的图层之外的所有图层都关闭。可以通过以下方法执行此操作。

功能区：“默认”选项卡⇨“图层”面板⇨“图层漫游”按钮 。

菜单栏：“格式”菜单⇨“图层工具”命令⇨“图层漫游”命令。

命令行：LAYWALK。

执行图层漫游命令后，将弹出图层漫游对话框，如图 3-34 所示。

在这个对话框中，单击中心线，则只显示中心线层；按住鼠标左键连续选择，就会显示选中的图层；在某一图层上双击，前边就会出现一个*号，表示这一图层被保留，就可以不连续选择其他图层；若将复选框“退出时恢复”前对

号去掉，则未被选择的图层就保持关闭状态。

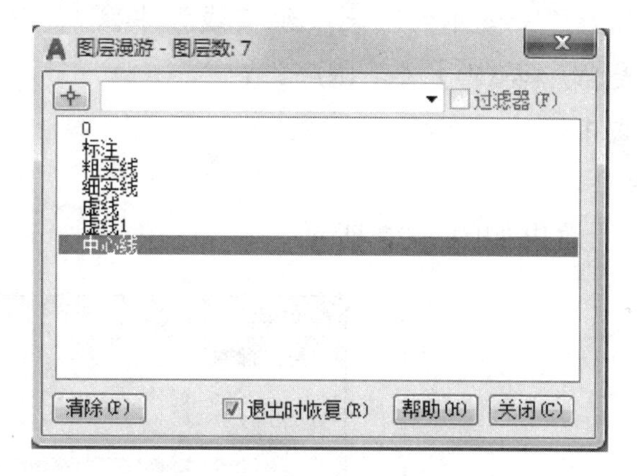

图 3-34　“图层漫游”对话框

（4）图层合并

可以通过合并图层来减少图形中的图层数。将所合并图层上的对象移动到目标图层，并从图形中清理原始图层。可以通过以下方法执行此操作。

功能区：“默认”选项卡⇨“图层”面板⇨“合并”按钮 。

菜单栏：“格式”菜单⇨“图层工具”命令⇨“图层合并”命令。

命令行：LAYMRG。

［**例题 3-3**］　将正六边形所在的虚线 1 图层（图 3-35）合并到细实线层（图 3-36）。

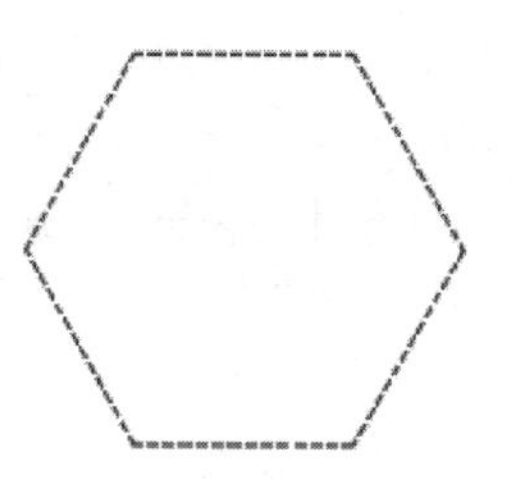

图 3-35　虚线 1 图层的正六边形

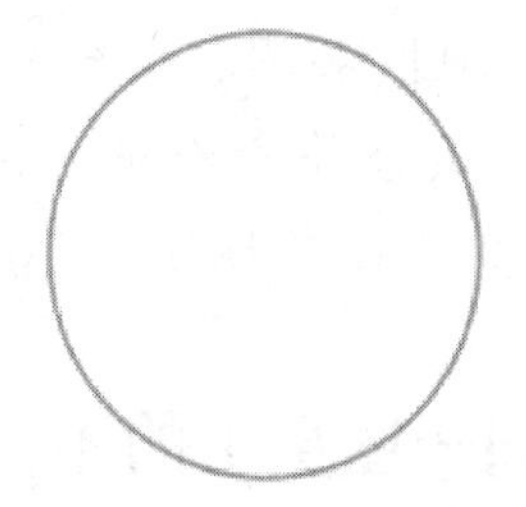

图 3-36　细实线层的圆

① 把细实线层设为当前图层，并打开此图层。

② 执行“图层合并”命令，命令行提示如下：

命令：_laymrg

选择要合并的图层上的对象或 [命名(N)]:　　　　//选择正六边形

选定的图层：虚线 1。

选择要合并的图层上的对象或 [名称(N)/放弃(U)]:　　　　//选择圆

选择目标图层上的对象或 [名称(N)]:　　　　//Enter

```
******** 警告 ********
将要把图层“虚线 1”合并到图层“细实线”中。
是否继续？ [是(Y)/否(N)] <否(N)>: Y                //输入 y
删除图层“虚线 1”
已删除 1 个图层
```

③ 图层更改后的效果如图 3-37 所示。

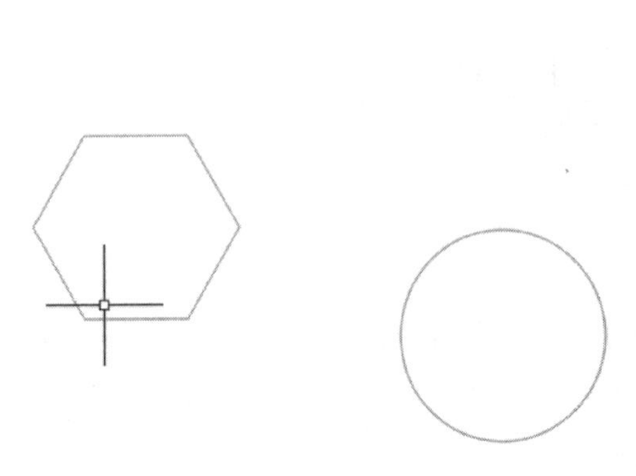

图 3-37 图层合并后的效果

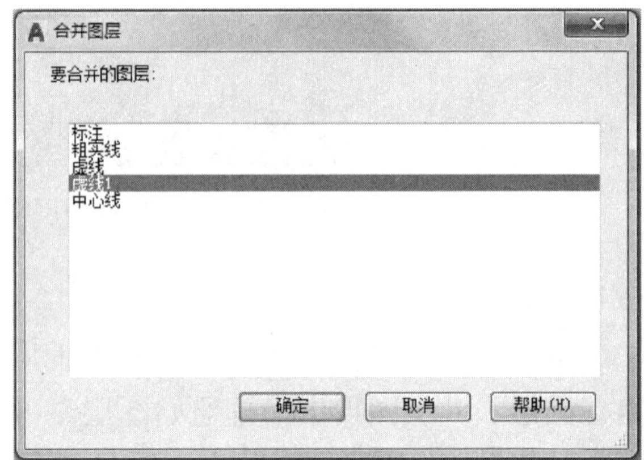

图 3-38 合并图层对话框

注意：

① 当前图层不能被合并。

② 图层合并命令中“选择要合并的图层上的对象或 [名称（N）/放弃(U)]:”若选择参数 N，则弹出“合并图层”对话框，如图 3-38 所示。

3.3.4 同一图层上的不同设置

在绘制图形时，为了方便管理，同一线型的图线通常绘制在同一个图层上，但在有些情况下，需要在同一图层上绘制出不同颜色或线型的图线。例如，需要将某一零件的所有图形绘制在同一个图层上，以控制该零件在装配图中的显示与否。这时，就需要在同一图层上绘制出不同颜色或线型的图线，但这时图层的线型、颜色等特性均不再随图层变化了，而要在对象“特性”中进行不同的选择，即特性匹配。只要把需要改变的图线或图形选中，再选取“特性”工具栏中的颜色、线型或线宽即可。相关内容将在第 5 章中作详细介绍。

习题

1．试创建样板文件 dwg，以“样板”命名保存，并创建图层，要求：

① 实线层，线型“Continuous”；线宽 0.3mm；颜色为白色。

② 虚线层，线型“ACAD_ISO002W100”；线宽 0.15mm；颜色为黄色。

③ 点划线层，线型“ACAD_ISO004W100”；线宽 0.15mm；颜色为蓝色。

④ 剖面线层，线型“Continuous”；线宽默认；颜色为绿色。

⑤ 尺寸文字层，线型“Continuous”；线宽默认；颜色为白色。

2．利用已有图形文件，尝试比较图层的打开/关闭、冻结/解冻、锁定/解锁、隔离/取消隔离各有什么不同，怎样应用?

第4章

基本绘图命令

二维图形是指在二维平面空间绘制的图形，主要由一些图形元素组成，如点、直线、圆弧、圆、椭圆、矩形、多边形、样条曲线、多线等几何元素。AutoCAD提供大量的绘图工具，可以帮助用户完成二维图形的绘制。本章主要介绍包括直线、圆和圆弧、椭圆和平面图形和点命令的应用及图形绘制等内容。

4.1 直线与点的绘制

4.1.1 设置点样式

① 点样式设置：

菜单栏："格式"菜单⇨"点样式"命令。

命令行：DDPTYPE并按Enter键，打开如图4-1所示的"点样式"对话框。

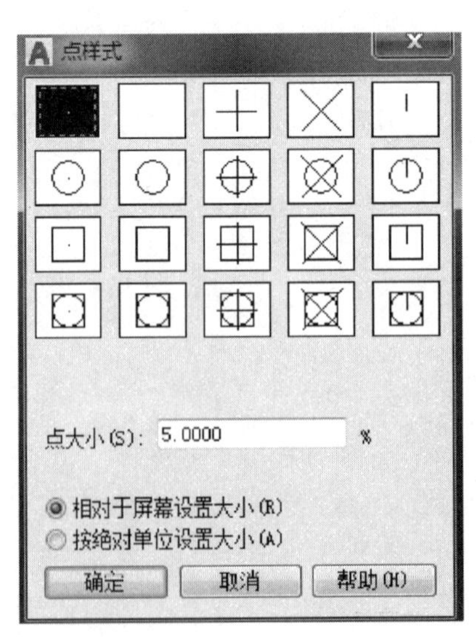

图4-1 "点样式"对话框

② 从对话框中可以看出，AutoCAD共提供了二十种点样式，在所需样式

上单击，即可将此样式设置为当前样式。

③ 在“点大小”文本框内输入点的大小尺寸。其中，“相对于屏幕设置大小”选项表示按照屏幕尺寸的百分比显示点；“按绝对单位设置大小”选项表示按照点的实际尺寸来显示点。

④ 单击“确定”按钮，绘图区的点被更新。

4.1.2　绘制单点和多点

（1）绘制单点

单点命令一次可以绘制一个点对象。当绘制完单个点后，系统自动结束此命令，所绘制的点以一个小点的方式进行显示。

菜单栏：“绘图”菜单⇨“点”命令⇨“单点”命令。

命令行：POINT（缩写为 PO）。

（2）绘制多点

多点命令可以连续绘制多个点对象，直到按下 ESC 键结束命令为止，如图 4-2 所示。

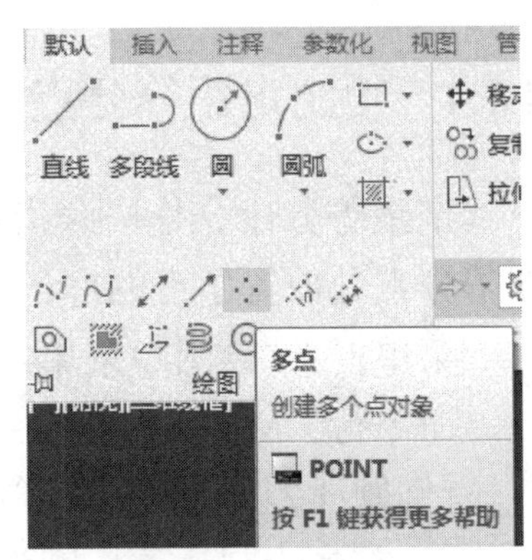

图 4-2　绘制多点

功能区：“默认”选项卡⇨“绘图”面板⇨“多点”图标。

菜单栏：“绘图”菜单⇨“点”命令⇨“多点”命令。

4.1.3　绘制定数等分点

定数等分命令用于按照指定的等分数目等分对象，对象被等分的结果仅仅是在等分点处放置了点的标记符号，而源对象并没有被等分为多个对象。

菜单栏：“绘图”菜单⇨“点”命令⇨“定数等分”图标。

命令行：DIVIDE（缩写为 DVI）。

［**例题 4-1**］ 利用定数等分命令等分直线。

下面通过将一条水平直线段等分五份，学习定数等分命令的使用方法和操作技巧。

① 首先绘制一条长度为 200 的水平线段，如图 4-3 所示。

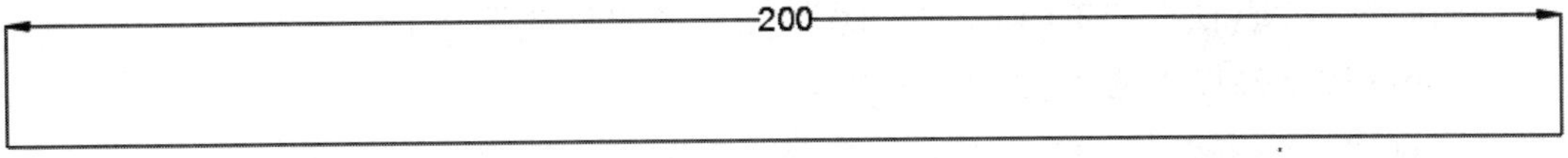

200

图 4-3　绘制线段

② 执行“格式”⇨“点样式”命令，打开点样式对话框，将当前点样式设置为 ⊕。

③ 执行“绘图”⇨“点”命令⇨“定数等分”命令，根据命令行的操作提示进行定数等分线段，如图 4-4 所示。

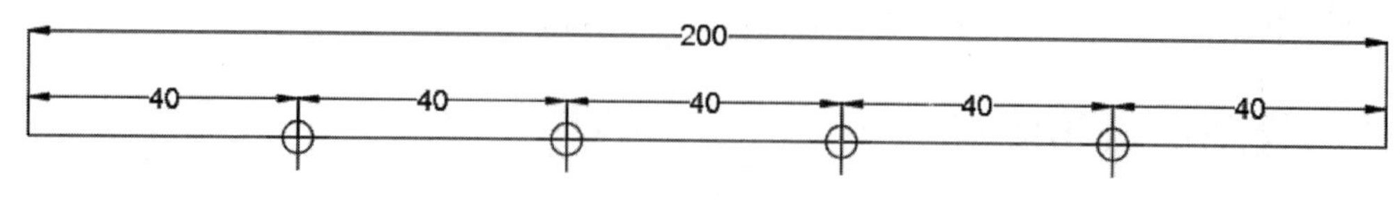

图 4-4　绘制定数等分线段

4.1.4　绘制定距等分点

定距等分命令是按照指定的等分距离等分对象。对象被等分的结果仅仅是在等分点处放置了点的标记符号，而源对象并没有被等分为多个对象。

菜单栏：“绘图”菜单⇨“点”命令⇨“定距等分”命令。

命令行：MEASURE（缩写为 ME）。

［**例题 4-2**］　利用定距等分命令等分直线。

① 首先绘制一条长度为 200 的水平线段。

② 执行“格式”⇨“点样式”命令，打开“点样式”对话框，将当前点样式设置为 ⊕。

③ 执行“绘图”⇨“点”命令⇨“定距等分”命令，对线段进行定距等分，如图 4-5 所示。

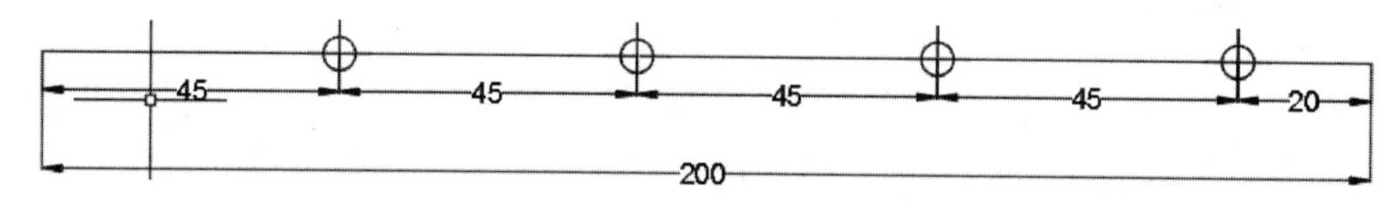

图 4-5　绘制定距等分线段

4.1.5　直线绘制方法

直线是最常用、绘制方法最简单的一类图形对象，只要指定了起点和终点即可绘制一条直线。

绘制直线方法：

功能区：“默认”选项卡⇨“绘图”面板⇨“直线”图标。

菜单栏：“绘图”菜单⇨“直线”命令。

工具栏：“绘图”工具栏中的“直线”图标。

命令行：LINE（缩写为 L）。

［**例题 4-3**］　利用“直线”命令绘制图 4-6 所示图形。

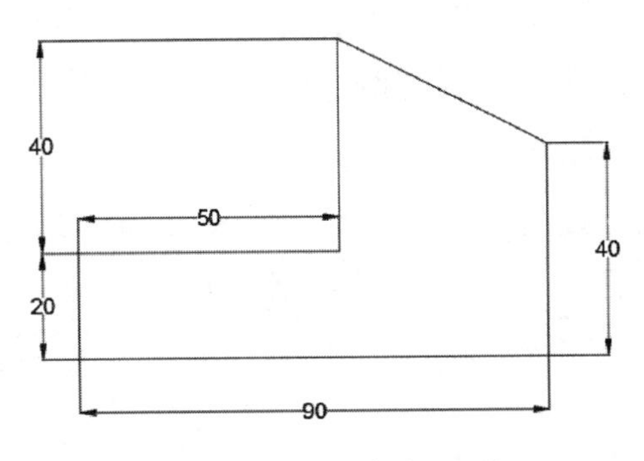

图 4-6　绘制直线图形

4.1.6　射线绘制方法

射线命令可以创建开始于一点且另一端无限延伸的直线。在 AutoCAD 中，射线主要用于绘制辅助线。

功能区：“默认”选项卡⇨“绘图”面板⇨“射线”图标。

菜单栏：“绘图”菜单⇨“射线”命令。

工具栏：“绘图”工具栏中的“直线”图标。

命令行：RAY。

4.1.7　构造线绘制方法

构造线为两端可以无限延伸的直线，没有起点和终点，可以放置在三维空间的任何地方，主要用于绘制辅助线。

功能区：“默认”选项卡⇨“绘图”面板⇨“构造线”图标。

菜单栏：“绘图”菜单⇨“构造线”命令。

工具栏：“绘图”工具栏中的“直线”图标。

命令行：XLINE（缩写为 XL）。

4.2　圆类图形的绘制

4.2.1　圆的绘制

六种绘制圆的方法：圆心半径；圆心直径；两点；三点；相切相切半径；相切相切相切。

圆的绘制方法（图 4-7）：

功能区："默认"选项卡⇨"绘图"面板⇨"圆"图标。

菜单栏："绘图"菜单⇨"圆"命令。

工具栏："绘图"工具栏中的"圆"图标。

命令行：CIRCLE（缩写为 C）。

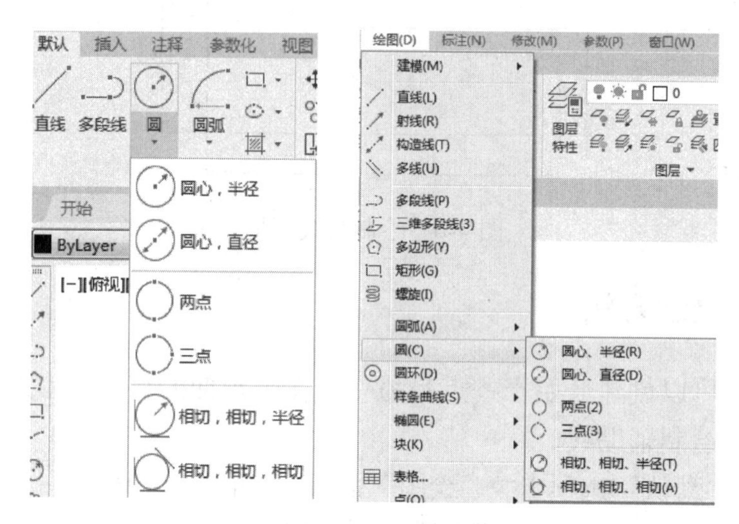

图 4-7　绘制圆

［**例题 4-4**］ 用圆心半径（*R*20 的圆）、圆心直径（ϕ60 的圆）、相切相切半径（*R*25 的圆）、相切相切相切命令绘制如图 4-8 所示的圆。

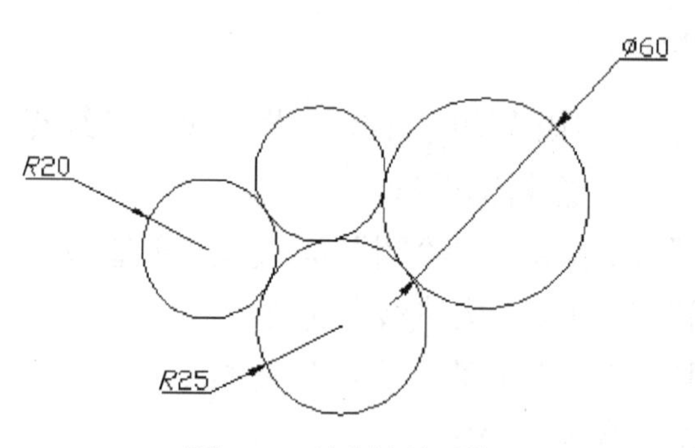

图 4-8　绘制相切圆

绘图步骤如下：

① 单击圆图标" "或在命令行输入 C 回车确认，在绘图区任意点一点作为圆心，输入半径 20，回车确认，完成 *R*20 的圆。命令提示如下：

```
_circle
指定圆的圆心或 [三点(3P)/两点(2P)/切点、切点、半径(T)]:
指定圆的半径或 [直径(D)]: 20
```

② 单击回车或空格，重复"圆"命令，在适当位置单击鼠标作为圆心，输

入 D 或单击鼠标右键，选择“直径(D)”选项，输入 60，回车确认，完成 ϕ60 的圆。

_circle

指定圆的圆心或 [三点(3P)/两点(2P)/切点、切点、半径(T)]:

指定圆的半径或 [直径(D)] <20.0000>: D

指定圆的直径 <40.0000>: 60

③ 单击回车或空格，重复“圆”命令，输入 T 或单击鼠标右键，选择“相切、相切、半径（T）”选项，在 *R*20 和 ϕ60 的圆的适当位置单击捕捉两个切点，输入半径 25 回车确认，完成 *R*25 的圆。

_circle

指定圆的圆心或 [三点(3P)/两点(2P)/切点、切点、半径(T)]: _ttr

指定对象与圆的第一个切点:

指定对象与圆的第二个切点:

指定圆的半径 <30.0000>: 25

④ 单击“圆”图标下的下拉三角，选择“相切、相切、相切”方式，在已知的三个圆上的适当位置单击鼠标捕捉到三个切点，完成未知大小圆的绘制。

_circle

指定圆的圆心或 [三点(3P)/两点(2P)/切点、切点、半径(T)]: _3p 指定圆上的第一个点: _tan 到

指定圆上的第二个点: _tan 到

指定圆上的第三个点: _tan 到

注意：

切点的捕捉要注意位置，位置不同绘制出的圆也不同。

［**例题 4-5**］ 用画圆里的两点、三点方式绘制如图 4-9 所示的圆。

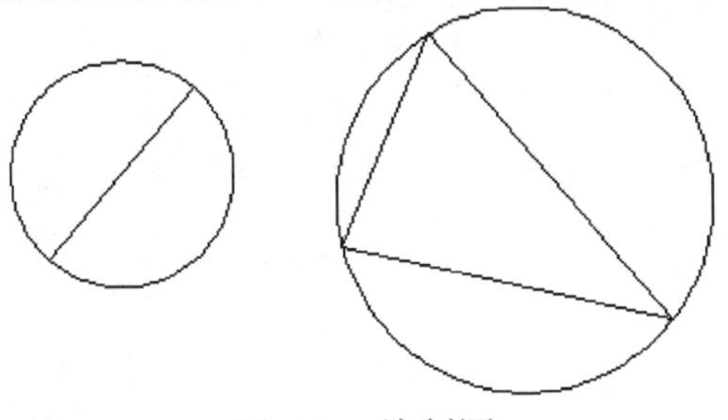

图 4-9　绘制圆

绘图步骤如下：

单击“圆”图标“ ” 或在命令行输入 C 回车确认，输入 2P 或单击鼠标右键选择“两点（2P）”选项，捕捉直线的两端分别单击，完成左侧的圆（右侧

的圆由读者自行完成）。命令提示如下：

_circle

指定圆的圆心或 [三点(3P)/两点(2P)/切点、切点、半径(T)]：_2p

指定圆直径的第一个端点：

指定圆直径的第二个端点：

小技巧

① 当使用一种命令后，再次使用时，不必再次使用该命令，可直接按回车、空格或鼠标右键，重复使用命令，提高绘图速度。

② 在掌握阅读命令行提示的前提下，逐渐掌握鼠标右键的使用，避免英文的操作。

4.2.2 圆弧的绘制

① 圆弧的绘制方法：

功能区：“默认”选项卡⇨“绘图”面板⇨“圆弧”图标。

菜单栏：“绘图”菜单⇨“圆弧”命令。

工具栏：“绘图”工具栏中的“圆弧”图标。

命令行：ARC（缩写为 A）。

② 十一种绘制圆弧的方式，如图 4-10 所示。

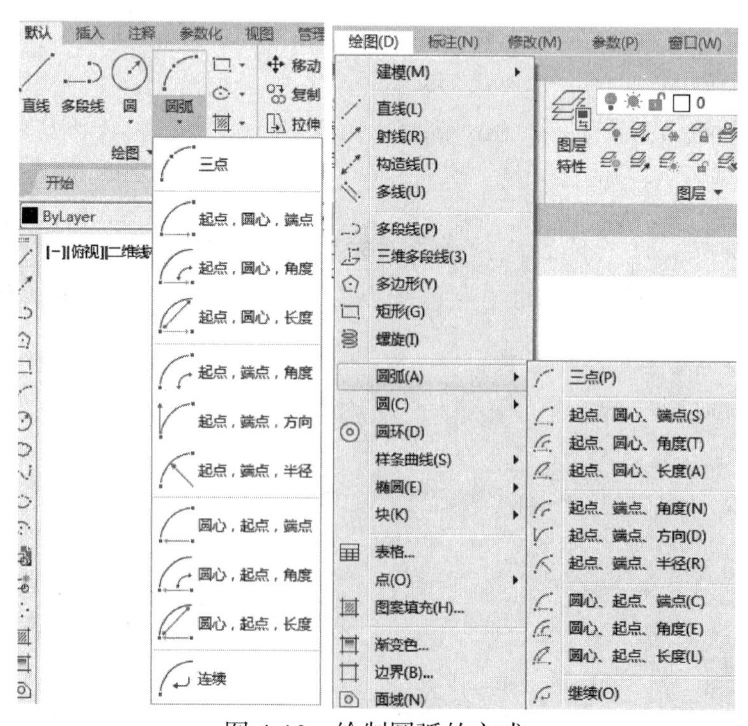

图 4-10 绘制圆弧的方式

［**例题 4-6**］ 绘制如图 4-11 所示图形。

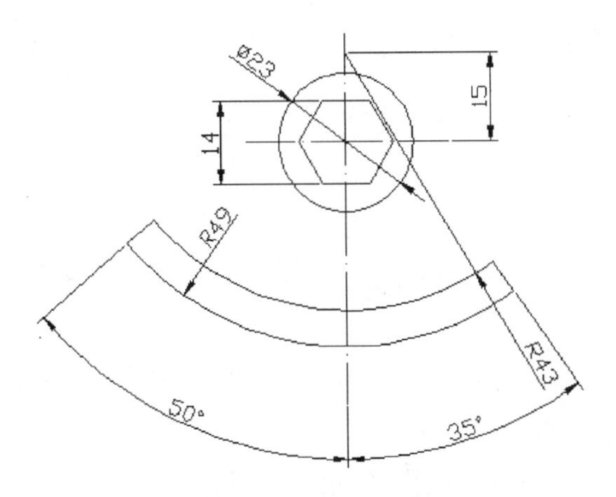

图 4-11　绘制圆弧图形

绘制步骤如下：

单击“圆弧”图标“ ”右侧的下拉三角，选择“圆心，起点，端点”方式，将鼠标置于 $\phi 23$ 的圆心处（注意：不要点击），将光标沿中心线向上移动，当出现追踪线时输入 15 回车确定圆心，将光标置于铅垂中心线的左侧，输入半径 43，按 Tab 键，输入角度“140°”（90° +50°），回车确认，将光标放置于铅垂中心线的右侧，输入角度为“−55°”（90° −35° 逆时针为正），回车确认，完成圆弧 $R43$ 的绘制，如图 4-12 所示，命令行提示如下。

```
_arc
指定圆弧的起点或 [圆心(C)]: _c
指定圆弧的圆心: 15
指定圆弧的起点: <正交 关> 140
指定圆弧的端点(按住 Ctrl 键以切换方向)或 [角度(A)/弦长(L)]: -55
```

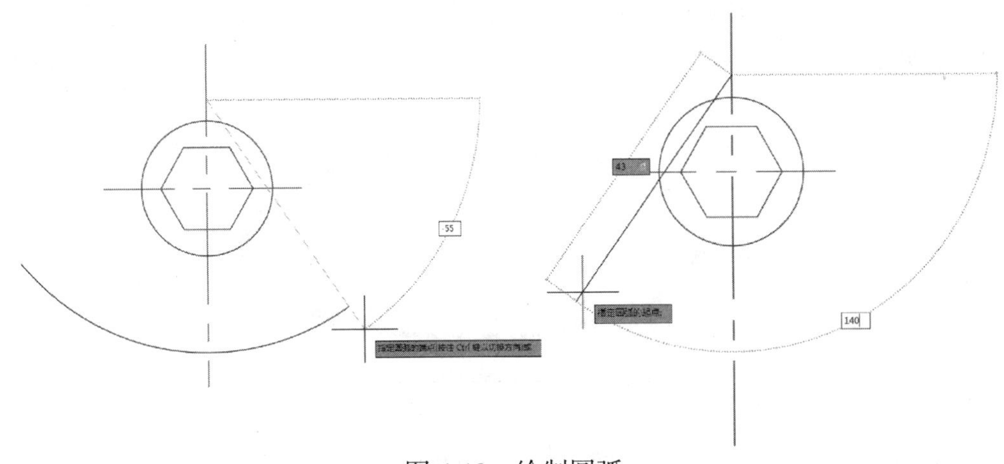

图 4-12　绘制圆弧

注意：

圆弧和椭圆弧等的绘制均以逆时针为正。

4.2.3　椭圆的绘制

两种绘制椭圆的方法：圆心（一个中心点，一个端点，一个半轴长度）；轴、端点（两个端点，一个半轴长度）。绘制椭圆命令如图 4-13 所示。

椭圆的绘制方法：

功能区：“默认”选项卡⇨“绘图”面板⇨“椭圆”图标

菜单栏：“绘图”菜单⇨“椭圆”命令。

工具栏：“绘图”工具栏中的“椭圆”图标。

命令行：ELLIPSE（缩写为 EL）。

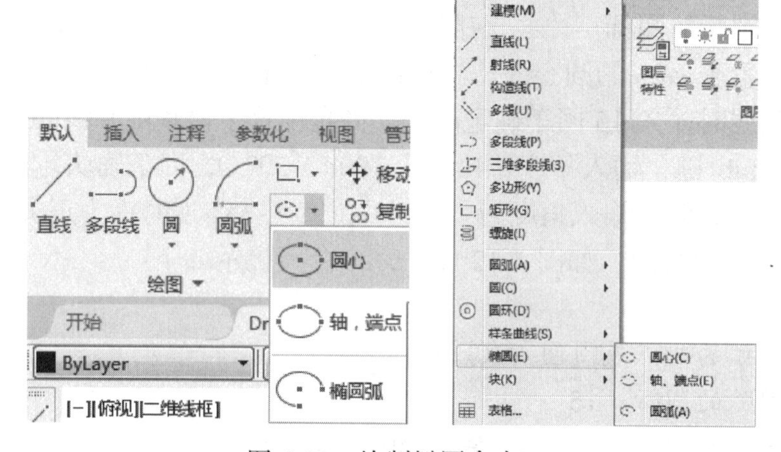

图 4-13　绘制椭圆命令

［**例题 4-7**］　用两种方法绘制一个长轴为 100，短轴为 40 的椭圆，如图 4-14 所示。

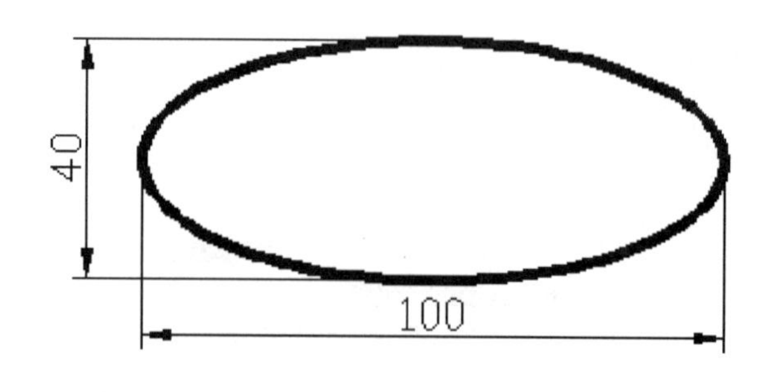

图 4-14　绘制椭圆

绘图步骤如下：

① 单击“椭圆”图标“⬭”的右侧的下拉三角，选择“轴、端点”方式，在绘图区的任意位置单击，确定第一点，按 F8 打开正交，将光标放在第一点的左侧或右侧，输入 100，回车确认，将光标放在该线的上边或下边，输入 20，回车确认，完成该椭圆的绘制。命令行提示如下：

_ellipse

指定椭圆的轴端点或 [圆弧(A)/中心点(C)]:

指定轴的另一个端点： <正交 开> 100

指定另一条半轴长度或 [旋转(R)]: 20

② 单击“椭圆”图标“⬭”的右侧的下拉三角，选择“圆心”方式，在绘图区的任意位置单击，确定中心点，按 F8 打开正交，将光标放在第一点的左侧或右侧，输入 50，回车确认，将光标放在上方或下方，输入 20，回车确认，完成该椭圆的绘制。命令行提示如下：

_ellipse

指定椭圆的轴端点或 [圆弧(A)/中心点(C)]: _c

指定椭圆的中心点:

指定轴的端点: 50

指定另一条半轴长度或 [旋转(R)]: 20

4.2.4 椭圆弧的绘制

两种绘制椭圆弧的方法：轴、端点（两个端点，一个半轴长度）；圆心（一个中心点，一个端点，一个半轴长度）。

功能区：“默认”选项卡⇨“绘图”面板⇨“椭圆弧”图标。

菜单栏：“绘图”菜单⇨“椭圆弧”命令。

工具栏：“绘图”工具栏中的“椭圆弧”图标。

命令行：ELLIPSE（缩写为 EL）。

［**例题 4-8**］ 绘制如图 4-15 所示换热器管箱的上半部分。

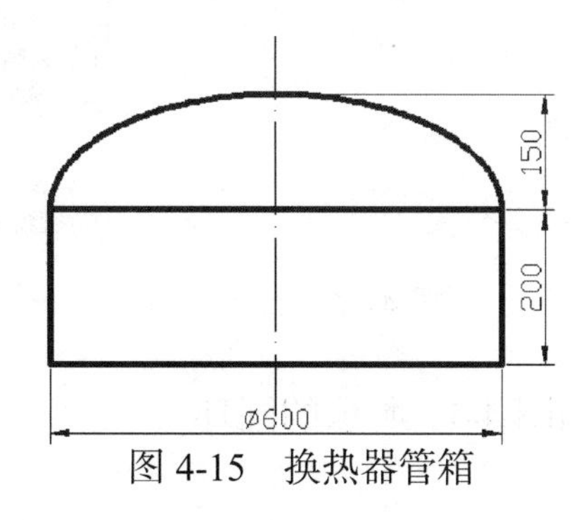

图 4-15 换热器管箱

绘图步骤如下：

单击“椭圆弧”图标“椭圆弧”，在绘图区的任意位置单击，确定第一点，按 F8 打开正交，将光标放在第一点的左侧（或右侧），输入 600，回车确认，将光标放在该线的上边或下边，输入 150，回车确认，输入起始角度 0（180），回车确认，输入终止角度 180（0），完成椭圆弧的绘制，下面的矩形读者可自行完成操作。命令行提示如下：

```
_ellipse
指定椭圆的轴端点或 [圆弧(A)/中心点(C)]: _a
指定椭圆弧的轴端点或 [中心点(C)]:
指定轴的另一个端点: 600
指定另一条半轴长度或 [旋转(R)]: 150
指定起点角度或 [参数(P)]: 0
指定端点角度或 [参数(P)/夹角(I)]: 180
```

4.2.5 圆环的绘制

两种绘制圆环的方法：数据确定内、外直径，中心点；鼠标任意指定内、外直径，中心点。

执行方式：

功能区：“默认”选项卡⇨“绘图”面板⇨“圆环”图标（图 4-16）。

菜单栏：“绘图”菜单⇨“圆环”命令。

命令行：DONUT（缩写 DO）。

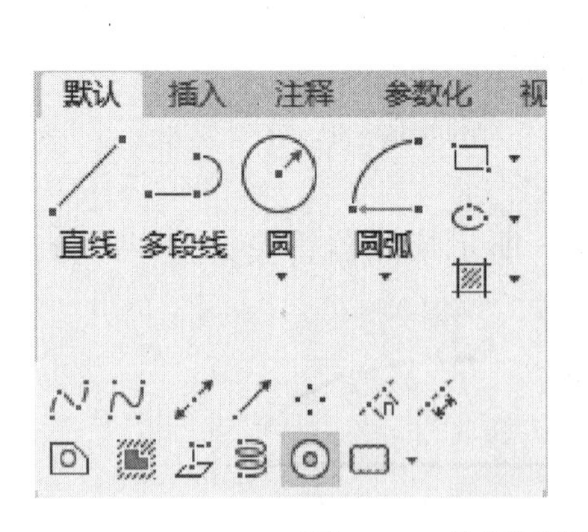

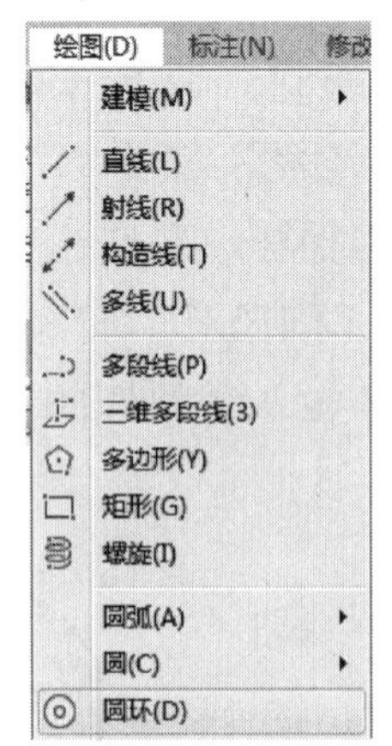

图 4-16　绘制圆环

［**例题 4-9**］ 绘制如图 4-17 所示的圆环。

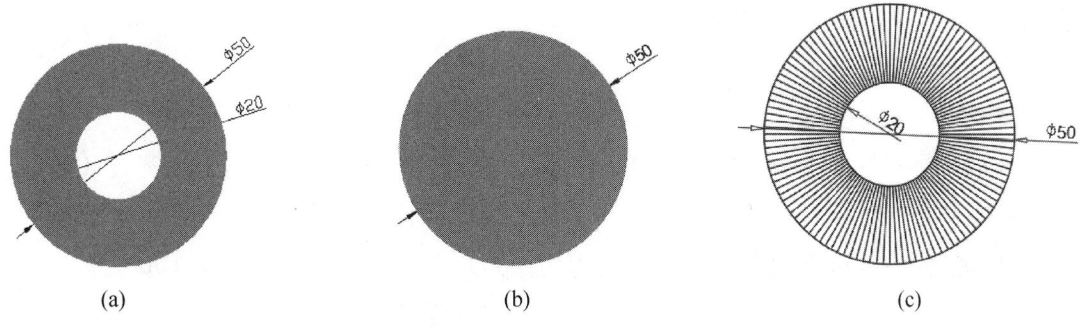

图 4-17　绘制直径 20、50 的圆环

绘图步骤如下：

单击“圆环”图标“◎”，输入圆环的内径回车确认，输入圆环的外径回车确认，鼠标单击绘图区任意一点，用来指定圆环的中心点，完成操作，命令行提示如下：

```
DONUT
指定圆环的内径 <243.5153>: 20
指定圆环的外径 <577.5649>: 50
指定圆环的中心点或 <退出>:
指定圆环的中心点或 <退出>: *取消*
```

图 4-17（b）的圆环内径为 0，图 4-17（c）需要将 fill 开关设置为 off，命令行提示如下：

```
FILL
输入模式 [开(ON)/关(OFF)] <开>: OFF
```

4.3　矩形与正多边形的绘制

4.3.1　绘制矩形

矩形是由四条直线元素组合而成的闭合对象，CAD 将其看作一条闭合的多段线。

绘制矩形的方法：

功能区：“默认”选项卡⇨“绘图”面板⇨“矩形”图标 □ 。

菜单栏：“绘图”菜单⇨“矩形”命令。

命令行：RECTANG（缩写 REC）。

［**例题 4-10**］　绘制矩形的默认方式为“对角点”方式。下面使用此方式绘

制长度为 200、宽度为 100 的矩形。

绘图步骤如下：

命令：_rectang

指定第一个角点或[倒角(C)/标高(E)/圆角(F)/厚度 (T)/宽度(W)]:

//在任意位置单击定位一个角点

指定另一个角点或[面积 (A) /尺寸 (D) /旋转 (R)]:@200,100

//输入长宽参数

绘制结果如图 4-18 所示。

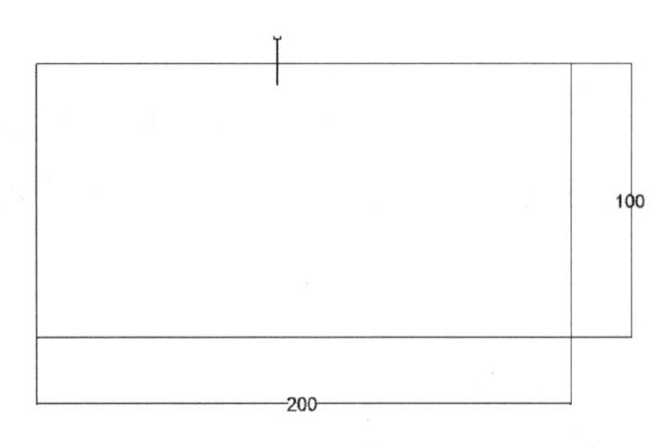

图 4-18　绘制矩形

4.3.2　绘制正多边形

在 AutoCAD 中，可以使用“多边形”命令绘制三条边以上的正多边形。绘制正多边形的方式有两种，分别是根据边长绘制和根据半径绘制。

（1）方法一：根据边长绘制正多边形

功能区：“默认”选项卡⇨“绘图”面板⇨“多边形”按钮 。

菜单栏：“绘图”菜单⇨“多边形”命令。

命令行：POLYGON（缩写 POL）。

命令：_polygon

指定正多边形的中心点或 [边 (E)]：e

指定边的第一个端点：

指定边的第二个端点：100

绘制结果如图 4-19（a）所示。

（2）方法二：根据半径绘制正多边形

命令：_polygon

输入侧面数<5>:

指定正多边形的中心点或[边 (E)]:

输入选项[内接于圆(I)| 外切于圆(C)] <C>：I

指定圆的半径：100

绘制结果如图 4-19（b）所示。

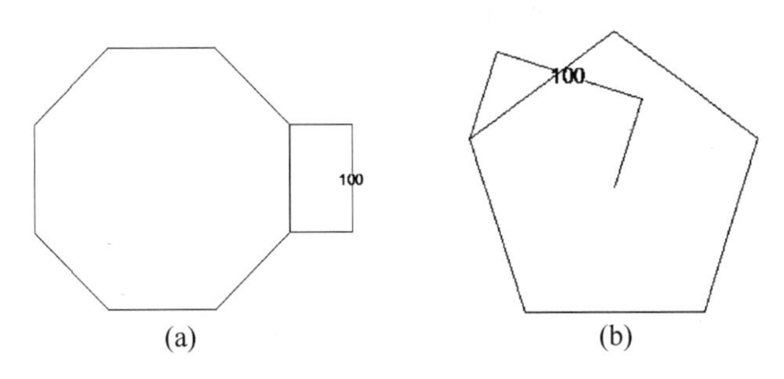

图 4-19　正多边形

注意：

区分外接圆与内切圆半径的选择。

内接于圆：命令行要求输入正多边形外圆的半径，也就是正多边形中心点至端点的距离，创建的正多边形所有的顶点都在此圆周上，如图 4-20 所示。

外切于圆：命令行要求的是输入正多边形中心点至各边线中点的距离。

同样输入数值 5，创建的内接于圆正多边形小于外切于圆正多边形，如图 4-21 所示。

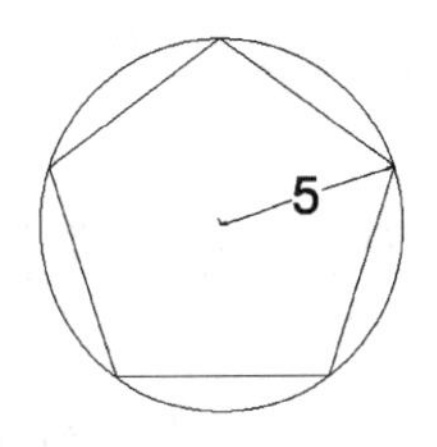

图 4-20　内接于圆

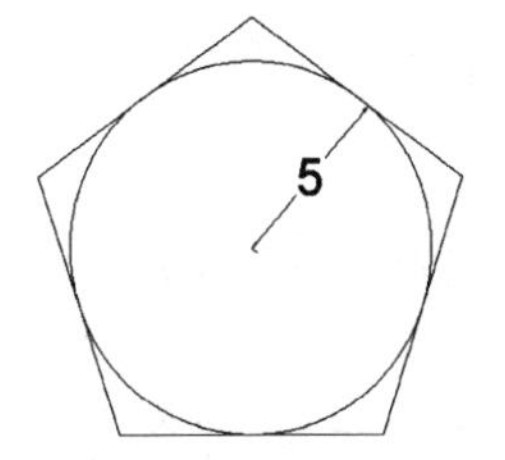

图 4-21　外切于圆

4.4　多线段与样条曲线的绘制

4.4.1　多段线的绘制

多段线用来绘制由直线、圆或圆弧组成的一系列线条。多段线可设置不同的宽度，由一个命令绘制出的图形是一个整体。

多段线的绘制方法：

功能区：“默认”选项卡⇨“绘图”面板⇨“多段线”图标。

菜单栏："绘图"菜单⇨"多段线"命令。

命令行：PLINE（缩写 PL）。

［**例题 4-11**］ 用多段线绘制图 4-22 所示图形。

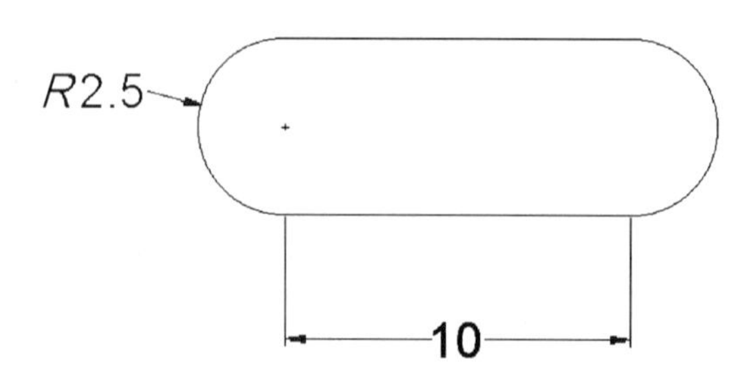

图 4-22 利用多线段绘制图形

绘图步骤如下：

单击绘图工具栏上的"多段线"图标，在绘图区任意拾取一点，开启正交"F8"，输入"10"，回车；然后输入"A"（选择圆弧方式）回车，输入"5"（给出圆弧的端点位置）回车；再输入"L"（选择直线方式）回车，输入"10"（给出直线的长度）回车，再选择"A"回车，输入"5"，回车，按"ESC"结束命令。

命令：_pline

指定起点：

指定下一个点或[圆弧（A）|半宽(H) |长度（L）|放弃（U）|宽度（W）]：10

指定下一个点或[圆弧（A）|闭合（C）|半宽(H)|长度（L）|放弃（U）|宽度（W）]：a

指定圆弧的端点或［角度（A）|圆心（CE）|闭合（CL）|方向（D）|半宽(H)|直线（L）|半径（R）|第二个点（S）|放弃（U）|宽度（W）]：5

指定圆弧的端点或［角度（A）|圆心（CE）|闭合（CL）|方向（D）|半宽(H)|直线（L）|半径（R）|第二个点（S）|放弃（U）|宽度（W）]：l

指定下一个点或[圆弧（A）|闭合（C）|半宽(H) |长度（L）|放弃（U）|宽度（W）]：10

指定下一个点或[圆弧（A）|闭合（C）|半宽(H) |长度（L）|放弃（U）|宽度（W）]：a

指定圆弧的端点或［角度（A）|圆心（CE）|闭合（CL）|方向（D）|半宽(H)|直线（L）|半径（R）|第二个点（S）|放弃（U）|宽度（W）]：5

指定圆弧的端点或［角度（A）|圆心（CE）|闭合（CL）|方向（D）|半宽(H)

|直线（L）|半径（R）|第二个点（S）|放弃（U）|宽度（W）]:

4.4.2　样条曲线的绘制

绘制样条曲线就是创建通过或接近选定点的平滑曲线，用户可通过以下方式来执行操作。

（1）样条曲线的绘制方法

功能区："默认"选项卡⇨"绘图"面板⇨样条曲线拟合或样条曲线控制点。

菜单栏："绘图"菜单⇨"样条曲线"命令。

命令行：SPLINE。

（2）命令：SPLINE

指定第一个点或[方式（M）|节点（K）|对象（O）]:

//指定一点或选择"对象（O）"选项）

输入下一个点或[起点切向（T）|公差（L）]: //指定第二点

输入下一个点或[端点相切（T）|公差（L）|放弃（U）]: //指定三点

输入下一个点或[端点相切（T）|公差（L）|放弃（U）|闭合（C）]: C

（3）选项说明

① 对象（O）：将二维或三维的二次或三次样条曲线拟合多段线转换为等价的样条曲线，然后根据系统变量的设置删除该多段线。

② 闭合（C）：将最后一点定义为与第一点一致，并使它在连接处相切，这样可以闭合样条曲线。

③ 公差（L）：指定距样条曲线必须经过的指定拟合点的距离。公差应用于除起点和端点外的所有拟合点。

④ 起点切向（T）：定义样条曲线的第一点和最后一点的切向。

注意：

对于机械类制图，样条曲线一般用在剖视图中，只要形象地描绘出剖面线即可，不作特殊重点要求。

4.5　综合演练一

利用"圆弧"命令的几种绘制方式及定数等分点创建棘轮图形，绘制如图 4-23 所示图形。

图 4-23　棘轮图形

M4-1　棘轮图形的绘制过程讲解

① 绘制同心圆。单击“默认”选项卡“绘图”面板中的“圆”按钮，绘制 3 个半径分别为 90、60、40 的同心圆。如图 4-24 所示。

② 设置点样式。单击“格式”菜单选择“点样式”，在打开的“点样式”对话框中选择，如图 4-25 所示。

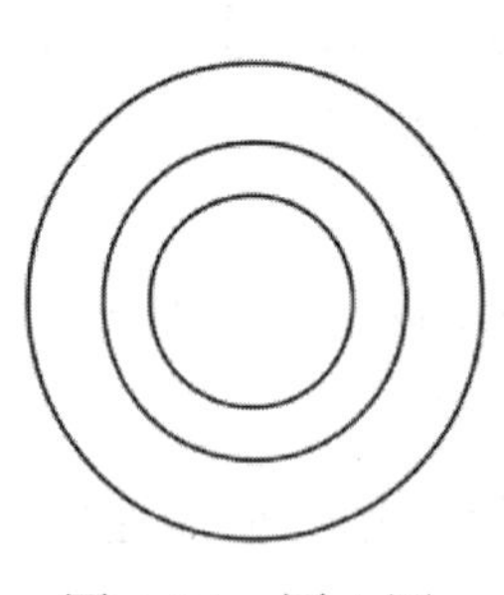

图 4-24　同心圆

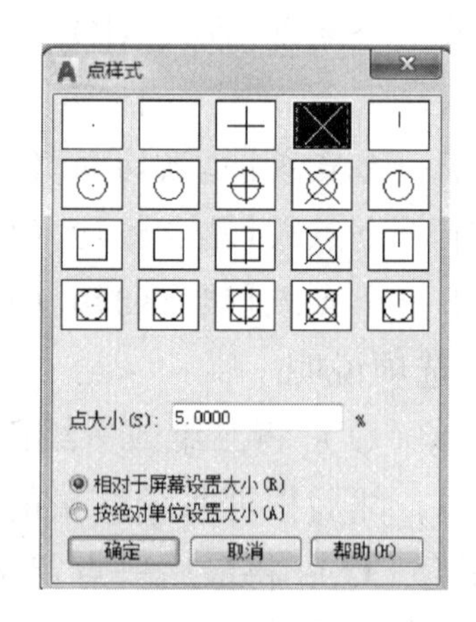

图 4-25　点样式对话框

③ 等分圆。单击“默认”选项卡“绘图”面板中的“定数等分”按钮，命令行提示与操作如下：

命令：_divide

选择要定数等分的对象：

输入线段数目或[块（B）]：12

采用同样的方法，等分 *R*60 圆，等分结果如图 4-26（a）所示。

④ 绘制棘轮轮齿。单击“直线”按钮，连接 3 个等分点，绘制直线，如图 4-26（b）所示。

⑤ 绘制其余轮齿。采用相同的方法连接其他点，选择绘制的点和多余的圆及圆弧，按 Delete 键删除，绘制完成。

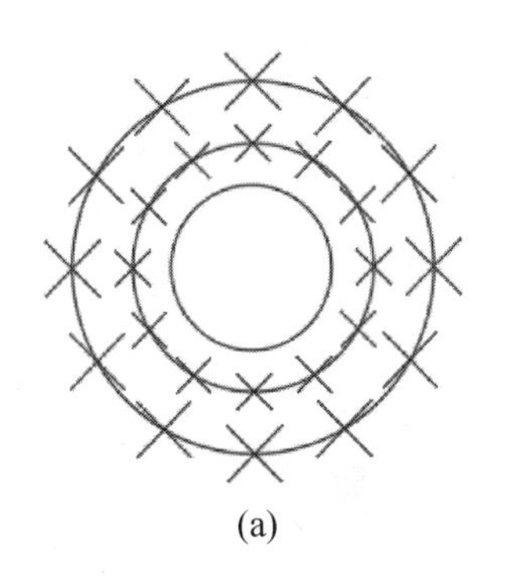

(a)

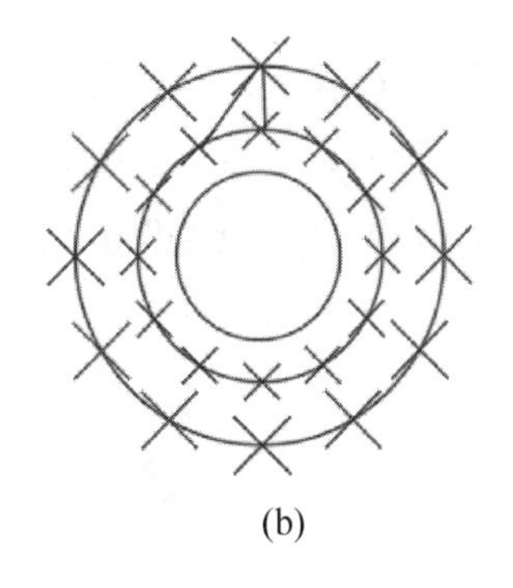

(b)

图 4-26　棘轮轮齿

4.6　综合演练二

绘制汽车简易造型。

绘制顺序：先绘制两个车轮，确定汽车的大体尺寸和位置，再绘制车体轮廓，最后绘制车窗。绘制过程中要用到“圆”“圆环”“直线”“多线段”“圆弧”“矩形”“正多边形”等命令。绘制图形如图 4-27 所示。

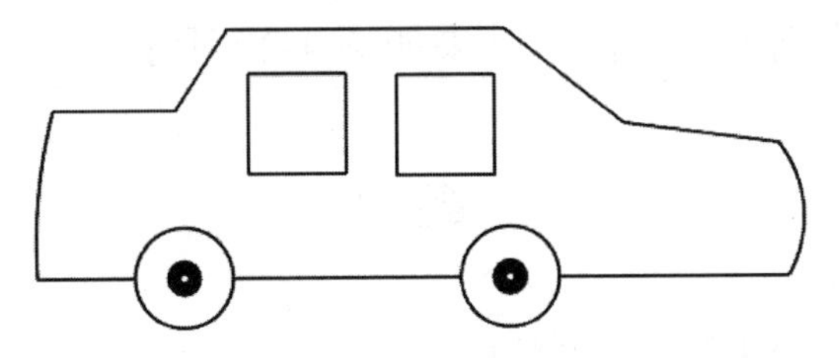

图 4-27　汽车简易造型

M4-2　汽车简易造型绘制过程讲解

① 绘制车轮。单击“默认”选项卡“绘图”面板中的“圆”按钮，绘制两个圆，命令行提示与操作如下：

命令：_circle

指定圆的圆心或[三点（3p）/两点（2p）/切点、切点、半径（T）]：500，200

指定圆的半径或[直径（D）]<150.0000>:150

用同样的方法指定圆心坐标为（1500，200）、半径为 150，绘制另一个圆。

单击“默认”选项卡“绘图”面板中的“圆环”按钮绘制两个圆环，命令行提示与操作如下：

命令：_donut

指定圆环的内径<0.5000>:30

指定圆环的外径<1.0000>:100

指定圆环的中心点或<退出>：500，200

指定圆环的中心点或<退出>：1500，200

指定圆环的中心点或<退出>：

结果如图 4-28 所示。

图 4-28　车轮图形

② 绘制车体轮廓。绘制底板。单击“默认”选项卡“绘图”面板中的“直线”按钮，命令行操作与提示如下：

命令：_line

指定第一个点：50，200

指定下一点或[放弃（U）]：300

指定下一点或[退出(E)或放弃(U)]：300

用同样的方法指定端点坐标分别为{（650,200）、（1350,200）}和{（1650,200）、（2200,200）}绘制两条线段，结果如图 4-29 所示。

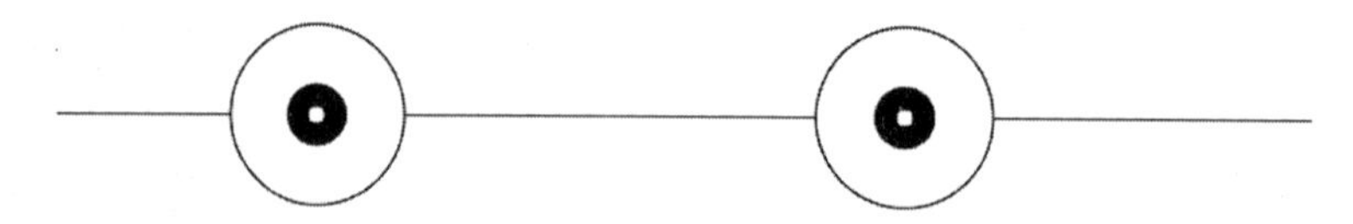

图 4-29　底板图形

绘制轮廓，单击“默认”选项卡“绘图”面板中的“多段线”按钮，绘制多段线，命令行提示与操作如下：

命令：_pline

指定起点：50，200

当前线宽为 0.0000

指定下一个点或[圆弧(A)/半宽(H)/长度(L)/放弃(U)/宽度(W)]：<正交关> a

指定圆弧的端点（按住 ctrl 键以切换方向）或

[角度(A)/圆心(CE)/方向(D)/半宽(H)/直线(L)/半径(R)/第二个点(S)/放弃(U)/宽度（W）]：s

指定圆弧上的第二个点：@0，200

指定圆弧的端点：@50，300

指定圆弧的端点（按住 ctrl 键以切换方向）或

[角度(A)/圆心(CE)/闭合(cl)/方向(D)/半宽(H)/直线(L)/半径(R)/第二个点(S)/放弃(U)/宽度(W)]：1

指定下一点或[圆弧(A)/闭合(C)/半宽(H)/长度(L)/放弃(U)/宽度(W)]:@375,0

指定下一点或[圆弧(A)/闭合(C)/半宽(H)/长度(L)/放弃(U)/宽度(W)]:@160,240

指定下一点或[圆弧(A)/闭合(C)/半宽(H)/长度(L)/放弃(U)/宽度(W)]:@850,0

指定下一点或[圆弧(A)/闭合(C)/半宽(H)/长度(L)/放弃(U)/宽度(W)]:@365,-285

指定下一点或[圆弧(A)/闭合(C)/半宽(H)/长度(L)/放弃(U)/宽度(W)]:@470,-60

指定下一点或[圆弧(A)/闭合(C)/半宽(H)/长度(L)/放弃(U)/宽度(W)]:

单击“默认”选项卡“绘图”面板中的“圆弧”按钮，命令行提示与操作如下：

命令：_arc

指定圆弧的起点或[圆心(C)]:

指定圆弧的第二个点或[圆心(C)/端点(E)]:_e

指定圆弧的端点:

指定圆弧的中心点（按住 ctrl 键以切换方向）或[角度(A)/方向(D)/半径(R)]:_d

指定圆弧起点的相切方向（按住 ctrl 键以切换方向）:

结果如图 4-30 所示。

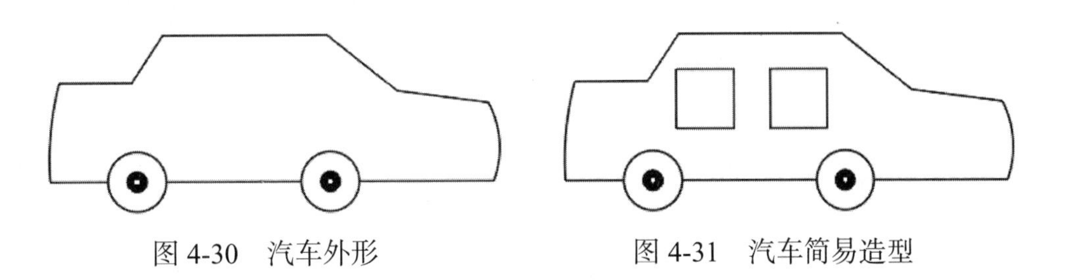

图 4-30　汽车外形　　图 4-31　汽车简易造型

③ 绘制车窗。

绘制车窗 1：单击“默认”选项卡“绘图”面板中的“矩形”按钮。

绘制车窗 2：单击“默认”选项卡“绘图”面板中的“多边形”按钮。

绘制结果如图 4-31 所示。

习题

1. 利用绘制圆的方法，结合前面的知识，绘制如图 4-32、图 4-33 所示图形。

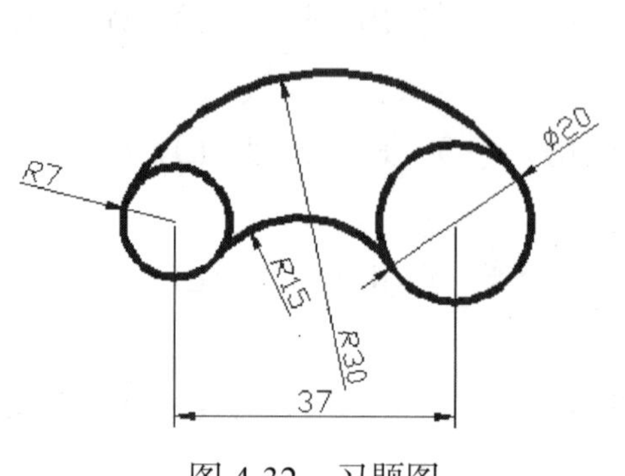

图 4-32　习题图一

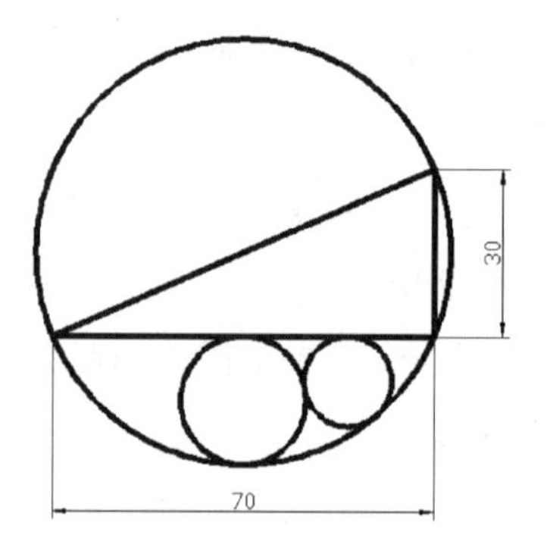

图 4-33　习题图二

2. 练习绘制如图 4-34 所示的卡通造型。

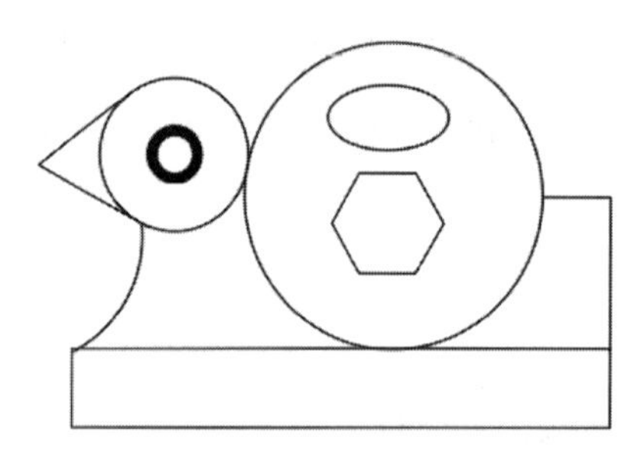

图 4-34　小鸭卡通造型

M4-3　小鸭卡通造型绘制过程讲解

第5章

编辑修改功能

在 AutoCAD 中，当绘制复杂实体时，绘图操作就不能准确地完成。为了提高绘图的效率和准确性，需要使用实体的编辑命令对基本实体进行修改。AutoCAD 中的实体编辑命令有元素的选择，实体的删除、复制、镜像、偏移、阵列、移动、缩放、拉伸、圆角等，用户在绘制过程中可方便地对实体进行编辑。利用绘图操作的所有实体都是可以进行再编辑的。复杂的实体就是通过对简单实体的编辑调整所达到的效果。相同的实体可以通过复制、阵列等命令完成，省略重复操作步骤。

5.1 实体的选择方式

5.1.1 单选

逐个单击来选择对象。将光标移动到对象实体，单击鼠标左键拾取。

注意：

当对象重叠或者非常接近时，单一对象的选择：Shift+空格键，连续单击所需对象，直至对象亮显，按回车键拾取。从部分选择的内容去掉部分的实体：按 Shift 键单击选择需要去除的实体。

5.1.2 窗口选择

当对象比较多而且集中时应该采用窗口选择方法。窗口选择的方法为：从左向右拖动光标，以仅选择完全位于矩形区域中的对象。当采取这种方法选择实体时，矩形选择框的背景颜色会改变。从第一点向对角点拖动光标的方向将确定选择的对象。

注意：

使用“窗口选择”选择对象时，通常整个对象都要包含在矩形区域中。然而，如果含有非连续（虚线）线型的对象在视口（即绘图区）中仅部分可见，并且此线型的所有可见矢量封闭在选择窗口内，则选定整个对象（矢量图像，也称为面向对象的图像或绘图图像，在数学上定义为一系列由线连接的点。矢量的绘图同分辨率无关，它们可以按最高分辨率显示到输出设备上。）

5.1.3 交叉窗口选择

交叉选择就是说与选择矩形框所交叉的实体也包含在选择集中。使用方法为：从右向左拖动光标，以选择矩形窗口包围的或相交的对象。同样地，当采取这种方式选择实体时，矩形选择框的背景颜色也会改变。与窗口选择的区别为起始方向相反，且选择对象除了包含矩形选择框以内的，与矩形选择框相交对象也会被添加到选择集中。

5.1.4 最后选择

当选择元素需要对最后一个元素进行操作时，可以用最后选择。最后选择的方法为：在命令提示行里出现选择对象时，输入 L（最后）后按 Enter（回车）或空格键，此时屏幕上显示最后操作的元素。

5.1.5 全部选择

当需要对绘图区内的所有元素进行修改时，可以用全部选择。全部选择的方法为：在命令提示行里出现选择对象时，输入 ALL（全部）后按 Enter（回车）或空格键，此时屏幕上的所有元素都被选中。

5.1.6 清除选择

当选择元素时错误操作，需要取消元素的选择时，可以用清除选择。清除选择的方法为：在命令提示行里出现选择对象时，输入 U 后按 Enter（回车）或空格键。

5.2　实体的基本操作

5.2.1　实体的删除

功能区：在“默认”选项卡中，单击“修改”面板中的“删除”按钮。

菜单栏：“修改”⇨“删除”命令。

工具栏：“修改”工具栏中“删除”按钮。

命令行：ERASE（缩写为 E）。

［**例题 5-1**］ 实体“删除”命令的使用方法和相关技巧，具体操作步骤如下，如图 5-1 所示。

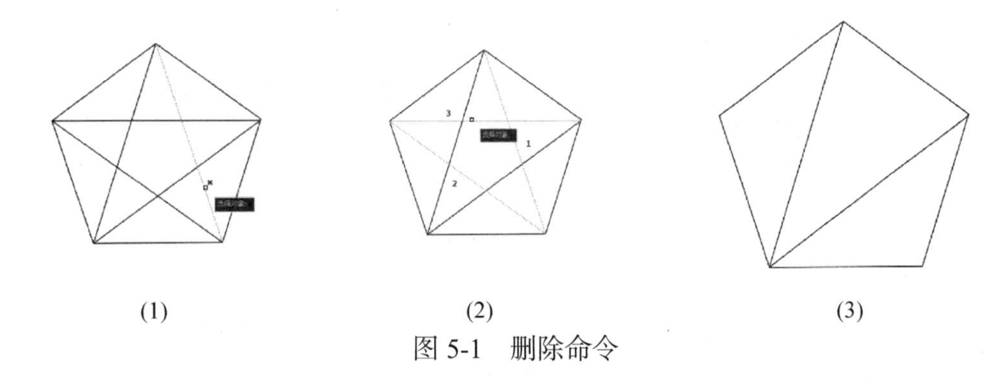

(1)　(2)　(3)

图 5-1　删除命令

```
命令：_erase
选择对象：找到 1 个
选择对象：找到 1 个，总计 2 个
选择对象：找到 1 个，总计 3 个
选择结束：回车
```

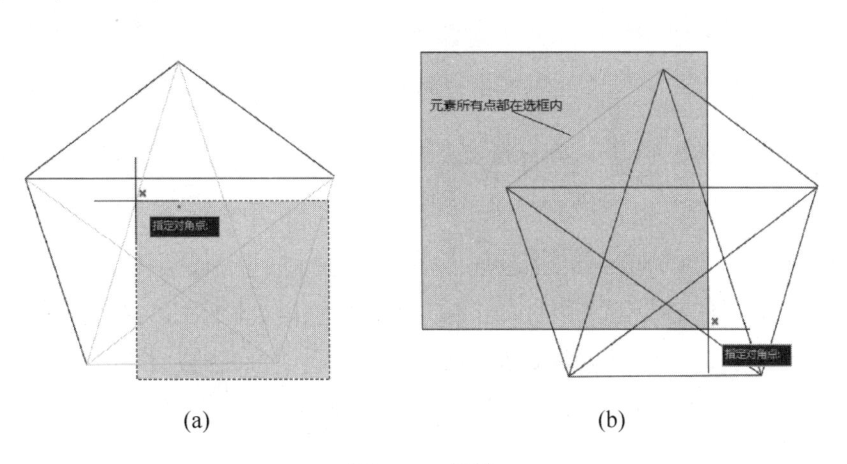

(a)　(b)

图 5-2　框选

注意：

在框选对象时，从右下到左上，虚框内所有元素均被选，如图 5-2（a）所示；从左上到右下，元素的所有点都在选框内的元素被选，如图 5-2（b）所示。

5.2.2　实体的移动

功能区：在“默认”选项卡中，单击“修改”面板中的“移动”按钮。

菜单栏：“修改”⇨“移动”命令。

工具栏：“修改”工具栏中“移动”按钮。

命令行：MOVE（缩写为 M）。

［**例题 5-2**］ 实体“移动”命令的使用方法和相关技巧，具体操作步骤如下：

① 建立如图 5-3 所示图形。

② 单击“默认”选项卡，单击“修改”面板中的“移动”按钮。移动矩形的位置，命令操作如下。

```
命令：_move
选择对象：找到 1 个
选择对象：
指定基点或 [位移(D)] <位移>：(矩形左下角点)　　//如图 5-4 所示
指定第二个点或 <使用第一个点作为位移>：　　　　//直线右端点
```

③ 移动结果如图 5-5 所示。

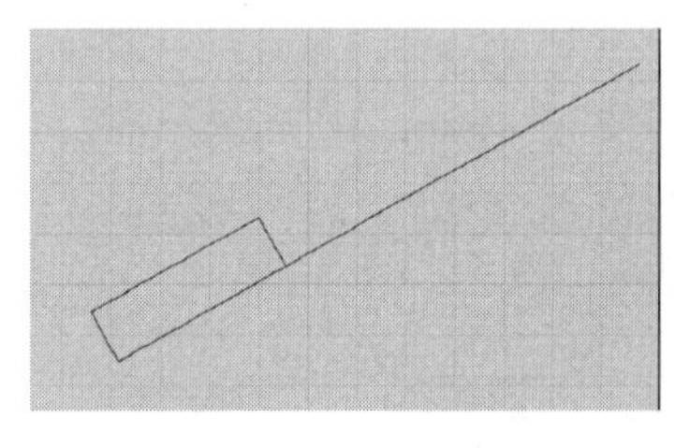

图 5-3　绘制结果

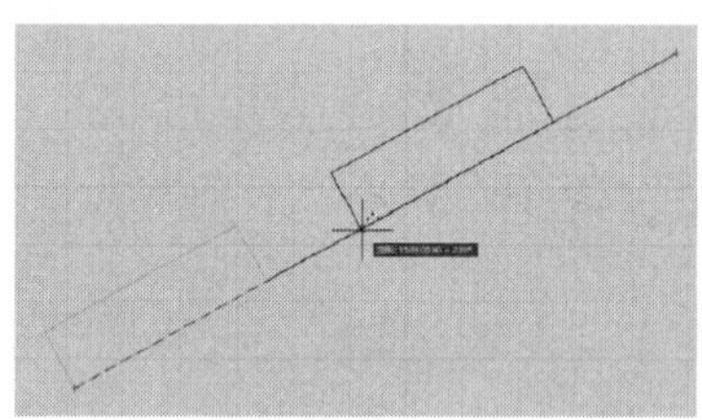

图 5-4　移动基点的选择

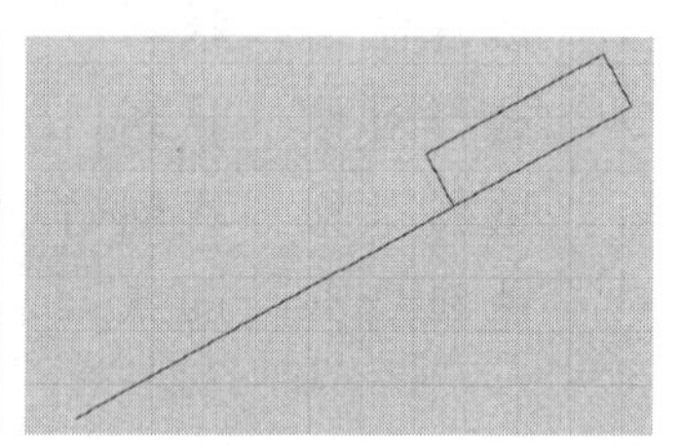

图 5-5　移动结果

也可以用菜单完成操作，具体步骤如下：

① 执行“修改”⇨“移动”命令。

② 选择要移动的对象。指定基点后选定复制点复制实体。

③ 当选定“位移”选项时以笛卡儿坐标值、极坐标值、柱坐标值或球坐标值的形式输入位移。无需包含@符号，因为相对坐标是假设的。

④ 在命令提示下输入第二点时，按 Enter 键。

注意：

坐标值将用作相对位移，而不是基点位置，如输入（10，10）实体将在 X、Y 轴方向各移动 10 个图形单位。

5.2.3　实体的旋转

功能区："默认"选项卡⇨"修改"面板中的"旋转"按钮。

工具栏："修改"工具栏中单击"旋转"按钮。

菜单栏："修改"⇨"旋转"命令。

命令：ROTATE（缩写为 RO）。

［**例题 5-3**］　实体"旋转"命令的使用方法和相关技巧，具体操作步骤如下：

① 建立如图 5-6（a）所示图形。

② 单击"默认"选项卡⇨"修改"面板中的"旋转"按钮。旋转矩形的位置，命令操作如下。

```
命令：_rotate
选择对象：找到 1 个
指定基点：
指定旋转角度，或 [复制(C)/参照(R)] <0>： r
指定参照角 <90>：　（参照点 1）指定第二点：（基点）
指定新角度或 [点(P)] <0>：（参照点 2）
```

③ 移动结果如图 5-6（b）所示。

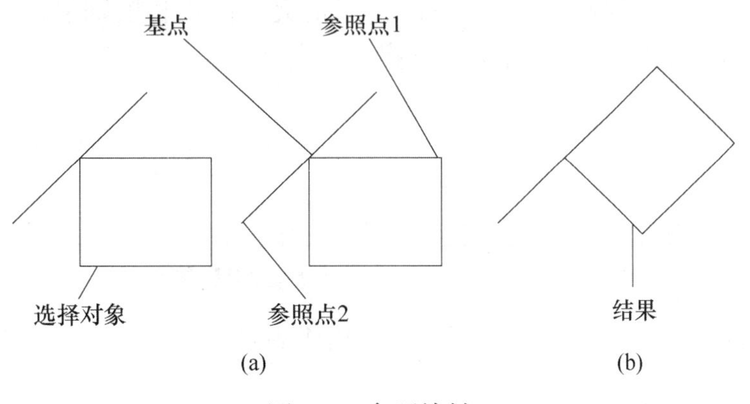

图 5-6　参照旋转

5.3 实体的复制操作

在 AutoCAD 中可以使用“复制”命令将选择对象复制到指定位置，即利用已经绘制好的一个图形，使用复制方式得到其他图形。可以从原对象以指定的角度和方向创建对象的副本。同时使用坐标、栅格捕捉、对象捕捉和其他工具可以精确复制对象。

5.3.1 实体的复制

功能区：“默认”选项卡⇨“修改”面板⇨“复制”按钮。

菜单栏：“修改”⇨“复制”命令。

命令行：COPY（缩写为 CO）。

［**例题 5-4**］ 执行“修改”⇨“复制”命令，按提示选择对象后，命令行提示以下信息：

指定基点或[位移（D）/模式（O）]〈位移〉:

各选项的含义分别如下：

指定基点：确定复制的基点。可以通过命令行输入或者利用辅助功能点击选取。选取基点后指定第二点作为对象的位移矢量。

位移：确定复制位移量。在命令行提示下输入所复制对象在 *X*、*Y*、*Z* 轴方向的位移。如果是二维复制，只给出 *X*、*Y* 轴的位移即可。

模式：指定复制模式是单个对象还是多个对象。选择 M 使用多个对象模式将多次复制对象。

要按指定距离复制对象，还可以在“正交”模式和极轴追踪打开的同时使用直接距离输入，如图 5-7 所示，其操作步骤如下。

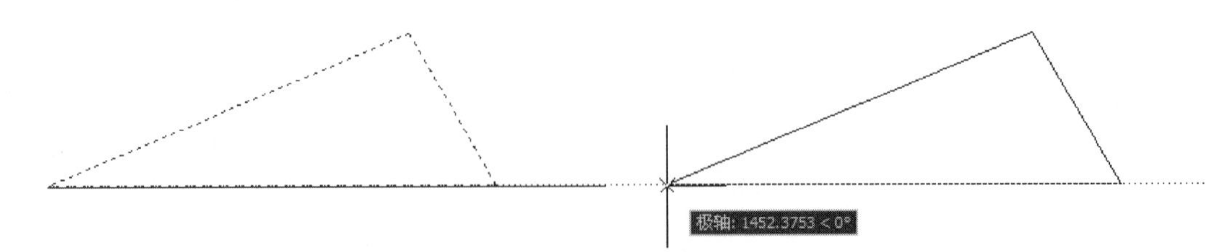

图 5-7　使用极轴复制对象

① 执行“修改”⇨“复制”命令，在命令行提示下选择图形。

② 按 F10 键打开极轴追踪模式。在命令行提示下指定复制基点，选择图形左下角点。

③ 选择第二点复制图形。完成图形复制。

注意：

使用快捷键 Ctrl+C 和 Ctrl+V 也能复制图形，此时图形的复制基点为底边平行 *X* 轴，包括整个需复制图形的最小矩形的左下角点。

5.3.2　实体的镜像

功能区："默认"选项卡⇨"修改"面板⇨"镜像"按钮。

菜单栏："修改"⇨"镜像"命令。

命令：MIRROR（缩写为 MI）。

［**例题 5-5**］　实体"镜像"命令的使用方法和相关技巧，具体操作步骤如下：

① 建立如图 5-8 左边所示图形。

② 单击"默认"选项卡⇨"修改"面板中的"镜像"按钮。

③ 移动结果如图 5-8 右边所示。

也可以用菜单完成操作，具体步骤如下：

① 执行"修改"⇨"镜像"命令，在命令行提示下选择镜像图形。

② 选择中间直线的两端为镜像线的第一点和第二点。

③ 在命令提示下输入"N"，不删除源对象，完成图形的绘制，如图 5-8 所示。

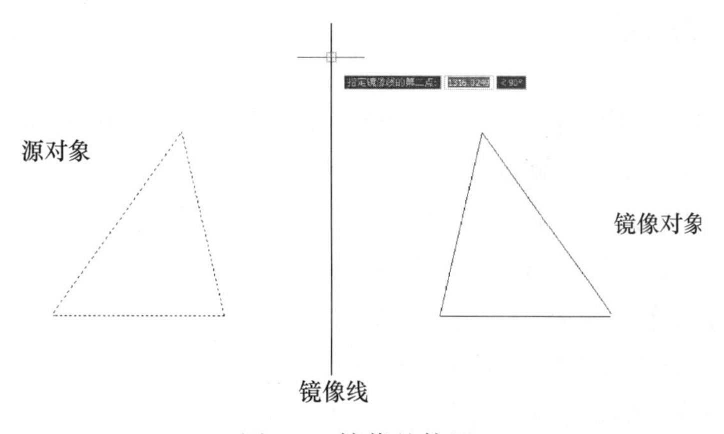

图 5-8　镜像的使用

注意：

默认情况下，镜像文字、属性和属性定义时，它们在镜像图像中不会反转或倒置。文字的对齐和对正方式在镜像对象前后相同。如果确实要反转文字，请将 MIRRTEXT 系统变量设置为 1，如图 5-9 所示。MIRRTEXT 会影响 TEXT、ATTDEF 或 MTEXT 命令的使用，属性定义和变量属性创建的文字。镜像插入块时，作为插入块一部分的文字和常量属性都将被反转，而不管 MIRRTEXT 设置。

AutoCAD2020　AutoCAD2020

MIRRTEXT系统变量值为0时　文字不镜像

AutoCAD2020　0202DAƆotuA

MIRRTEXT系统变量值为1时　文字镜像

图 5-9　文字镜像

命令行提示如下：

命令：mirrtext

输入 MIRRTEXT 的新值 <0>：1

5.3.3　实体的偏移

功能区："默认"选项卡⇨"修改"面板⇨"偏移"按钮。

菜单栏："修改"⇨"偏移"命令。

命令：OFFSET（缩写为 O）。

［**例题 5-6**］　实体"偏移"命令的使用方法和相关技巧，具体操作步骤如下：

① 建立如图 5-10（源对象）所示图形。

② 单击"默认"选项卡⇨"修改"面板中的"偏移"按钮。

③ 移动结果如图 5-10（偏移对象）所示。

也可以用菜单完成操作，具体步骤如下：

① 执行"修改"⇨"偏移"命令。命令行提示：

偏移距离或[通过（T）/删除（E）/图层（L）]

② 输入 E 选择"删除"选项设置是否删除源对象。继续输入 Y 偏移对象后将其删除，N 为不删除。

③ 选择"图层"项设置偏移对象的图层为当前层还是源对象的图层。

④ 在命令行提示下输入偏移值，或者使用"通过"选项在绘图区指定偏移距离。

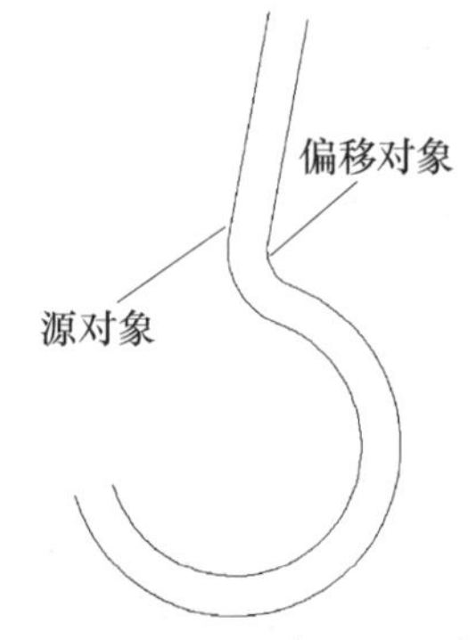

图 5-10　偏移的使用

⑤ 偏移图形，完成图形的绘制，如图 5-10 所示。

5.3.4　实体的阵列

复合图形的创建工具具体有“矩形阵列”“环形阵列”“路径阵列”三个命令，使用这三个命令可以快速创建规则的多重图形结构。

（1）矩形阵列

“矩形阵列”命令用于创建规则图形结构。使用此命令可以将图形按照指定的行数和列数，成“矩形”的排列方式进行大规模复制，以创建均布结构的图形。

矩形阵列命令执行方式：

功能区：“默认”选项卡⇨“修改”面板⇨“矩形阵列”按钮。

菜单栏：“修改”⇨“阵列”⇨“矩形阵列”命令。

命令行：ARRAYRECT（缩写为 AR）。

［**例题 5-7**］“矩形阵列”命令的使用方法和相关技巧，具体操作步骤如下：

① 建立如图 5-11 所示图形。

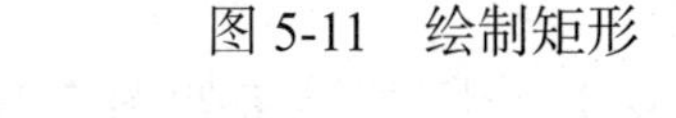

图 5-11　绘制矩形

② 单击“默认”选项卡⇨“修改”面板中的“矩形阵列”按钮。

③ 对“矩形阵列”对话框进行修改如图 5-12 所示。

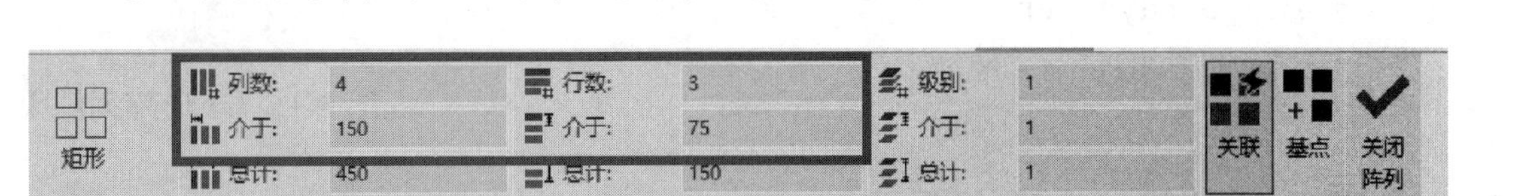

图 5-12　“矩形阵列”对话框

④ 矩形阵列结果如图 5-13 所示。

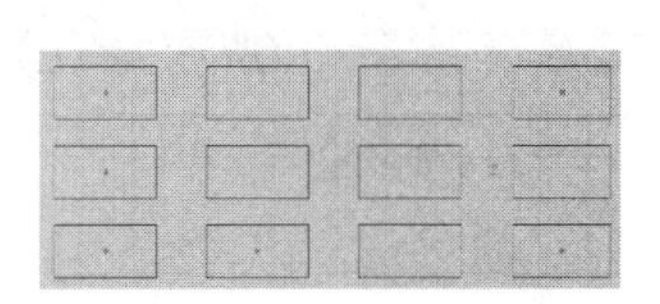

图 5-13　矩形阵列结果

命令行提示如下：

命令：_arrayrect

选择对象：找到 1 个

选择对象：（图 5-11 所示矩形）

类型 = 矩形　关联 = 是

选择夹点以编辑阵列或 [关联(AS)/基点(B)/计数(COU)/间距(S)/列数(COL)/行数(R)/层数(L)/退出(X)] <退出>:

（2）环形阵列

“环形阵列”命令用于将图形按照阵列中心点和数目呈圆形排列，以快速创建环形结构的图形。

功能区：“默认”选项卡⇨“修改”面板⇨“环形阵列”按钮。

菜单栏：“修改”⇨“阵列”⇨“环形阵列”。

命令行：ARRAYPOLAR（缩写为 AR）。

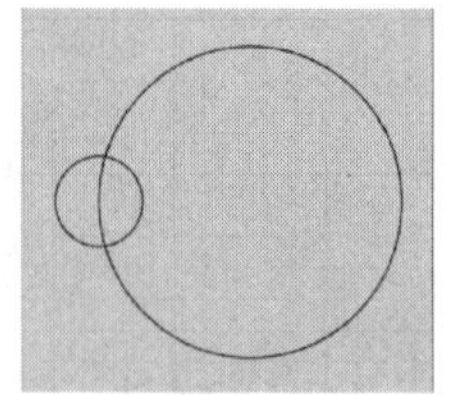

图 5-14　绘制圆形

［**例题 5-8**］　“环形阵列”命令的使用方法和相关技巧，具体操作步骤如下：

① 建立如图 5-14 所示图形。

② 单击“默认”选项卡⇨“修改”面板中的“环形阵列”按钮。

③ 对“环形阵列”对话框进行修改如图 5-15 所示。

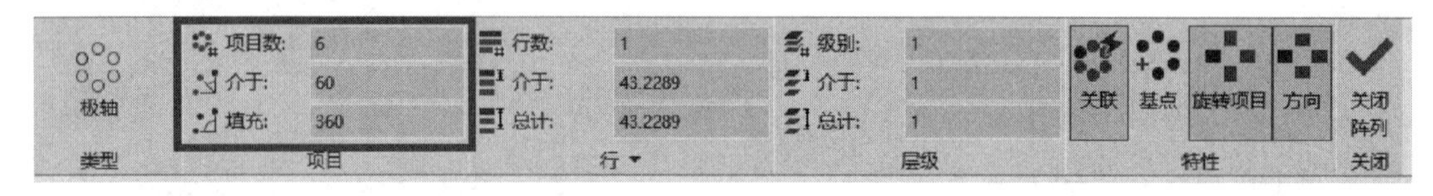

图 5-15　“环形阵列”对话框

④ 环形阵列结果如图 5-16 所示。

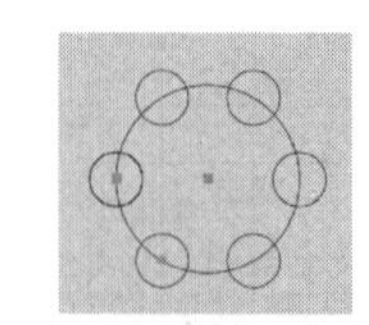

图 5-16　环形阵列结果

命令行提示如下：

命令：_arraypolar

选择对象：找到 1 个

选择对象：

类型 = 极轴　关联 = 是

指定阵列的中心点或 [基点(B)/旋转轴(A)]:

选择夹点以编辑阵列或 [关联(AS)/基点(B)/项目(I)/项目间角度(A)/填充角度(F)/行(ROW)/层(L)/旋转项目(ROT)/退出(X)] <退出>:

（3）路径阵列

“路径阵列”命令用于将对象沿指定的路径或路径的某部分进行等距阵列。

功能区：“默认”选项卡⇨“修改”面板⇨“路径阵列”按钮。

菜单栏：“修改”⇨“阵列”⇨“路径阵列”命令。

命令行：ARRAYPATH（缩写为 AR）。

［**例题 5-9**］　“路径阵列”命令的使用方法和相关技巧，具体操作步骤如下：

① 建立如图 5-17 所示图形。

② 单击“默认”选项卡⇨“修改”面板中的“路径阵列”按钮 。执行“路径阵列”命令，对小圆进行路径阵列。

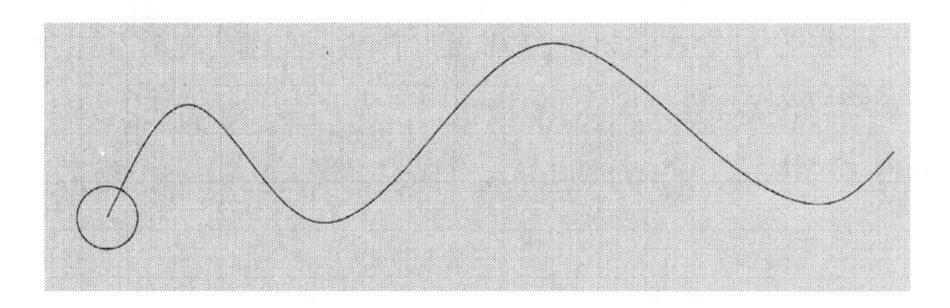

图 5-17 素材图形

③ 对“路径阵列”对话框进行修改如图 5-18 所示。

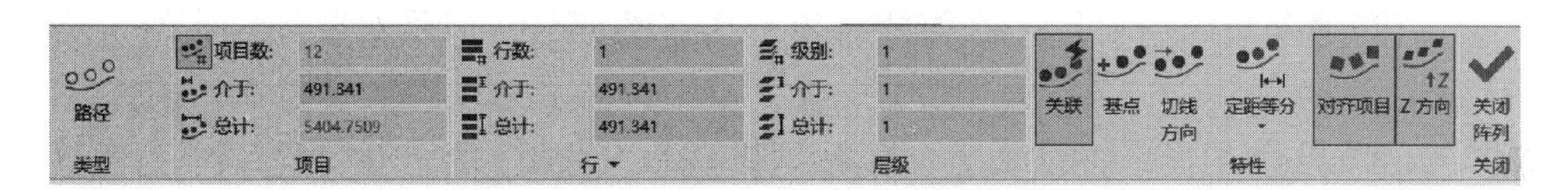

图 5-18 “路径阵列”对话框

④ 路径阵列结果如图 5-19 所示。

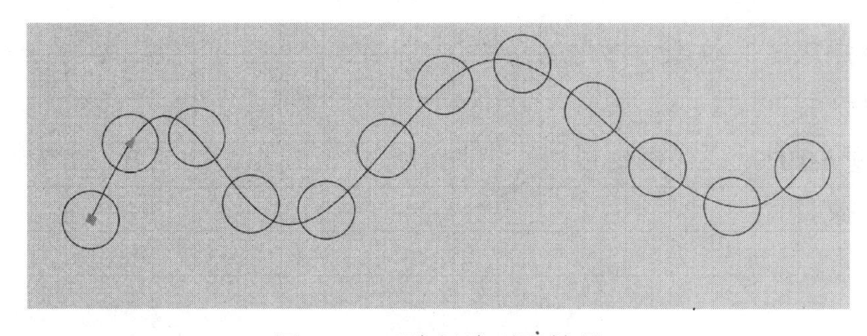

图 5-19 “路径阵列”结果

命令行提示如下：

命令：_arraypath

选择对象：找到 1 个

选择对象：(小圆)

类型 = 路径 关联 = 是

选择路径曲线：(样条曲线)

选择夹点以编辑阵列或 [关联(AS)/方法(M)/基点(B)/切向(T)/项目(I)/行(R)/层(L)/对齐项目(A)/z 方向(Z)/退出(X)] <退出>:

5.4 实体的复杂操作

在绘图中，可以把某个图形作为参照附着到当前图形中，附着的图形与当前图形文件是一种参照关系，当某个图形修改后，当前图形中的参照图形也会相应修改。如果某个图形是作为块插入当前图形中，即使修改该图形，当前图形中的该图形也不会改变。

5.4.1 实体的修剪与延伸

（1）实体的修剪

“修剪”命令主要用于修剪掉对象上指定的部分，以将对象编辑为符合设计要求的图样。

功能区：“默认”选项卡⇨“修改”面板⇨“修剪”按钮。

菜单栏：“修改”⇨“修剪”命令。

命令行：TRIM（缩写为 TR）。

注意：

要选择包含块的剪切边或边界边，只能选择“窗交”“窗选”“全部选择”选项中的一个。

［**例题 5-10**］ 通过修剪可以平滑地清理两直线相交的地方，如图 5-20 所示，其操作步骤如下。

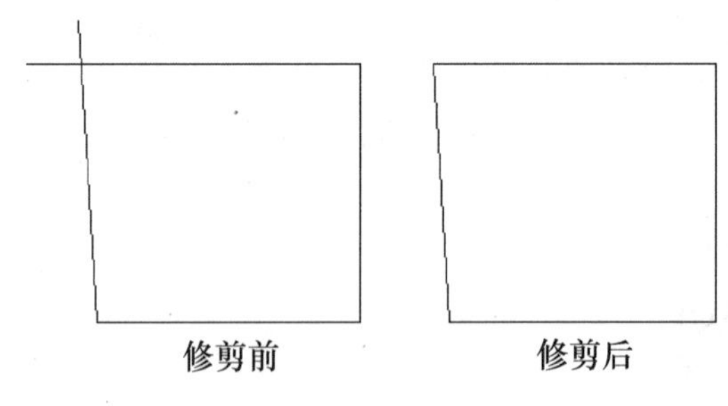

图 5-20　修剪

步骤一：执行“修改”⇨“修剪”命令。

步骤二：命令行提示选择剪切边（直接回车后将选择所有对象为边界），交叉选择左上角两边。

步骤三：选择多余线条进行修剪操作，完成修剪操作。

注意：

对象既可以作为剪切边，也可以是被修剪的对象。修剪若干个对象时，使用不同的选择方法有助于选择当前的剪切边和修剪对象。当修剪对象未与剪切边相交，如图 5-21 所示，请在命令行提示下输入 E 打开边延伸模式。

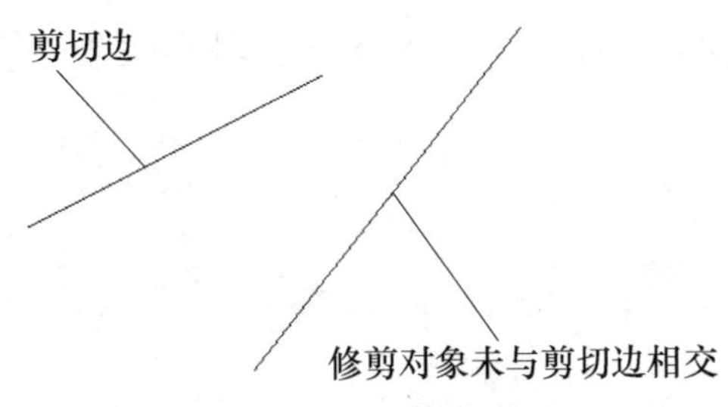

图 5-21　边延伸模式

①“不延伸”模式下的修剪。

系统为用户设定了两种修剪模式，即“延伸”模式和“不延伸”模式，默认模式为“不延伸”模式。通过下面具体实例，学习默认模式下的修剪操作。具体操作步骤如下：

步骤一：新建空白文件。

步骤二：使用“圆”和“直线”命令，绘制如图 5-22 所示的圆和直线

步骤三：单击“默认”选项卡 ⇨“修剪”面板 ⇨“修剪”按钮，执行“修剪”命令，以直线作为边界，对圆图形进行修剪，命令行操作如下：

```
命令: _trim
当前设置:投影=UCS, 边=无
选择剪切边...
选择对象或 <全部选择>:  找到 1 个
选择对象:(剪刀线---直线)
选择要修剪的对象或按住 Shift 键选择要延伸的对象, 或者
[栏选(F)/窗交(C)/投影(P)/边(E)/删除(R)]:(圆----需要剪掉的部分)
选择要修剪的对象, 或按住 Shift 键选择要延伸的对象, 或
[栏选(F)/窗交(C)/投影(P)/边(E)/删除(R)/放弃(U)]:
```

步骤四：圆弧的上端被修剪，如图 5-23 所示。

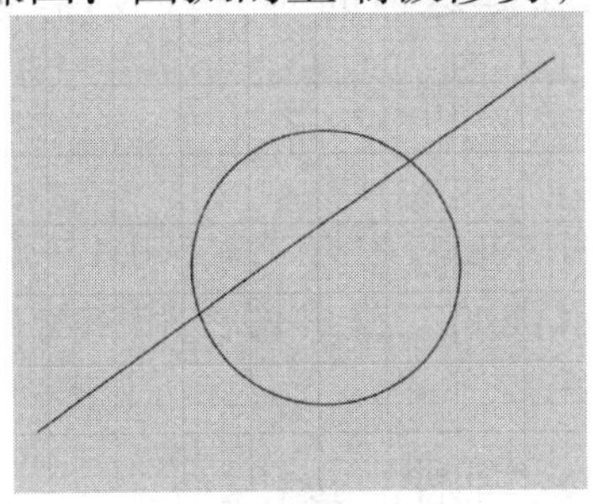

图 5-22　绘制结果

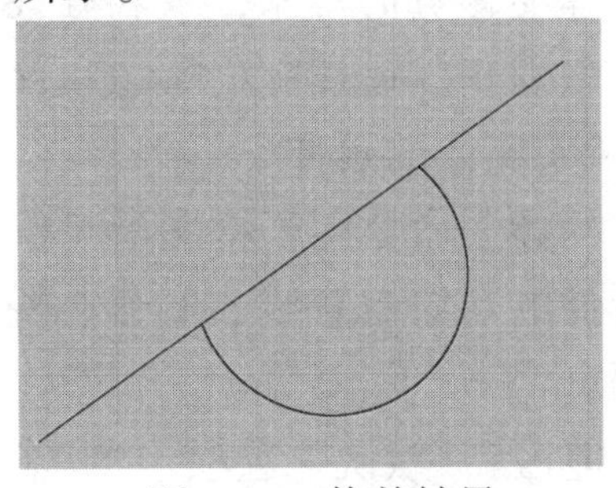

图 5-23　修剪结果

②“隐含交点”模式下的修剪。

所谓“隐含交点”，指的是边界与对象没有实际的交点，但是边界被延长后，与对象存在一个交点。通过下面实例，学习此种模式下的修剪操作。具体操作步骤如下：

步骤一：新建空白文件。

步骤二：通过“直线”命令绘制如图 5-24 所示的两条图线。

图 5-24 “隐含交点”模式下的修剪

步骤三：单击“默认”选项卡⇨“修剪”面板⇨“修剪”按钮，执行“修剪”命令，对水平图线进行修剪，命令行操作如下：

命令：_trim

当前设置:投影=UCS，边=无

选择剪切边...

选择对象或 <全部选择>： 找到 1 个

选择对象：(修剪边界)

选择要修剪的对象或按住 Shift 键选择要延伸的对象，或者[栏选(F)/窗交(C)/投影(P)/边(E)/删除(R)]：e

输入隐含边延伸模式 [延伸(E)/不延伸(N)] <不延伸>：e

选择要修剪的对象，或按住 Shift 键选择要延伸的对象，或[栏选(F)/窗交(C)/投影(P)/边(E)/删除(R)/放弃(U)]： //修剪对象——剪掉部分

选择要修剪的对象，或按住 Shift 键选择要延伸的对象，或[栏选(F)/窗交(C)/投影(P)/边(E)/删除(R)/放弃(U)]：

（2）实体的延伸

“延伸”命令用于将图形对象延长到事先指定的边界上，如图 5-25 所示。用于延伸的对象有直线、圆弧、椭圆弧、非闭合的二维多段线和三维多段线及射线等。

功能区：“默认”选项卡⇨“修改”面板⇨“延伸”按钮 。

菜单栏："修改" ⇨ "延伸" 命令。

命令行：EXTEND（缩写为 EX）。

［**例题 5-11**］　如图 5-25 所示，将直线精确地延伸到由一个圆定义的边界边。其步骤如下。

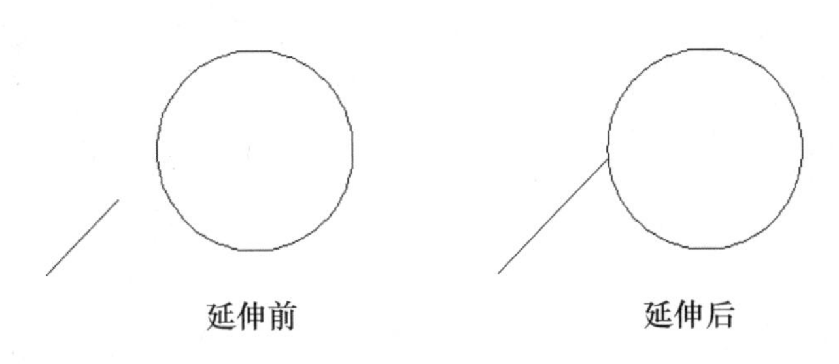

图 5-25　延伸

步骤一：执行 "修改" ⇨ "延伸" 命令。

步骤二：在命令行提示下选择对象作为延伸的边界，即实体中的圆，按 Enter 键确定。

步骤三：在命令行提示下选择延伸对象，选择直线，完成实体的绘制。

① "不延伸" 模式下的延伸。

系统为用户提供了两种 "延伸" 模式，即 "延伸" 模式和 "不延伸" 模式。系统默认模式为 "不延伸" 模式。具体操作步骤如下：

步骤一：绘制如图 5-26 的圆弧和直线。

步骤二：单击 "默认" 选项卡⇨ "修改" 面板⇨ "延伸" 按钮，执行 "延伸" 命令，以直线作边界，对圆弧进行延伸，命令行操作如下：

命令：_extend

当前设置：投影=UCS，边=延伸

选择边界的边...

选择对象或 <全部选择>：　找到 1 个

选择对象：（直线）

选择要延伸的对象或按住 Shift 键选择要修剪的对象，或者[栏选(F)/窗交(C)/投影(P)/边(E)]：（圆弧）

选择要延伸的对象，或按住 Shift 键选择要修剪的对象，或[栏选(F)/窗交(C)/投影(P)/边(E)/放弃(U)]：

步骤三：圆弧的右端被延伸，如图 5-27 所示。

② "隐含交点" 模式下的延伸。

"隐含交点"，指的是边界与对象延长线没有实际的交点，而是边界被延长

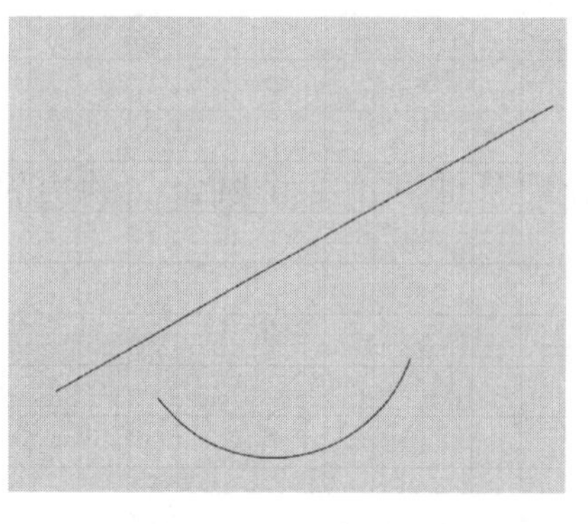

图 5-26　绘制结果

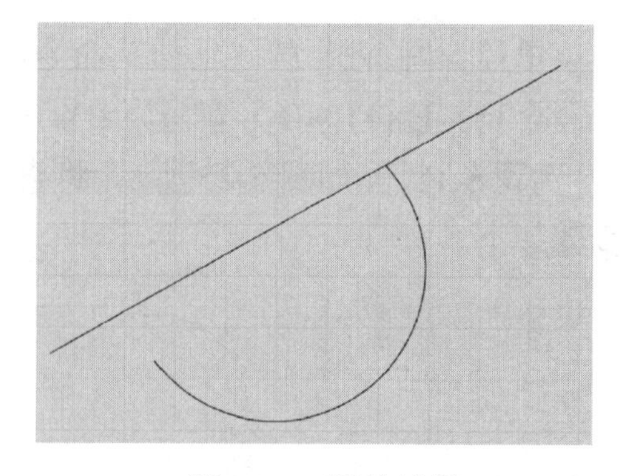

图 5-27　延伸结果

后，与对象延长线存在一个交点。在“隐含交点”模式下对图线进行延伸时，需要更改默认模式为“延伸”模式。具体操作步骤如下：

步骤一：新建空白文件。

步骤二：使用“直线”命令绘制如图 5-28 左边所示的两条图线。

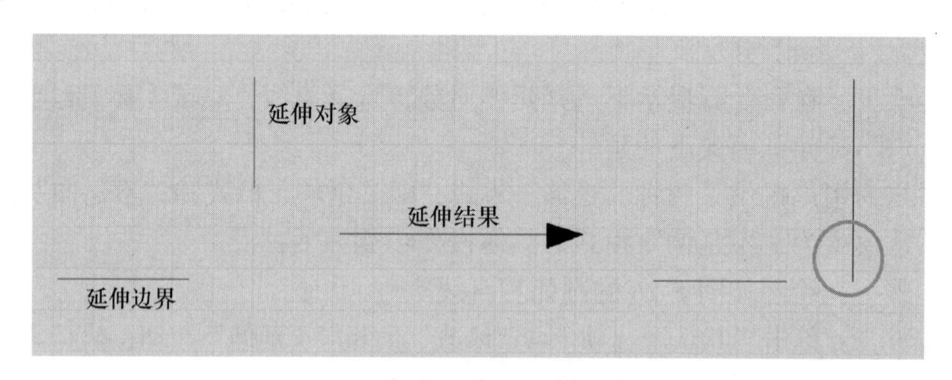

图 5-28　延伸结果

步骤三：单击“默认”选项卡⇨“修改”面板⇨“延伸”按钮，执行“延伸”命令，将垂直图线的下端延长，使之与水平图线的延长线相交，命令行提示如下：

命令： EXTEND

当前设置:投影=UCS，边=延伸

选择边界的边...

选择对象或 <全部选择>： 找到 1 个

选择对象：

选择要延伸的对象或按住 Shift 键选择要修剪的对象，或者[栏选(F)/窗交(C)/投影(P)/边(E)]：

路径不与边界边相交。

选择要延伸的对象或按住 Shift 键选择要修剪的对象，或者[栏选(F)/窗交(C)/投影(P)/边(E)]：e

输入隐含边延伸模式 [延伸(E)/不延伸(N)] <延伸>:

选择要延伸的对象或按住 Shift 键选择要修剪的对象，或者[栏选(F)/窗交(C)/投影(P)/边(E)]：

5.4.2　实体的拉伸与缩放

（1）实体的拉伸

“拉伸”命令主要用于将图形对象进行不等比缩放，进而改变对象的尺寸或形状。通常用于拉伸的对象有直线、圆弧、椭圆弧、多线段、样条曲线等。

功能区：“默认”选项卡⇨“修改”面板⇨“拉伸”按钮。

菜单栏：“修改”⇨“拉伸”命令。

命令行：STRETCH（缩写为 S）。

［**例题 5-12**］　如图 5-29 所示，命令行提示如下：

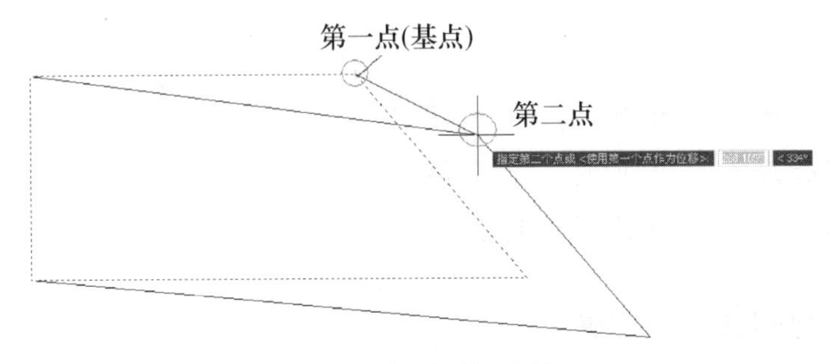

图 5-29　拉伸图形

命令：_stretch

以交叉窗口或交叉多边形选择要拉伸的对象...

选择对象：指定对角点：找到 1 个

选择对象：

指定基点或 [位移(D)] <位移>:

指定第二个点或 <使用第一个点作为位移>:

（2）实体的缩放

“缩放”命令用于将选定的图形对象进行等比例放大或缩小。使用此命令可以创建形状、大小不同的图形结构。

功能区：“默认”选项卡⇨“修改”面板⇨“缩放”按钮。

菜单栏：“修改”⇨“缩放”命令。

命令行：SCALE（缩写为 SC）。

［**例题 5-13**］　绘制如图 5-30 图形，命令行提示如下：

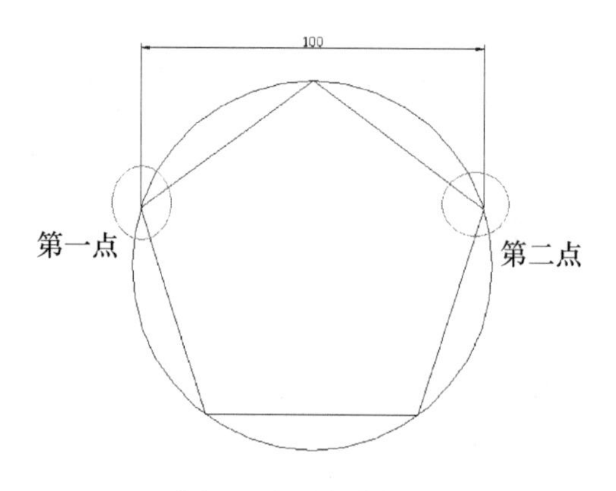

图 5-30　缩放图形

```
命令: _scale
选择对象: 指定对角点: 找到 2 个
选择对象:
指定基点:
指定比例因子或 [复制(C)/参照(R)] <1.0000>:  r
指定参照长度 <1.0000>:  指定第二点:
指定新的长度或 [点(P)] <1.0000>:  100
```

5.4.3　实体的打断与打断于点

（1）实体的打断

“打断”用于将选定的图形对象打断为相连的两部分，或打断并删除图形对象上的一部分，如图 5-31 所示。

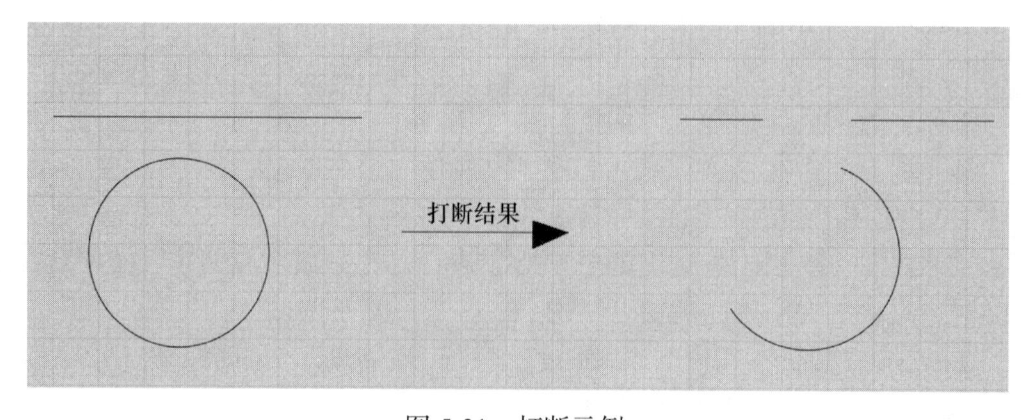

图 5-31　打断示例

功能区："默认"选项卡⇨"修改"面板⇨"打断"按钮。

菜单栏："修改"⇨"打断"命令。

命令行：BREAK（缩写为 BR）。

下面通过具体实例，学习"打断"命令的使用方法和技巧，具体操作步骤如下：

① 绘制直径为 50 的圆。

② 单击"默认"选项卡⇨"修改"面板⇨"打断"按钮，删除圆在第一、第二两点中间的元素。

［**例题 5-14**］ 如图 5-32 所示，命令行提示如下：

```
命令: _break 选择对象:
指定第二个打断点 或 [第一点(F)]:
```

（2）打断于点

功能区："默认"选项卡⇨"修改"面板⇨"打断于点"按钮。

菜单栏："修改"⇨ "打断于点"命令。

命令行：BREAK（缩写为 BR）。

［**例题 5-15**］ 如图 5-33 所示，命令行提示如下：

```
命令: _break 选择对象:
指定第二个打断点或 [第一点(F)]: _f
指定第一个打断点:(直线上任意一点)
指定第二个打断点: @
```

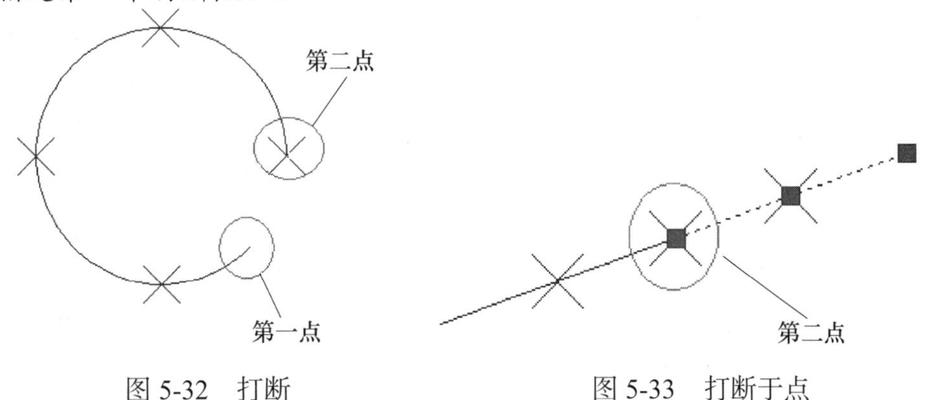

图 5-32　打断　　　　图 5-33　打断于点

5.4.4　倒角与圆角

（1）倒角

功能区："默认"选项卡⇨"修改"面板⇨"倒角"按钮。

菜单栏："修改"⇨"倒角"命令。

命令行：CHAMFER（缩写为 CHA）。

［**例题 5-16**］ 如图 5-34 所示，命令行提示如下：

命令：_chamfer

（“修剪”模式）当前倒角距离 1 = 0.0000，距离 2 = 0.0000

选择第一条直线或 [放弃(U)/多段线(P)/距离(D)/角度(A)/修剪(T)/方式(E)/多个(M)]： t

输入修剪模式选项 [修剪(T)/不修剪(N)] <修剪>：n

选择第一条直线或 [放弃(U)/多段线(P)/距离(D)/角度(A)/修剪(T)/方式(E)/多个(M)]： d

指定第一个倒角距离 <0.0000>：10

指定第二个倒角距离 <10.0000>：20

选择第一条直线或 [放弃(U)/多段线(P)/距离(D)/角度(A)/修剪(T)/方式(E)/多个(M)]：

选择第二条直线，或按住 Shift 键选择要应用角点的直线：

（2）圆角

功能区：“默认”选项卡⇨“修改”面板⇨“圆角”按钮。

菜单栏：“修改”⇨“圆角”命令。

命令行：FILLET（缩写为 F）。

［**例题 5-17**］ 如图 5-35 所示，命令行提示如下：

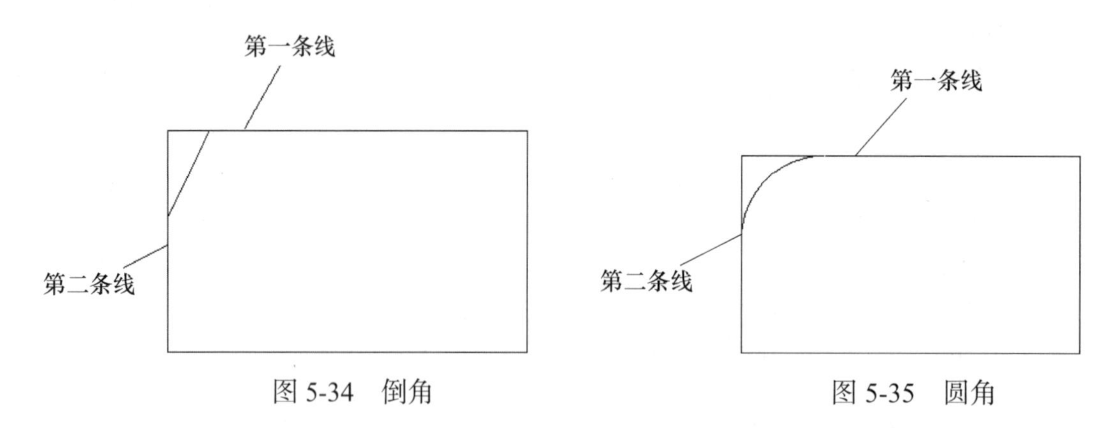

图 5-34 倒角　　图 5-35 圆角

命令：_fillet

当前设置：模式 = 不修剪，半径 = 0.0000

选择第一个对象或 [放弃(U)/多段线(P)/半径(R)/修剪(T)/多个(M)]：t

输入修剪模式选项 [修剪(T)/不修剪(N)] <不修剪>：n

选择第一个对象或 [放弃(U)/多段线(P)/半径(R)/修剪(T)/多个(M)]：r

指定圆角半径 <0.0000>: 20

选择第一个对象或 [放弃(U)/多段线(P)/半径(R)/修剪(T)/多个(M)]:

选择第二个对象，或按住 Shift 键选择要应用角点的对象:

5.4.5　合并与分解

（1）合并

功能区：“默认”选项卡⇨“修改”面板⇨“合并”按钮。

菜单栏：“修改”⇨“合并”命令。

命令行：JOIN（缩写为 J）。

［**例题 5-18**］　如图 5-36 所示，命令行提示如下：

命令: _join 选择源对象:

选择要合并到源的直线:　找到 1 个

选择要合并到源的直线:　找到 1 个，总计 2 个

选择要合并到源的直线:

已将 2 条直线合并到源

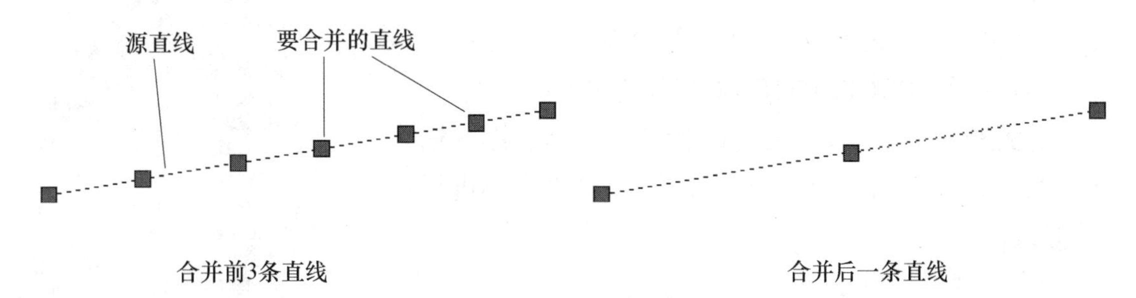

图 5-36　直线的合并

（2）分解

功能区：“默认”选项卡⇨“修改”面板⇨“分解”按钮。

菜单栏：“修改”⇨“分解”命令。

命令行：EXPLODE（缩写为 EX）。

［**例题 5-19**］　如图 5-37 所示，命令行提示如下：

命令: _explode

选择对象: 找到 1 个（选择矩形）

选择对象:（回车）

分解前矩形

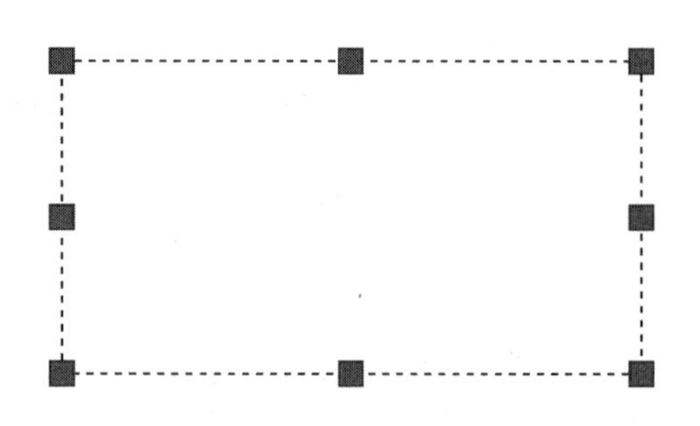

分解后成四条直线

图 5-37　分解实体

5.4.6　实体的特性修改与特性匹配

（1）实体的特性修改

功能区：“工具”选项卡⇨“选项板”面板⇨“特性”命令。

菜单栏：“修改”⇨“特性”命令。

命令行：PROPERTIES（缩写为 PR）。

［**例题 5-20**］　选择要修改特性的实体，键盘输入 PR 回车，弹出图 5-38 所示对话框，对该实体进行特性修改。

无选择	
常规	
颜色	■ ByLayer
图层	0
线型	——— ByLayer
线型比例	1
线宽	——— ByLayer
透明度	ByLayer
厚度	0
三维效果	
材质	ByLayer
打印样式	
打印样式	ByColor
打印样式表	无
打印表附着...	模型
打印表类型	不可用
视图	
圆心 X 坐标	4715.4533
圆心 Y 坐标	708.7264
圆心 Z 坐标	0
高度	3783.9038
宽度	4580.9973
其他	

图 5-38　“特性修改”对话框

（2）特性匹配

功能区：“默认”选项卡⇨“特性”面板⇨“特性匹配”按钮。

菜单栏：“修改”⇨“特性匹配”命令。

命令行：MATCHPROP（缩写为 MA）。

［**例题 5-21**］　如图 5-39 所示，命令行提示如下：

命令：'_matchprop

选择源对象：（源实体）

当前活动设置：颜色 图层 线型 线型比例 线宽 厚度 打印样式 标注 文字 填充图案 多段线 视口 表格材质 阴影显示

选择目标对象或［设置(S)］：（目标实体）

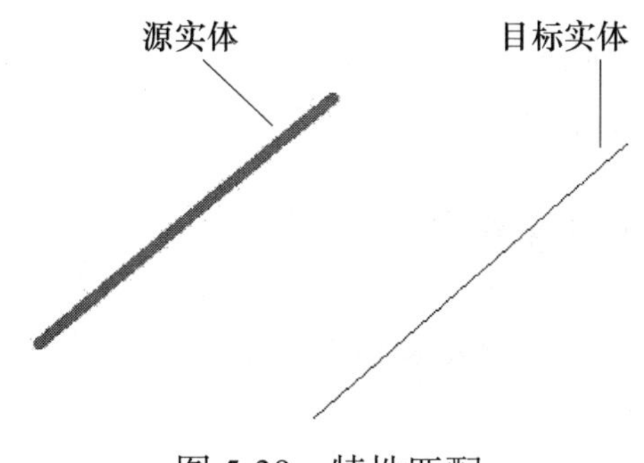

图 5-39　特性匹配

5.5　夹点

5.5.1　夹点的概念

在 AutoCAD 中用户选择了某个实体之后，实体的特征点上出现了蓝色正方形框，这些正方形框被称为夹点。如图 5-40 所示。拉动任意一个特征点都将改变实体的形状。被选中的夹点称为热点（基夹点），其余为温点。

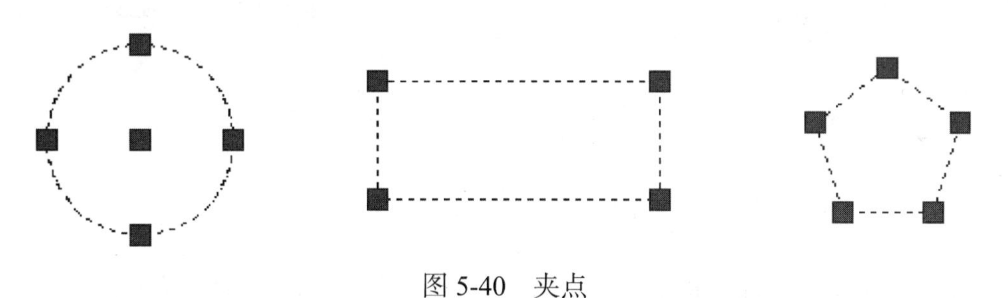

图 5-40　夹点

5.5.2　夹点的设置

夹点在不同元素中的位置：

线段：端点、中点。

构造线：控制点、线上邻近两点。

多段线：直线段的端点、圆弧段的中点和端点。

正多边形：每个顶点。

矩形：4 个顶点。

圆弧：端点、中点和圆心。

圆：4 个象限点和圆心。

云线：端点和圆弧中点。

样条曲线：拟合点、控制点。

椭圆：4 个象限点和圆心。

椭圆弧：中点，端点和圆心。

5.5.3　利用夹点进行快速编辑

夹点在 AutoCAD 中可以对元素进行快速编辑，例如：移动，拉伸，旋转，缩放和镜像等操作，如图 5-41 所示。

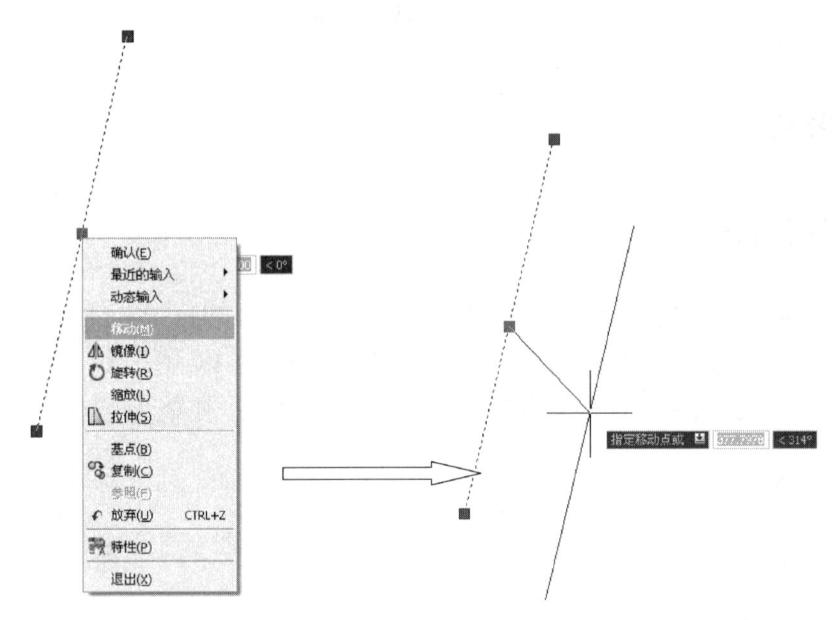

图 5-41　夹点中的移动

步骤：选择需要操作的元素⇨在需要改变的夹点上单击鼠标右键⇨选择操作命令。

按 Esc 键取消命令。

（1）移动

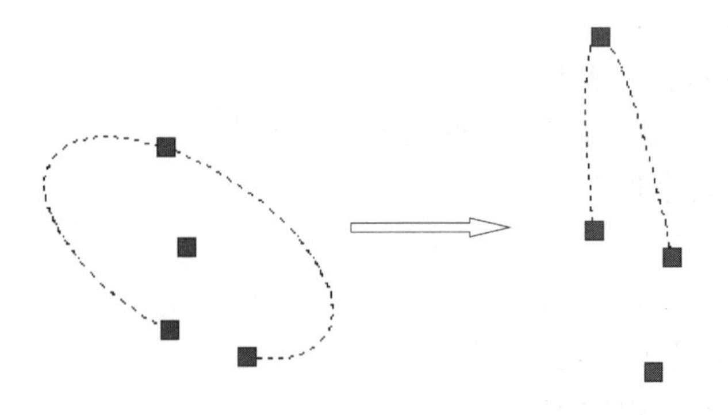

图 5-42　夹点中的拉伸

** 移动 **

指定移动点或 [基点(B)/复制(C)/放弃(U)/退出(X)]:

（2）拉伸（如图 5-42 所示）

** 拉伸 **

指定拉伸点或 [基点(B)/复制(C)/放弃(U)/退出(X)]:-

（3）旋转（如图 5-43 所示）

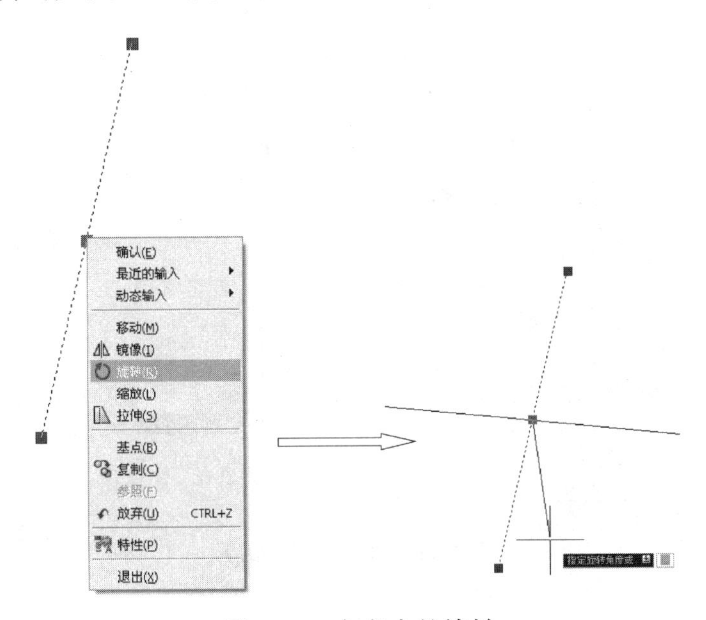

图 5-43　夹点中的旋转

** 旋转 **

指定旋转角度或 [基点(B)/复制(C)/放弃(U)/参照(R)/退出(X)]:

（4）缩放（如图 5-44 所示）

** 比例缩放 **

指定比例因子或 [基点(B)/复制(C)/放弃(U)/参照(R)/退出(X)]: *取消*

（5）镜像（如图 5-45 所示）

** 镜像 **

指定第二点或 [基点(B)/复制(C)/放弃(U)/退出(X)]: c

** 镜像 (多重) **

指定第二点或 [基点(B)/复制(C)/放弃(U)/退出(X)]:

** 镜像 (多重) **

指定第二点或 [基点(B)/复制(C)/放弃(U)/退出(X)]:

** 镜像 (多重) **

指定第二点或 [基点(B)/复制(C)/放弃(U)/退出(X)]:

** 镜像 (多重) **

指定第二点或 [基点(B)/复制(C)/放弃(U)/退出(X)]:

** 镜像 (多重) **

指定第二点或 [基点(B)/复制(C)/放弃(U)/退出(X)]: *取消*

命令: *取消*

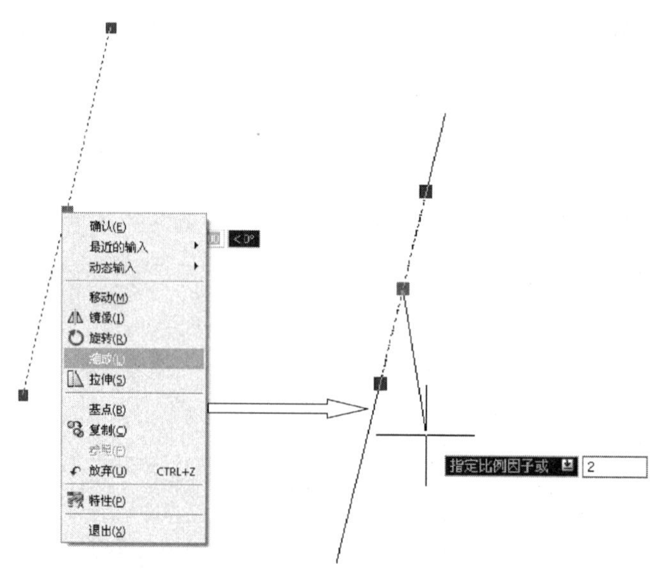

图 5-44　夹点中的缩放

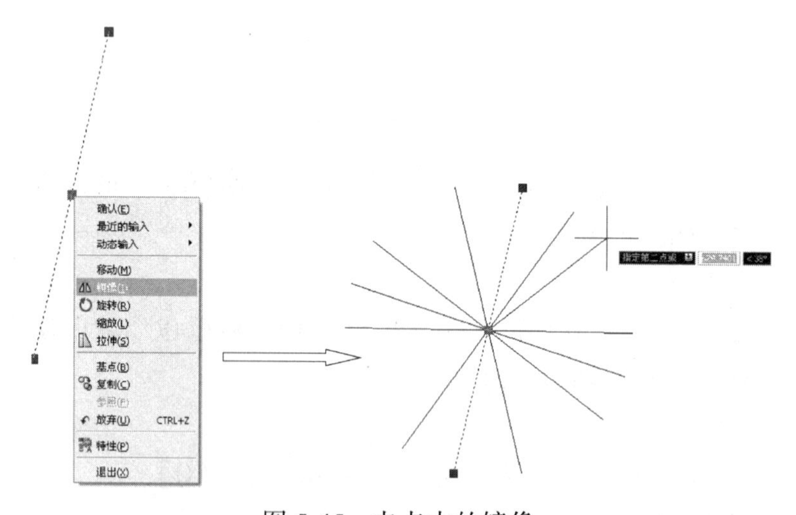

图 5-45　夹点中的镜像

习题

根据下列尺寸绘制图形。

1. 绘制图 5-46 所示图形。

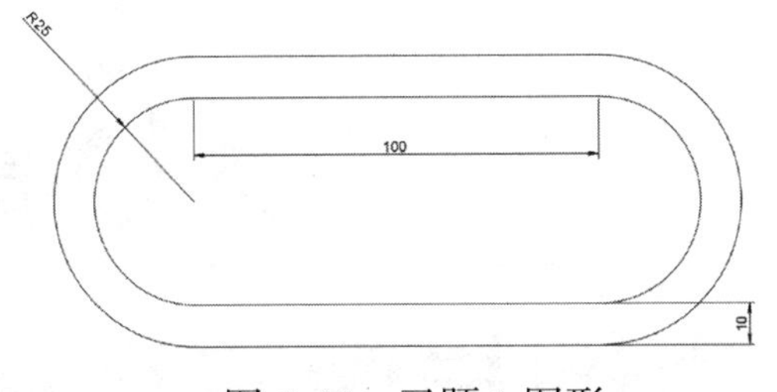

图 5-46　习题 1 图形

M5-1　习题 1 图形绘制过程讲解

2. 绘制图 5-47 所示图形。

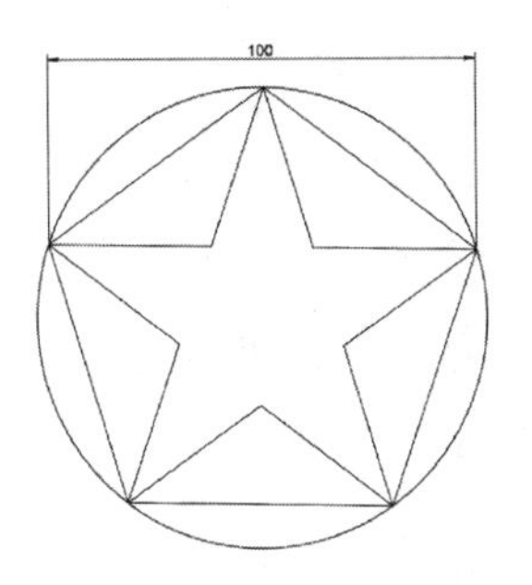

图 5-47　习题 2 图形

M5-2　习题 2 图形绘制过程讲解

3. 绘制图 5-48 所示图形。

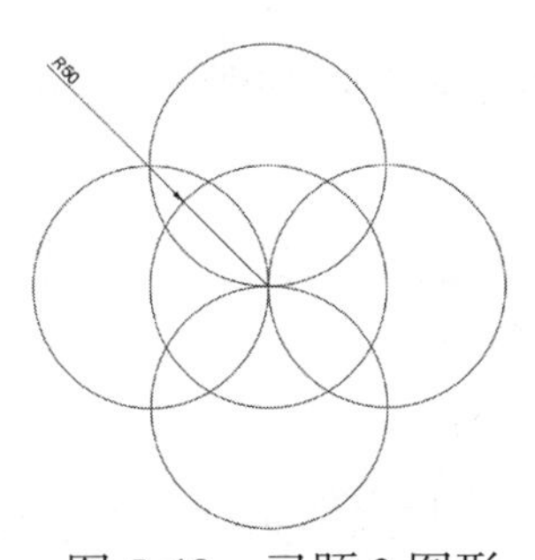

图 5-48　习题 3 图形

M5-3　习题 3 图形绘制过程讲解

4. 绘制图 5-49 所示图形。

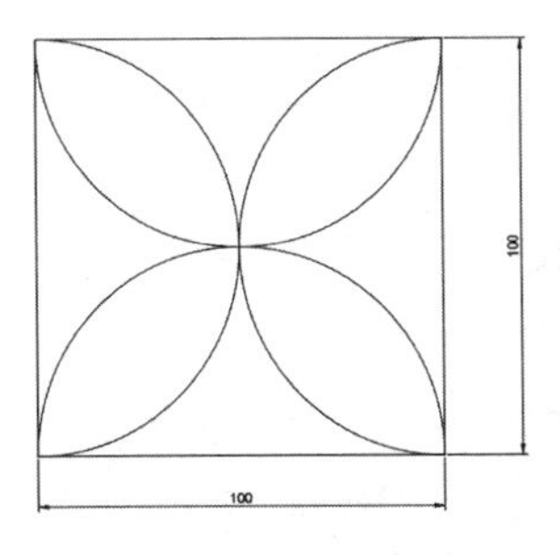

图 5-49　习题 4 图形

M5-4　习题 4 图形绘制过程讲解

第 6 章

查询与图案填充

利用 AutoCAD 2020 的查询命令，可以对相关图形信息进行查询，如查询指定两点的距离、指定区域的面积等。图案填充是指将图形元素作为一个独立的整体，填充到各种封闭的图形区域里，以表达各自的图形信息。所谓图案，指的就是使用各种图线进行不同的排列组合而构成的图形元素。

6.1 查询命令的使用

6.1.1 距离的查询

使用“距离”命令，不但可以查询任意两点之间的距离，还可以查询两点之间的连线与 *X* 轴或 *XY* 平面的夹角等参数信息。

功能区：“默认”选项卡⇨“实用工具”面板⇨“距离”按钮。

菜单栏：“工具”⇨“查询”⇨“距离”命令。

命令行：DIST 或 Measuregeom（缩写为 DI）。

［**例题 6-1**］ 通过下面具体实例，学习“距离”命令的使用方法和技巧，具体操作步骤如下：

① 绘制长度为 100、角度为 135° 的倾斜线段，如图 6-1 所示。

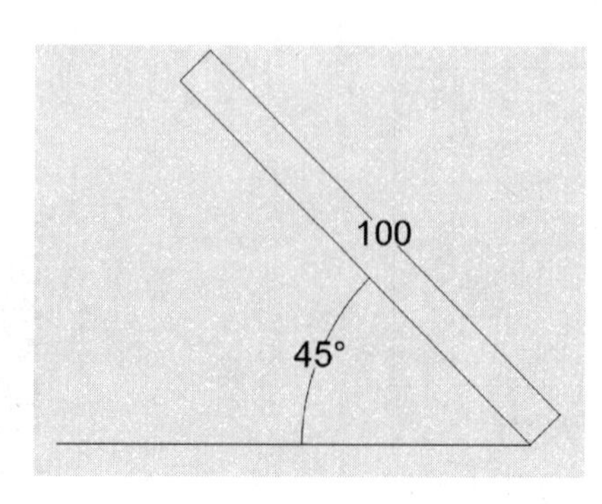

图 6-1 绘制结果

② 单击“默认”选项卡⇨“实用工具”面板⇨“距离”按钮，在命令行“指定第一点:”提示下，捕捉线段的下端点。

③ 在命令行“指定第二点或［多个点（M）]:”提示下捕捉线段上端点。此时系统自动查询出这两点之间的信息，命令行提示如下：

距离 = 100.0000,

XY 平面中的倾角 = 135,

与 XY 平面的夹角 = 0　　X 增量 = -70.7107,

Y 增量 = 70.7107,　　Z 增量 = 0.0000

小技巧　“距离”表示拾取两点之间的实际长度;“XY 平面的倾角”表示所拾取的两点边线与 X 轴正方向的夹角;“与 XY 平面夹角”表示拾取两点间连线与当前坐标系 XY 平面的夹角;“X 增量”表示所拾取的两点在 X 轴方向上的坐标差;“Y 增量”表示所拾取的两点在 Y 轴方向上的坐标差。

6.1.2　面积的查询

使用“面积”命令不但可以查询单个封闭对象或由若干点围成的区域的面积及周长，而且可以对面积进行加减运算。

功能区:“默认”选项卡⇨“实用工具”面板⇨“面积”按钮。

菜单栏:“工具”⇨“查询”⇨“面积”命令。

命令行: Measuregeom 或 AREA（缩写为 AA）。

执行上述命令，AutoCAD 会提示:

指定第一个角点或【对象（O）/加（A）/减（S）】

各选项含义分别如下:

指定第一个角点：计算以指定顶点所构成的多边形区域的面积和周长，是系统的默认选项。当指定第一点后，AutoCAD 会继续提示:

指定下一个角点或按“Enter”键全选:

用户可指定一系列点后，按“Enter”键，AutoCAD 会显示查询结果。

对象（O）: 计算由指定对象所围成区域的面积，执行该选项，AutoCAD 会提示:

选择对象:

用户可以选择圆、椭圆、二维多线段、矩形、正多边形及样条曲线等对象，AutoCAD 会显示出对应的面积与周长。

加（A）: 切换到加模式，可以求多个对象的面积及其面积总和。选择该项，

AutoCAD 会提示：

指定第一个角点或【对象（O）/减（S）】

① 指定第一个角点：用户可通过指定点求面积。

② 对象（O）：用户可以求多个对象的面积及其面积总和。执行该选项，AutoCAD 会提示：

（“加”模式）选择对象：

用户根据这个提示选择对象后，AutoCAD 会显示两行信息，第一行显示所选择的对象的面积和周长，第二行显示总面积。按下“Enter”后，AutoCAD 会返回到上一层提示。

减（S）：切换到减模式，可以把新计算的面积从总面积中减掉。执行该选项，AutoCAD 会提示：

指定第一个角点或【对象（O）/加（A）】

此时，AutoCAD 会显示与后续操作对应的面积，同时要把新计算的面积从总面积中减掉，并显示出相减后的总面积。

［**例题 6-2**］ 通过查询正六边形的面积和周长，学习“面积”命令的使用方法和技巧，具体操作步骤如下：

① 绘制边长为 150 的正六边形。

② 单击“默认”选项卡⇨“实用工具”面板⇨“面积”按钮，执行“面积”命令，查询正六边形的面积和周长，命令行提示如下：

命令：_MEASUREGEOM

输入一个选项[距离(D)/半径(R)/角度(A)/面积(AR)/体积(V)/快速(Q)/模式(M)/退出(X)]<距离>：_area

指定第一个角点或 [对象(O)/增加面积(A)/减少面积(S)/退出(X)] <对象(O)>：o

选择对象：(选择绘图区的正六边形)

面积 = 58456.7148，周长 = 900.0000

小技巧

对于线宽大于零的多线段或者样条曲线，将按其中心线来计算面积和周长；对于非封闭的多段线或者样条曲线，AutoCAD 将假想已有一条直线连接多段线或样条曲线的首尾，然后计算该封闭曲线所围成的区域的面积，但周长并不包括那条假想的连线，所以周长是多线段的实际长度。

6.1.3 质量特性的查询

用于查询三维实体的相关数据。

功能区："默认"选项卡⇨"实用工具"面板⇨"质量特性"按钮。

菜单栏："工具"⇨"查询"⇨"质量特性"命令。

命令行：Massprop。

执行该命令，命令行提示"选择对象"，指定当前存在的面域对象与三维对象后按 Enter 键，弹出文本窗口，关于面域查询结果的文本窗口就会出现。

```
命令：_massprop
选择对象：找到 1 个
选择对象：(将绘图区的正六边形设置为面域)
 ----------------     面域    ----------------
面积：58456.7148
周长：900.0000
边界框：X：303.9766  --  603.9766
       Y：21.7373  --  281.5449
质心：X：453.9766
     Y：151.6411
惯性矩：X：1618229588.8762
       Y：12321639332.1750
惯性积：XY：-4024249122.5040
旋转半径：X：166.3807
         Y：459.1103
主力矩与质心的 X-Y 方向：
     I：274015850.4162 沿 [1.0000 0.0000]
     J：274015850.4162 沿 [0.0000 1.0000]
是否将分析结果写入文件？[是(Y)/否(N)] <否>：
```

6.1.4　列表显示

使用 AutoCAD 提供的"列表"命令，可以快速地查询图形所包含的众多的内部信息，如图层、面积、点坐标及其他的空间特性参数。

菜单栏："工具"⇨"查询"⇨"列表"命令。

命令行：LIST（缩写为 LI）。

具体操作步骤如下：

```
命令：_list
选择对象：找到 1 个
```

```
选择对象:(绘图区的正六边形)
REGION    图层: "0"
空间: 模型空间
句柄 = 2f7
面积: 58456.7148
周长: 900.0000
边界框: 边界下限 X=303.9766,Y=21.7373,Z=0.0000
边界上限 X = 603.9766,Y=281.5449,Z=0.0000
```

6.1.5 点坐标查询

用于查询指定点的坐标。

菜单栏:"工具"⇨"查询"⇨"点坐标"命令。

命令行:ID。

执行"点坐标"命令后,命令行提示如下:

```
命令: _id
指定点:  (捕捉需要查询的坐标点)
X = 303.9766      Y = 151.6411      Z = 0.0000
```

小技巧

点坐标查询命令多用于钣金展开放样图中。

6.2 设置图案填充与渐变色填充

6.2.1 设置图案填充

功能区:"默认"选项卡⇨"绘图"面板⇨"图案填充"按钮。

菜单栏:"绘图"⇨"图案填充"命令。

工具栏:"绘图"工具栏中"图案填充"按钮。

命令行:BHATCH(缩写为 H 或 BH)。

执行上述命令后,系统打开"图案填充和渐变色"对话框,如图 6-2 所示。

各选项含义分别如下:

图案:用于确定填充图案的类型及图案。单击右侧的下三角按钮,弹出如图 6-3 所示的下拉列表。

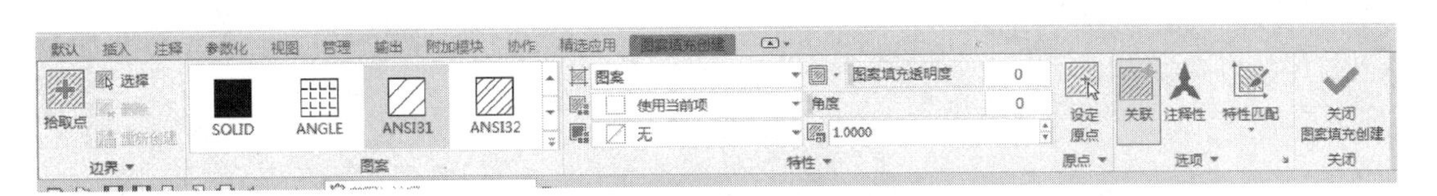

图 6-2　“图案填充创建”选项卡

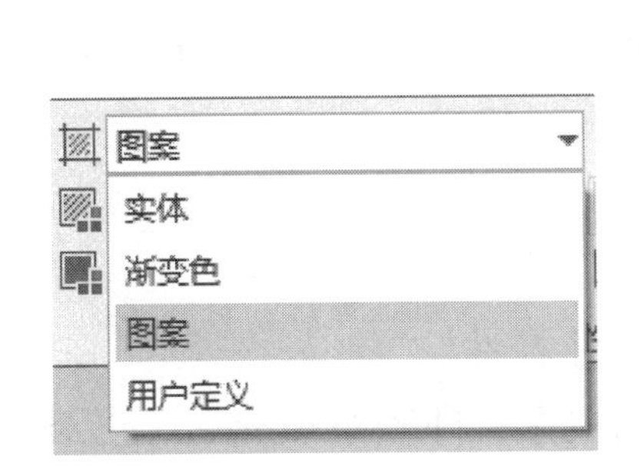

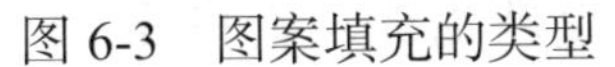

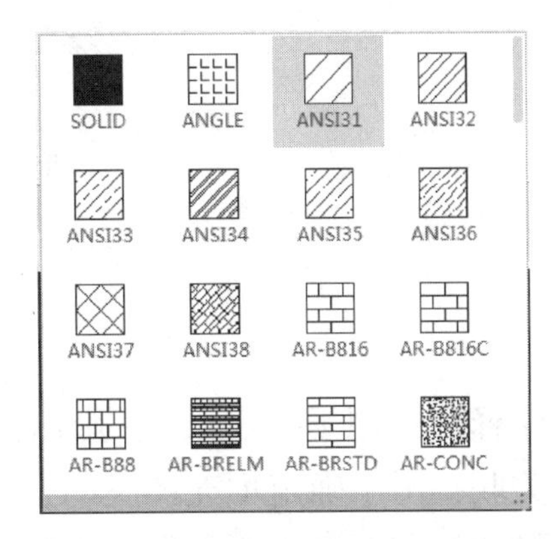

图 6-3　图案填充的类型　　　　图 6-4　“填充图案选项板”对话框

图案：用于确定标准图案文件中的填充图案。在弹出的下拉列表中，选取所需的填充图案，在“样例”框中会显示出该图案。若选择的图案类型是“预定义”，单击“图案”下拉列表框右边的 按钮，会弹出“填充图案选项板”对话框（如图 6-4），用户可从中选择合适的图案。

角度：用于确定填充图案时的旋转角度。每种图案在定义时默认的旋转角度为“0”，用户可根据需要在“角度”下拉列表框中输入角度值。

比例：用于确定填充图案的比例值。每种图案在定义时的比例默认均为“1”，用户可以根据需要放大或缩小，方法在“比例”下拉列表框内输入相应的比例值。

原点：用于控制填充图案生成的起始位置。默认情况下，所有图案填充原点都对应于当前的 UCS 原点。也可以选中“设定原点”单选按钮以及下面一级的选项重新指定原点。

边界：

① 添加：拾取点。以选取点的形式自动确定填充区域的边界，如图 6-5 所示。在填充的区域内任意拾取一点，AutoCAD 会自动确定出包围该点的封闭填充边界，并且这些边界以高亮度显示。

② 添加：选择对象。以选取对象的形式确定填充区域的边界。用户可以根据需要选取构成填充区域的边界。

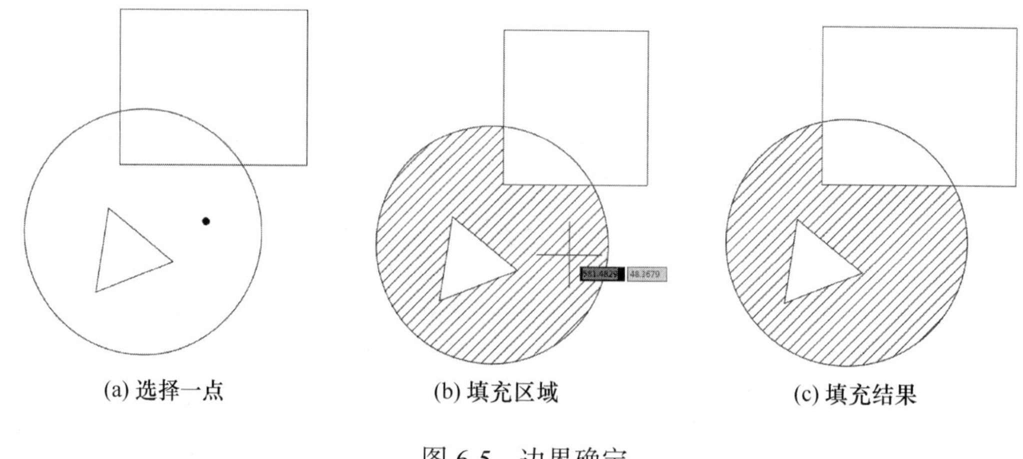

图 6-5　边界确定

选项。

① 注释性：用于指定填充的图案具有注释性。

② 关联：用于确定填充图案与边界的关系，即图案填充后，当对边界进行拉伸等操作时，AutoCAD 会根据边界的变化重新生成填充图案。

③ 创建独立的图案填充：当指定几个独立的闭合边界时，该选项用于控制是创建单个图案填充对象还是创建多个图案填充对象。

④ 绘图次序：用于指定图案填充的绘图顺序。

继承特性：选中图中已存在的填充图案作为当前的填充图案。

孤岛：在进行图案填充时，将位于总填充区域内的封闭区域称为孤岛，如图 6-6 中三角所示。

① 孤岛检测：此复选框用于确定是否检测孤岛。

② 孤岛显示样式：该选项组用于确定图案填充方式。默认的填充方式为“普通”。

边界保留：此选项组用于指定是否将边界保留为对象，并确定应用于这些边界对象的对象类型是多段线还是面域。

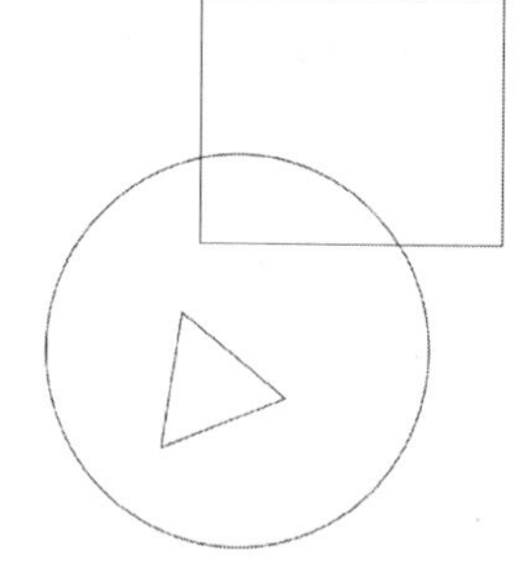

图 6-6　孤岛

允许的间隙：用于设置将对象作为图案填充边界时可以忽略的最大间隙。

继承选项：可以控制图案填充原点的位置。

小技巧

当设置好填充图案后，可单击“预览”按钮，查看效果。如果合适，则按“Enter”确定，否则再回到“图案填充和渐变色”对话框重新设置，直到合适为止。

6.2.2　设置渐变色填充

功能区：“默认”选项卡⇨“绘图”面板⇨“图案填充”按钮 。

菜单栏：“绘图”⇨“渐变色” 命令。

工具栏：“绘图”工具栏中“渐变色”按钮。

命令行：Gradient。

执行上述命令后，系统打开“渐变色”选项卡，如图 6-7 所示。

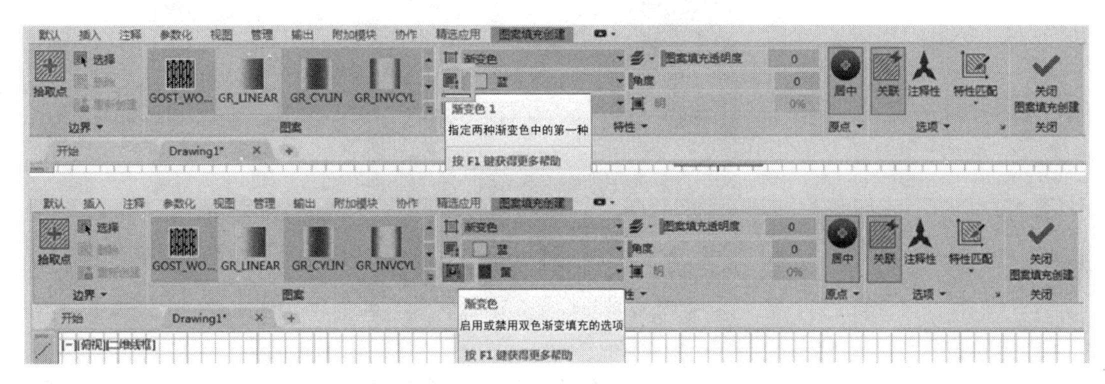

图 6-7　“渐变色”选项卡

各选项含义分别如下：

渐变色 1：选中此单选按钮，系统应用单色对所选择的对象进行渐变填充。在下面的显示框中显示了用户所选的真彩色，单击右边的小按钮，打开“选择颜色”对话框，如图 6-8 所示，进行相应设置。

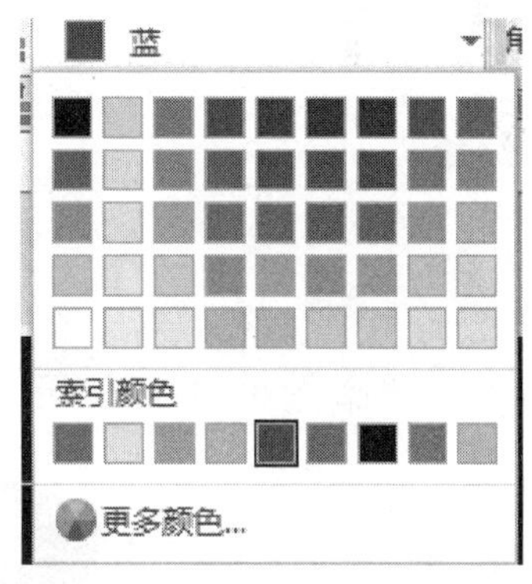

图 6-8　“选择颜色”对话框

渐变色：选中此单选按钮，系统会应用双色对所选的对象进行渐变色填充。填充色将从颜色 1 渐变到颜色 2。颜色 1 和颜色 2 的选取与单色选取类似。

渐变方式：在“渐变色”选项卡的下方有 9 种渐变方式选择。

居中：该复选框用于渐变填充居中的选择。

角度：表示渐变色倾斜的角度。

“图案填充和渐变色”对话框中所有呈灰色的选项表示不可操作。

6.2.3　编辑填充的图案

“编辑图案填充”执行方式：

菜单栏："修改"⇨"对象"⇨"图案填充"命令。

命令行：Hatchedit。

执行上述命令后，系统会出现如下提示：

选择图案填充对象：

选择图案填充对象后，弹出"图案填充编辑"对话框，如图 6-9 所示。

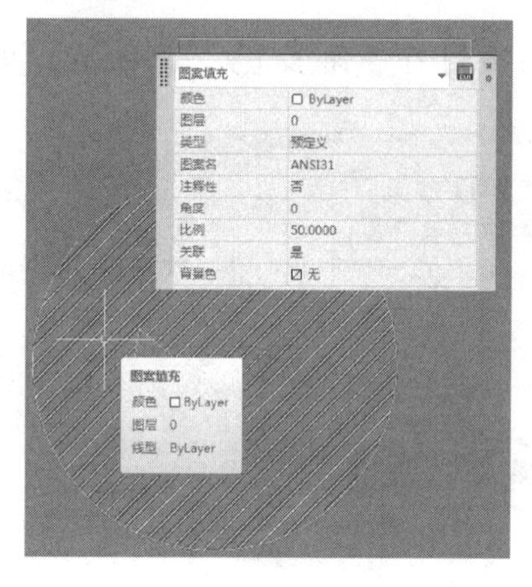

图 6-9 "图案填充编辑"对话框

利用该对话框，对已选中的图案进行编辑修改操作。

小技巧

修改已填充的图形效果，可双击填充图案，直接打开"图案填充编辑"对话框。

习题

绘制如图 6-10 所示图形。

图 6-10 足球

M6-1 足球的绘制过程讲解

第 7 章

文字与表格的创建

文字注释是绘制各种工程图形时不可缺少的内容，当我们绘制好图形后，通常还要标注一些文字，对图形对象加以解释，如：注释说明、图形技术要求等。除此之外，表格在图形中也有大量的应用，如：标题栏，参数表，明细表等。本章将介绍文字和表格的相关操作。

7.1 文字的创建

7.1.1 创建文字样式

在输入文字之前，我们首先要建立文字样式。“文字样式”命令主要用于控制文字外观效果，包括：字体、字型、字号、倾斜角度、旋转角度以及其他特殊效果设置。在一幅图形中，可以创建多个文字样式，但用户只能使用当前文字样式进行文字标注。

功能区：“默认”选项卡⇨“注释”面板⇨“文字样式”按钮 A/。

菜单栏：“格式”⇨“文字样式”命令。

命令行：STYLE（缩写为 ST）。

相同内容的文字，如果使用不同的文字样式，其外观效果也不相同。下面讲解文字样式设置过程的具体操作步骤。

［**例题 7-1**］ 创建一个新的文字样式，命名为“AA”，字体选择“romand.shx”，宽度比例为“0.7”，文字倾斜角度为“30° ”。

① 单击“默认”选项卡⇨“注释”面板⇨“文字样式”按钮 A/，执行“文字样式”命令，打开如图 7-1 所示的“文字样式”对话框。

② 单击 新建(N)... 按钮，在打开的“新建文件样式”对话框中为新样式命名，如图 7-2 所示。在对话框中填入新样式的名称“AA”。

单击“确定”按钮返回“文字样式”对话框。

勾选“√”使用大字体 ☑使用大字体(U)。

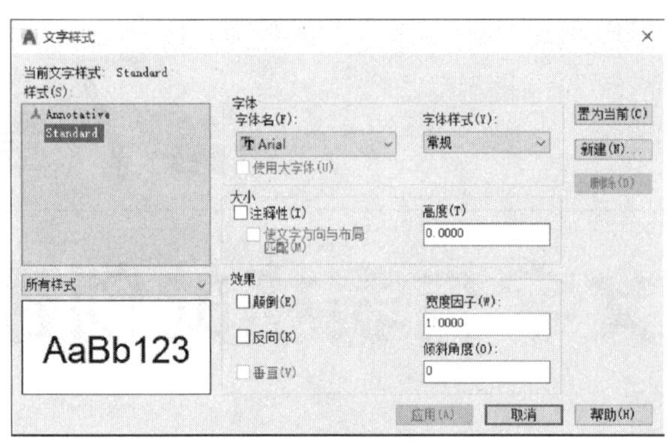

图 7-1 “文字样式”对话框

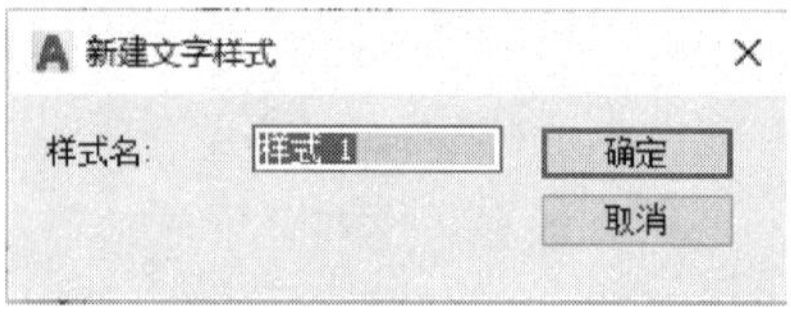

图 7-2 “新建文字样式”对话框

③ 设置字体。在“文字样式”对话框的“字体”选项组中展开“字体名”下拉列表，选择“romand.shx”字体，如图 7-3 所示（ romand.shx ）。

④ 在宽度因子文本框中输入数值“0.7”。在倾斜角度文本框中输入“30”。

单击“置为当前”按钮 置为当前(C) ，将新创建的文字样式设置为当前使用的文字样式。单击“×”按钮结束操作。

图 7-3 “字体名”下拉列表

注意：

①如果选择中文字体，就必须取消选中“使用大字体”复选框。

②“设置文字样式”对话框中“重置”复选框只有在“SHX”字体下才可以使用。

7.1.2 创建单行文字与多行文字

（1）创建单行文字

“单行文字”命令主要通过命令行创建单行或多行的文字对象。该命令所创建的每一行文字都被看作是一个独立的对象。

功能区：“默认”选项卡⇨“注释”面板⇨“单行文字”按钮 A 。

菜单栏：“绘图”⇨“文字”⇨“单行文字”命令。

命令行：DTEXT（缩写为 DT）。

［**例题 7-2**］创建如图 7-4 所示的单行文字，学习“单行文字”命令的使用方法和技巧，命令行提示如下：

命令：_text

当前文字样式："AA"　文字高度：2.5000　注释性：否　对正：左

指定文字的起点 或 [对正(J)/样式(S)]：

//在绘图区拾取一点作为文字的插入点

指定高度 <2.5000>：

//输入 7 并按 Enter 键，为文字设置高度

指定文字的旋转角度 <0>：

//按 Enter 键，采用当前设置

绘图区出现如图 7-5 所示的单行文字输入框，这时在命令行输入"AutoCAD2020"。

AutoCAD2020

图 7-4　单行文字示例

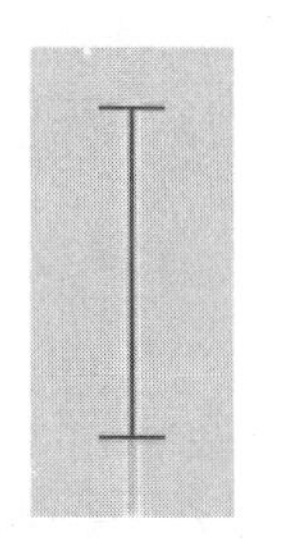

图 7-5　单行文字输入框

（2）多行文字

"多行文字"命令用于标注较为复杂的文字注释，比如段落性文字。与"单行文字"命令不同，用"多行文字"命令创建的文字，无论包含多少行、多少段，AutoCAD 都会将其作为一个独立的对象。

功能区："默认"选项卡⇨"注释"面板⇨"多行文字"按钮A。

菜单栏："绘图"⇨"文字"⇨"多行文字"命令。

命令行：MTEXT（缩写为 T）。

"多行文字"命令的使用方法和技巧，如图 7-6 所示，命令行提示如下：

命令：_mtext

当前文字样式："AA"　文字高度：7　注释性：否

指定第一角点：　//在绘图区拾取一点

指定对角点或 [高度(H)/对正(J)/行距(L)/旋转(R)/样式(S)/宽度(W)/栏(C)]：

//拾取对角点，打开如图 7-7 所示文字编辑器

在下侧文字输入框内单击，指定文字的输入位置，然后输入如图 7-8 所示的标题文字。

单击输入框下侧的下三角按钮，调整列高。

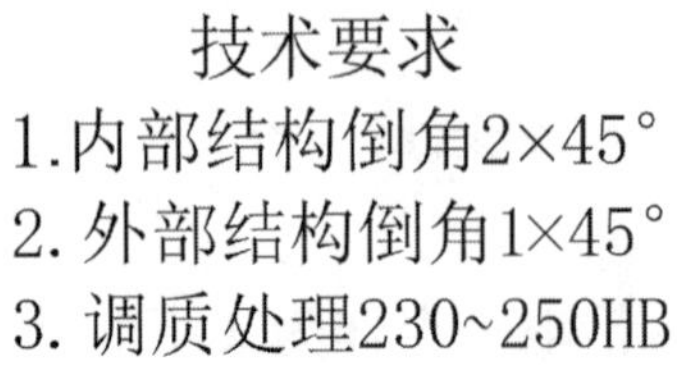

技术要求
1.内部结构倒角2×45°
2. 外部结构倒角1×45°
3. 调质处理230~250HB

图 7-6 多行文字示例

图 7-7 打开文字编辑器

按 Enter 键换行，然后输入第一行文字，结果如图 7-9 所示。

按 Enter 键，分别输入其他行文字，如图 7-10 所示。

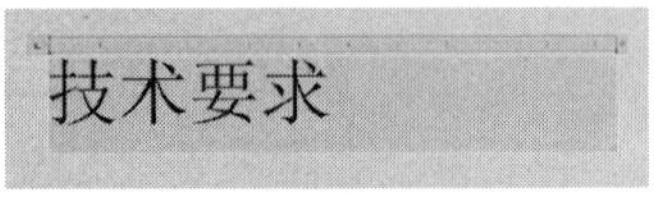

技术要求

图 7-8 输入文字

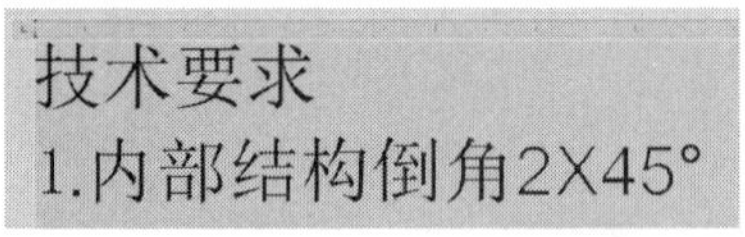

技术要求
1.内部结构倒角2X45°

图 7-9 输入第一行文字

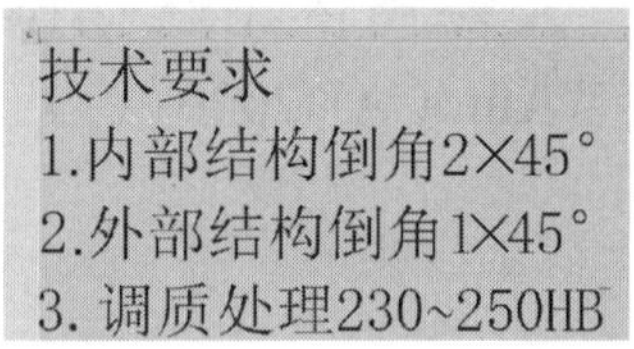

技术要求
1.内部结构倒角2×45°
2.外部结构倒角1×45°
3. 调质处理230~250HB

图 7-10 输入其他行文字

将光标移至标题前，添加空格，结果如图 7-11 所示。

关闭文字编辑器，文字的创建结果如图 7-12 所示。

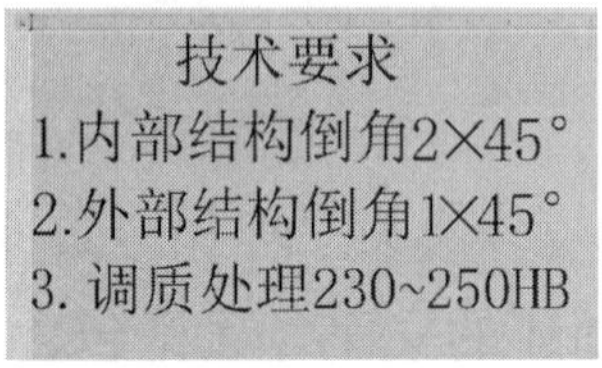

技术要求
1.内部结构倒角2×45°
2.外部结构倒角1×45°
3. 调质处理230~250HB

图 7-11 添加空格

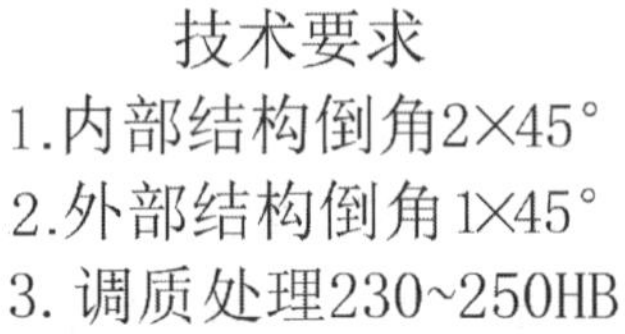

技术要求
1.内部结构倒角2×45°
2.外部结构倒角1×45°
3. 调质处理230~250HB

图 7-12 创建结果

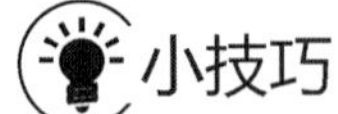

通过多行文字命令输入文字时，可以不受当前文字样式的限制，用户能够根据需要随意进行设置。

7.1.3 文字的编辑

当需要对已经创建的文字段落中个别字符进行更改删除等编辑时，可以使用“文字格式编辑器”来完成（图 7-13）。

“文字格式编辑器”命令执行方式：

功能区：“文字编辑器”选项卡⇨“选项”面板⇨“更多”按钮。

菜单栏：“编辑器设置”⇨“显示工具栏”命令。

命令行：DDEDIT（缩写为 ED）。

“文字格式编辑器”包括工具栏、文本输入框两部分，如图 7-13 所示，下面分别阐述这两部分的重要功能。

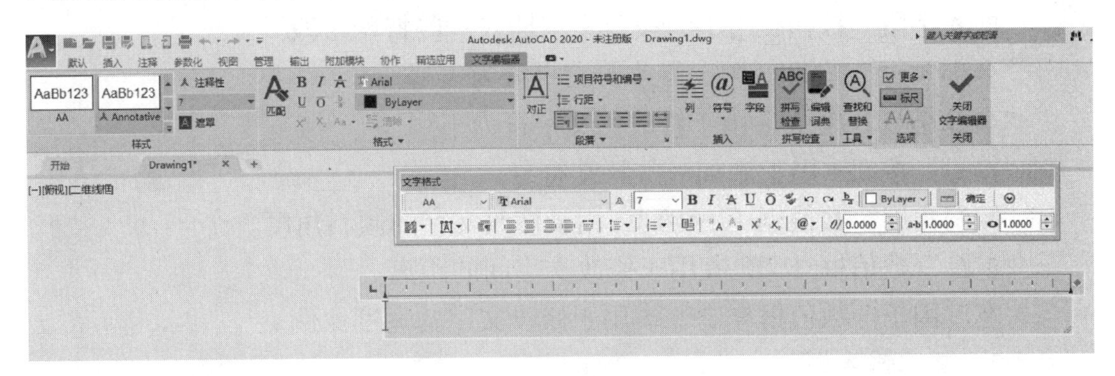

图 7-13　文字格式编辑器

（1）工具栏

工具栏主要用于控制多行文字对象的文字样式和选定文字的各种字符格式、对正方式和项目编号等。各选项含义分别如下：

AA 下拉列表用于设置当前的文字样式。

Arial 下拉列表用于设置或修改文字的字体。

7 下拉列表用于设置新字符高度或更改选定文字的高度。

ByLayer 下拉列表用于为文字指定颜色或修改选定文字的颜色。

“粗体”按钮 **B** 用于为输入文字对象或所选定的文字对象设置粗体格式。“斜体”按钮 *I* 用于为新输入文字对象或所选定的文字对象设置斜体格式。这两个选项仅适用于使用 TrueType 字体的字符。

“下划线”按钮 U 用于为输入的文字或所选定的文字对象设置下划线格式。

“上划线”按钮 O 用于为输入的文字或所选定的文字对象设置上划线格式。

“堆叠”按钮用于为输入的文字或所选定的文字对象设置堆叠格式。

“标尺”按钮用于控制文字输入框顶端标尺的开关状态。

“栏数”按钮用于对段落文字进行分栏排版。

“多行文字对正”按钮用于设置文字的对正方式。

“段落”按钮用于设置段落文字的制表位、缩进量、对齐方式、间距等。

“左对齐”按钮用于设置段落文字为左对齐方式。

“居中”按钮用于设置段落文字为居中对齐方式。

“右对齐”按钮用于设置段落文字为右对齐方式。

“对正”按钮用于设置段落文字为两端对齐方式。

“分布”按钮用于设置段落文字为分布排列方式。

“行距”按钮用于设置段落文字的行间距。

“编号”按钮用于对段落文字进行编号。

“插入字段”按钮用于为段落文字插入一些特殊字段。

“全部大写”按钮用于修改英文字符为大写。

“全部小写”按钮用于修改英文字符为小写。

“符号”按钮用于添加一些特殊符号。

“倾斜角度”数值框用于修改文字的倾斜角度。

“追踪”数值框用于修改文字间的距离。

“宽度因子”数值框用于修改文字的宽度比例。

（2）文本输入框

文本输入框位于工具栏下侧，主要用于输入和编辑文字对象。在文本输入框内单击右键，可弹出如图 7-14 所示的快捷菜单，用于对输入的多行文字进行调整。

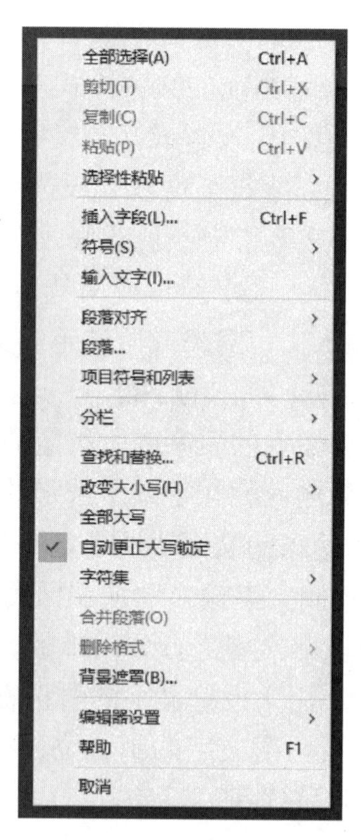

图 7-14　快捷菜单

（3）编辑多行文字

如果编辑的文字是“多行文字”命令创建的，那么在执行“编辑文字”命令后，命令行会出现“选择注释对象或【放弃（U）】”的操作提示。如果此时单击需要编辑的文字对象，就会打开“文字格式”编辑器，在“文字格式”编辑器内对文字内容、样式、字体、字高及对正方式等进行编辑。

7.2　表格的创建

7.2.1　创建表格样式

表格样式是用来控制表格基本形状和间距的一组设置。与文字样式一样，所有 AutoCAD 图形中的表格都有对应的表格样式，当插入表格对象时，当前设置的表格样式便起了作用。

功能区：“默认”选项卡⇨“注释”面板⇨“表格样式”按钮。

菜单栏：“格式”⇨“表格样式”命令。

命令行：TABLESTYLE（缩写为 TS）。

通过以上任一方式输入命令，打开“表格样式”对话框，如图 7-15 所示。

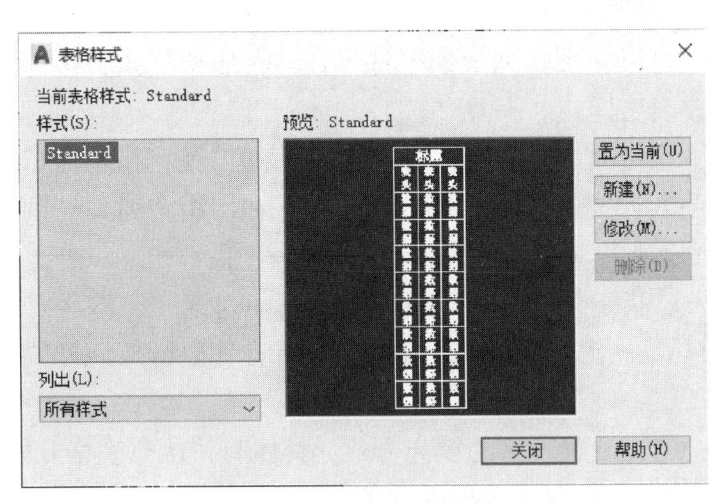

图 7-15　“表格样式”对话框

7.2.2　创建表格

AutoCAD 为用户提供了表格的创建和填充功能。使用“表格”命令，不但可以创建表格，填充表格内容，而且可以将表格连接到 Microsoft Excel 电子表格中的数据。

功能区：“默认”选项卡⇨“注释”面板⇨“表格”按钮。

菜单栏：“绘图”⇨“表格”命令。

命令行：TABLE（缩写为 TB）。

选择上述任一方式输入命令，打开“插入表格”对话框，如图 7-16 所示。

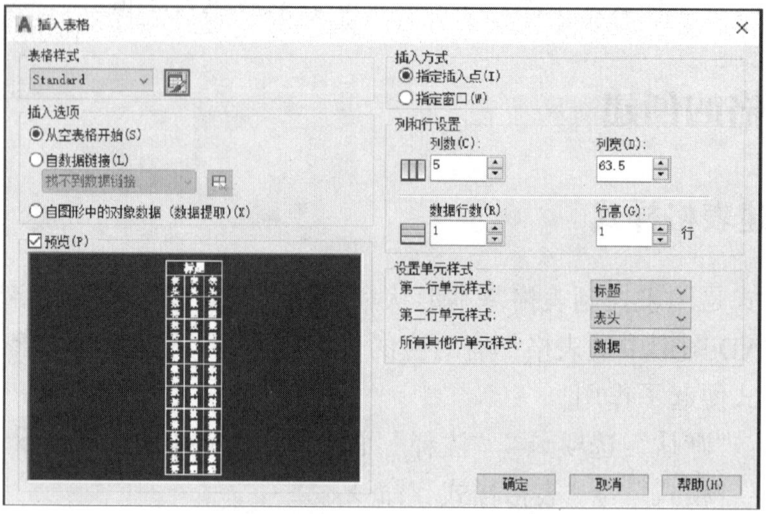

图 7-16 “插入表格”对话框

各选项含义分别如下：

表格样式：可以在下拉列表框中选择任一种表格样式，也可以单击后面的按钮新建或修改表格样式。

插入方式：指定插入点；指定表格左上角的位置；指定窗口；指定表格的大小和位置。插入方式具体有“指定插入点”和“指定窗口”两种方式，默认方式为“指定插入点”。

列和行设置：指定列和行的数目以及行高和列宽。

设置单元样式：指定第一行、第二行和所有其他行单元样式为标题、表头或者数据样式。

插入选项：用于设置表格的填充方式，具体有“从空表格开始”“自数据链接”“自图形中的对象数据（数据提取）”三种方式。

注意：

以默认设置创建的表格，不仅包含标题行，还包含表头行、数据行，用户可以根据实际情况进行取舍。

7.2.3 编辑表格文字

快捷菜单：单击右键⇨“编辑表格文字”命令，如图 7-17 所示。

命令行：TABLEEDIT。

在表格单元内双击。

创建如图 7-18 所示的简单表格，学习“表格”命令的使用方法和技巧。操作步骤如下：

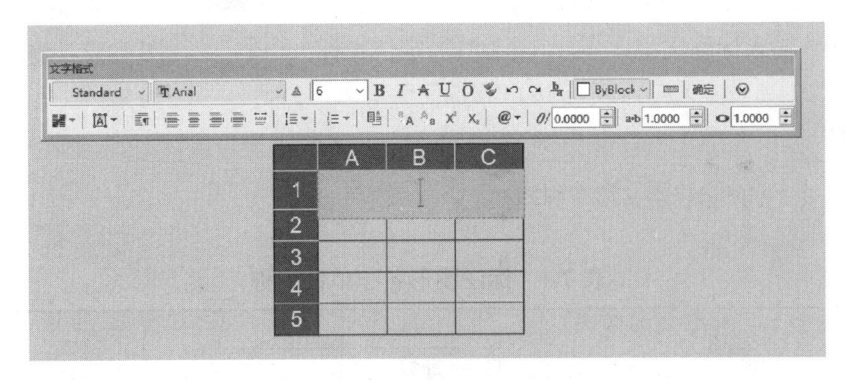

图 7-17　“文字格式”编辑器

① 执行“表格”命令。打开如图 7-19 所示的“插入表格”对话框。

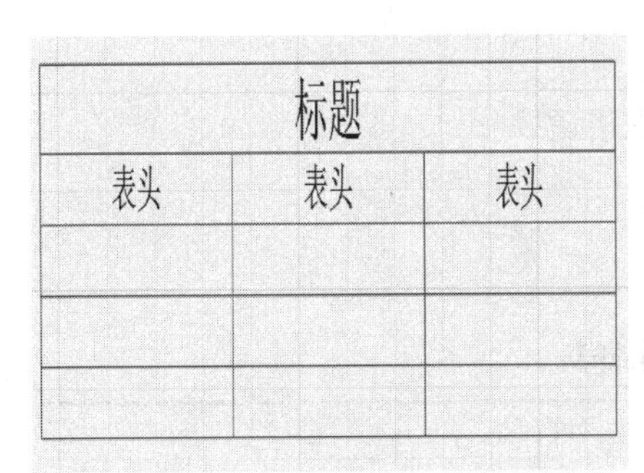

图 7-18　创建表格

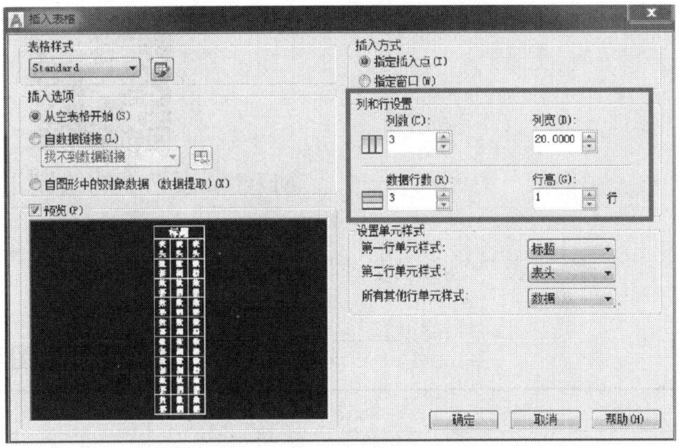

图 7-19　“插入表格”对话框

② 在“列数”文本框中输入 3，设置表格列数为 3；在“列宽”文本框中输入 20，设置表格列宽为 20。

③ 在“数据行数”文本框中输入 3，设置表格行数为 3，其他参数不变，然后单击 确定 按钮，返回绘图区，在命令行“指定插入点：”提示下，拾取一点作为插入点。

④ 系统打开“文字格式”编辑器，用于填写表格内容。

⑤ 在反白显示的表格框中输入“标题”，如图 7-20 所示。

⑥ 按右方向键或 Tab 键，光标跳至左下侧的列标题栏中，如图 7-21 所示。

⑦ 在反白显示的列标题栏中输入文字，如图 7-22 所示。

⑧ 继续按右方向键或 Tab 键，分别在其他列标题栏中输入表格文字，结束。

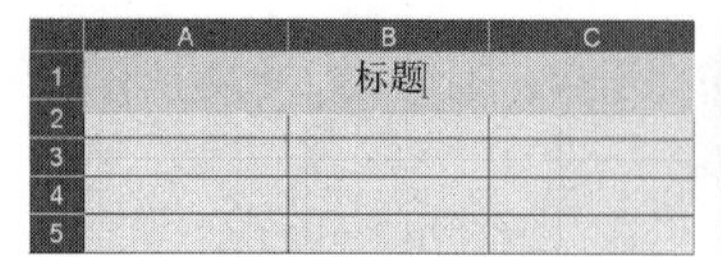

图 7-20　输入标题文字

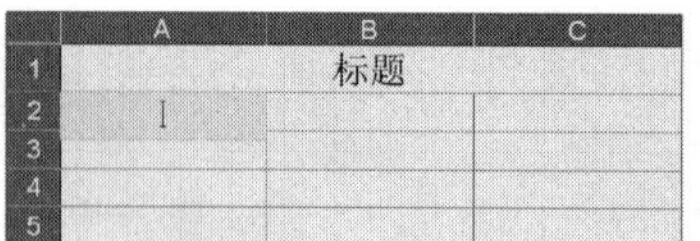

图 7-21　定位光标

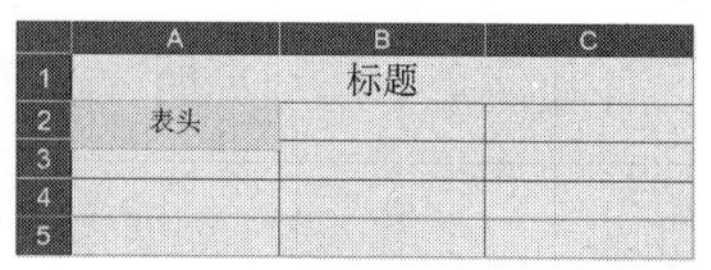

图 7-22　输入文字

习题

1. 绘制表 7-1 所示表格并填写标题栏。

表 7-1　标注图形名和单位名称

<table>
<tr><td colspan="3" rowspan="2">盖体</td><td>比例</td><td></td><td rowspan="2"></td></tr>
<tr><td>件数</td><td></td></tr>
<tr><td>制图</td><td></td><td></td><td>重量</td><td></td><td>共　张　第　张</td></tr>
<tr><td>描图</td><td></td><td></td><td colspan="3" rowspan="2">计算机工作室</td></tr>
<tr><td>审核</td><td></td><td></td></tr>
</table>

M7-1　表 7-1 的绘制过程讲解

2. 绘制表 7-2 所示变速器组装图明细表。

表 7-2　变速器组装图明细表

<table>
<tr><td>14</td><td>端盖</td><td>1</td><td>HT150</td><td></td></tr>
<tr><td>13</td><td>端盖</td><td>1</td><td>HT150</td><td></td></tr>
<tr><td>12</td><td>定距环</td><td>1</td><td>Q235A</td><td></td></tr>
<tr><td>11</td><td>大齿轮</td><td>1</td><td>40</td><td></td></tr>
<tr><td>10</td><td>键 16 × 70</td><td>1</td><td>Q275</td><td>GB 1095—79</td></tr>
<tr><td>9</td><td>轴</td><td>1</td><td>45</td><td></td></tr>
<tr><td>8</td><td>轴承</td><td>2</td><td></td><td>30208</td></tr>
<tr><td>7</td><td>端盖</td><td>1</td><td>HT200</td><td></td></tr>
<tr><td>6</td><td>轴承</td><td>2</td><td></td><td>30211</td></tr>
<tr><td>5</td><td>轴</td><td>1</td><td>45</td><td></td></tr>
<tr><td>4</td><td>键 8 × 50</td><td>1</td><td>Q275</td><td>GB 1095—79</td></tr>
<tr><td>3</td><td>端盖</td><td>1</td><td>HT200</td><td></td></tr>
<tr><td>2</td><td>调整垫片</td><td>2 组</td><td>08F</td><td></td></tr>
<tr><td>1</td><td>减速器箱体</td><td>1</td><td>HT200</td><td></td></tr>
<tr><td>序号</td><td>名称</td><td>数量</td><td>材料</td><td>备注</td></tr>
</table>

第8章

尺寸标注

尺寸标注是绘制工程图的重要组成部分。图形用来表达物体的形状，而尺寸标注用来表达物体各部分的真实大小和各部分之间的确切位置。准确的尺寸标注是实际加工制造的依据，如果没有准确的尺寸标注，加工制造就没有实际意义了。

8.1 尺寸标注的组成与规则

8.1.1 尺寸标注的组成

在各类工程绘图中，一个完整的尺寸标注应由“尺寸界线”“尺寸线的端点符号”“尺寸线”“尺寸文本”四部分组成（图 8-1）。AutoCAD 尺寸标注命令和样式设置，都是围绕着这四部分进行的。通常一个尺寸是一个对象。

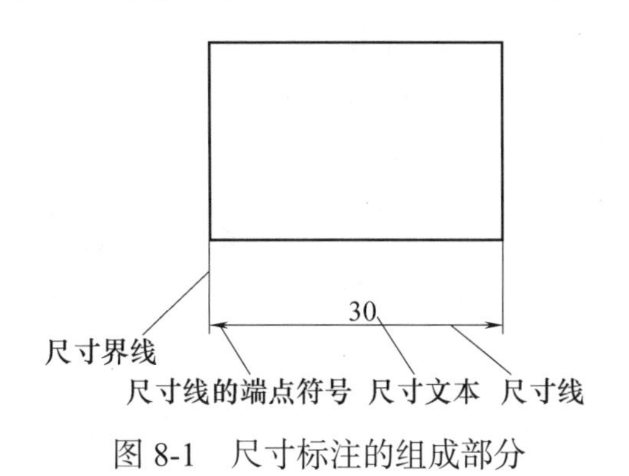

图 8-1 尺寸标注的组成部分

8.1.2 尺寸标注的规则

在对所绘制的图形进行尺寸标注时要遵循以下规则：

① 正确——尺寸标注要符合国家标准的相关规定；

② 完全——注全图形所需的全部尺寸，不遗漏、不重复；

③ 清晰——尺寸布置整齐清晰，便于看图；

④ 合理——尺寸标注要符合设计要求和工艺要求。

注意：

如未标注计量单位的代号或名称，则表示图形中的尺寸以毫米为单位，如采用其他单位，必须注明相应有计量单位的代号或名称，如厘米、米等。

8.2 创建尺寸标注样式

8.2.1 标注样式管理器

绘制的图形大小不同，尺寸标注也应适当调整。通过“标注样式管理器”可以新建或修改尺寸标注样式。

（1）“标注样式管理器”的打开方式

菜单：“格式”菜单⇨“标注样式”命令；

工具栏：“标注”工具栏中，“标注样式”按钮；

命令行：dimstyle（缩写为 D）。

执行上述任一方式后，弹出“标注样式管理器”（图 8-2）。从对话框中可以看到当前标注样式是“ISO-25”国际标准样式。

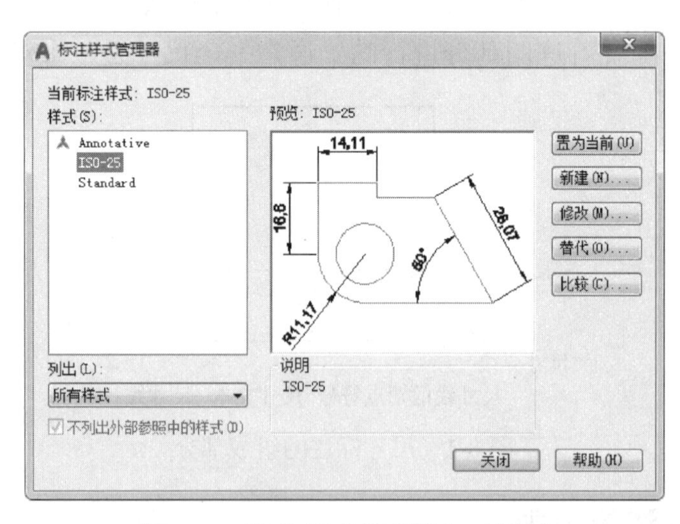

图 8-2 “标注样式管理器”对话框

（2）“标注样式管理器”对话框

① “样式”区：用于显示当前图形中已建立的标注样式名。

② “列出”下拉列表：提供尺寸标注的所有样式和当前正在使用的样式。

③“置为当前”按钮：将“样式”区的尺寸标注样式设置当前标注样式。

④“新建”按钮：单击该按钮，在弹出的“创建新标注样式”对话框中创建新的标注样式。

⑤“修改”按钮：单击该按钮，在弹出的“修改标注样式”对话框中修改已有的标注样式。

⑥“替代”按钮：创建临时标注样式，此标注样式不会改变当前尺寸标注样式中的设置。

⑦“比较”按钮：打开“比较标注样式”对话框，从中可以选定两个标注样式进行比较，列出该样式存在的差别。

8.2.2　创建、修改标注样式

在图 8-2 中可以看出，AutoCAD 2020 提供了 3 种标注样式，如果这些标注样式不符合我们的要求，可以通过 新建(N)... 按钮，新建标注样式，单击后弹出“创建新标注样式”对话框（图 8-3）。

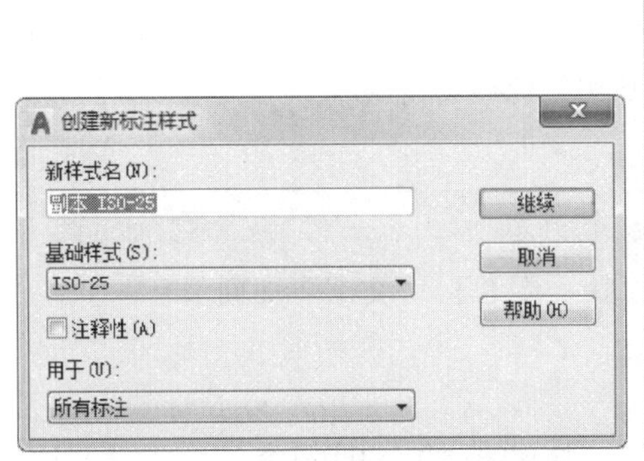

图 8-3　创建新标注样式对话框

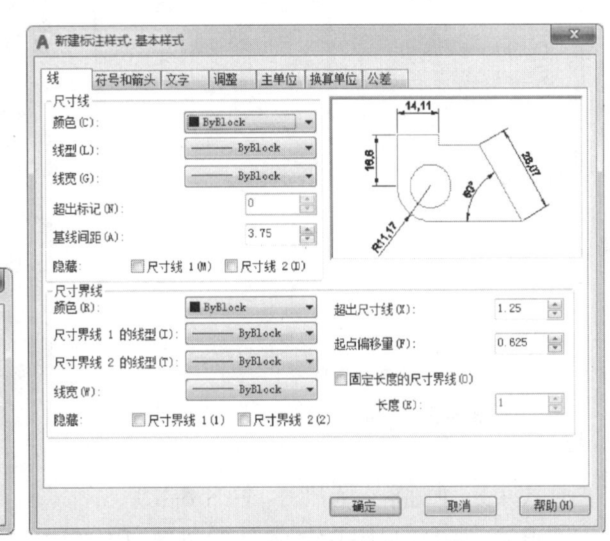

图 8-4　新建标注样式对话框

在“新样式名”文本框中输入新样式的名称，如：基本样式，单击“继续”按钮，弹出“新建标注样式：基本样式”（图 8-4）。

在图 8-4 的对话框中，通过修改各个选项卡中的选项，来选择我们需要的一些标注样式的参数，如文字高度、单位格式、精度、标注箭头大小、颜色等。具体介绍如下：

（1）“线”选项卡（图 8-4）

为了美观考虑，在此选项卡中可以分别对“尺寸线”和“尺寸界线”的颜色、线型、线宽、超出尺寸线、起点偏移量等进行相应设置，其他设置读者可自行体会。

（2）“符号和箭头”选项卡（图 8-5）

在此选项卡的“箭头”区可以将默认的尺寸线端点符号“箭头”改为需要的类型，如修改成“建筑标记”；在标注装配图的序号时“引线”可修改为“点”；在标注引线不需要加箭头时可将“引线”修改为“无”。

注意：

“箭头大小”的设置要与“文字”选项卡中的“文字高度”的设置相匹配。

（3）“文字”选项卡（图 8-6）

在此选项卡的“文字外观”区中，可以设置文字样式、文字颜色、文字高度等；在“文字对齐”区中，可在“水平”“与尺寸线对齐”“ISO 标准”三种类型中选择，具体效果如图 8-7 所示。其他设置读者可自行体会。

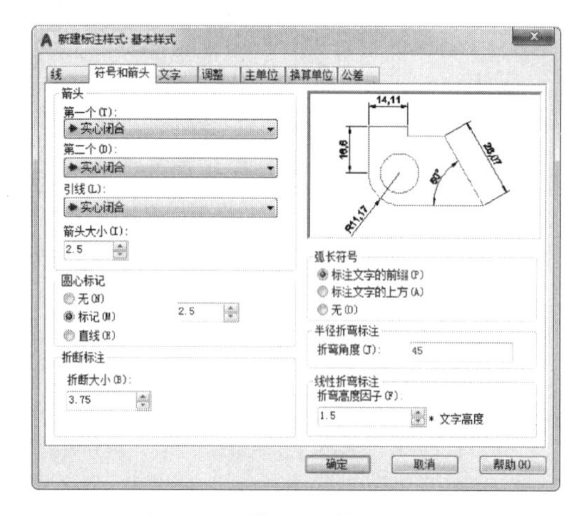

图 8-5　“符号和箭头”选项卡

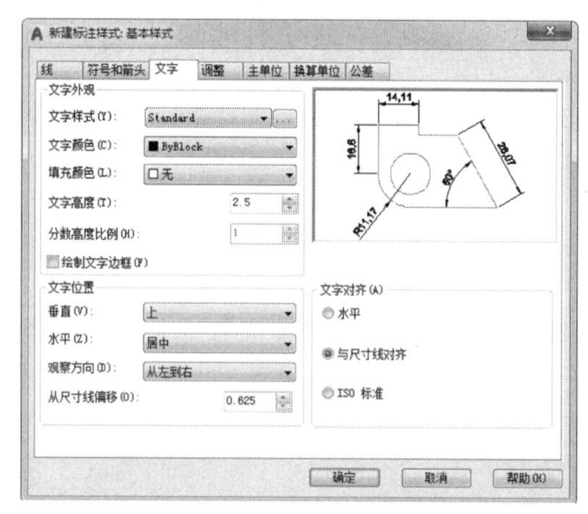

图 8-6　“文字”选项卡

（4）“调整”选项卡（图 8-8）

此选项卡可用于完成“箭头”和“文字”与图形的合理配合。在“标注特征比例”区的“使用全局比例”选项，可将“箭头”和“文字”按所设置的比例放大或缩小。例如图形尺寸约为图纸尺寸的 25 倍，那么可将“使用全局比例”设置为“25”，而不必再对“文字”和“箭头大小”进行设置。

（5）“主单位”选项卡

此选项卡可用于对已完成标注的“单位格式”和“精度”进行设置，还可以对所标注的“线性标注”前后缀进行设置。

例如“直径公差”标注样式的设置：要在线性标注前加上直径符号 ϕ，在“前缀”选项中填入“%%C”，利用线性标注后在所标注的尺寸文本前会出现符号“ϕ”。默认的“比例因子”是 1，此选项用于标注局部放大图，如局部放大图的比例是 4 : 1，那么可在“比例因子”中输入 0.25，标注后的尺寸为实际尺寸。此选项卡中的设置如图 8-9 所示。

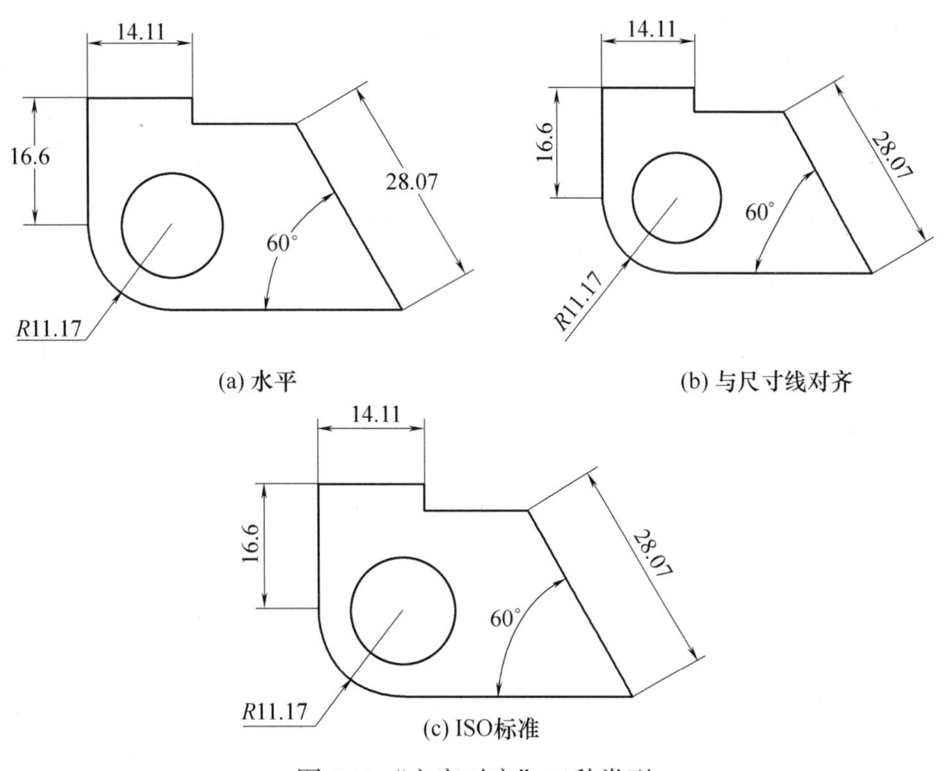

(a) 水平　　(b) 与尺寸线对齐

(c) ISO标准

图 8-7　“文字对齐”三种类型

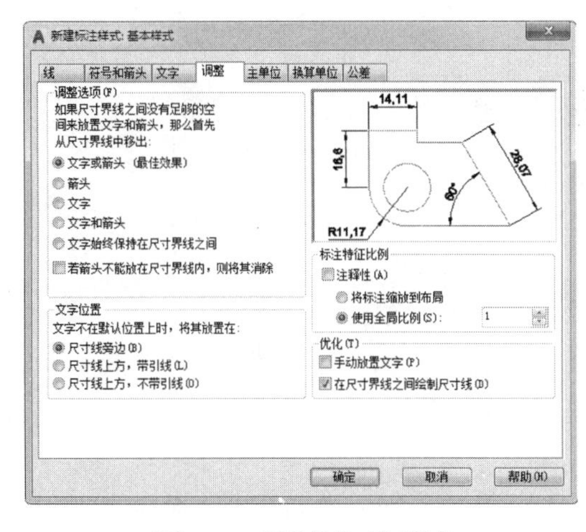

图 8-8　“调整”选项卡

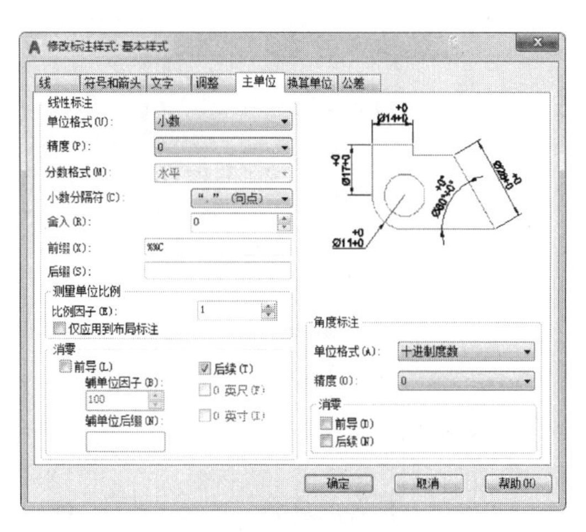

图 8-9　“主单位”选项卡

（6）“换算单位”选项卡（图 8-10）

此选项卡包括“换算单位”“消零”“位置”三个区域。在“换算单位”区中可以方便地改变标注的单位，通常我们用的是公制单位与英制单位的互换。选中“显示换算单位”复选框后，对话框的其他选项才可用，可以在“换算单位”区中设置换算单位的“单位格式”“精度”“换算单位倍数”“舍入精度”等，方法与设置主单位的方法相同。

（7）“公差”选项卡（图 8-11）

此选项卡需要先对“公差格式”区的“方式”选项设置后，其余各项参数才可以进行选择。

以“直线公差”的设置为例：在 “公差格式”区的“方式”选项中选择“极限偏差”，然后对其“精度”“上偏差”“下偏差”进行如图 8-11 的设置，使所有利用该标注样式进行线性标注的尺寸文本后增加上下偏差。

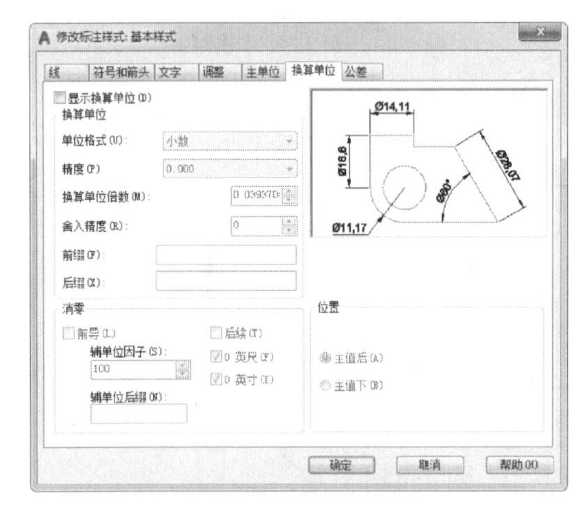

图 8-10 “换算单位”选项卡

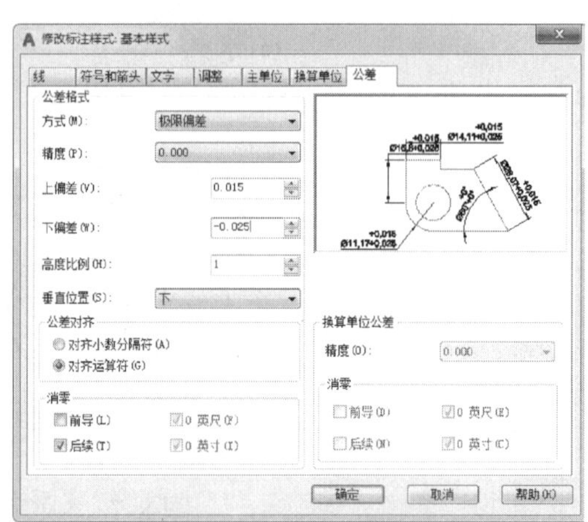

图 8-11 “公差”选项卡

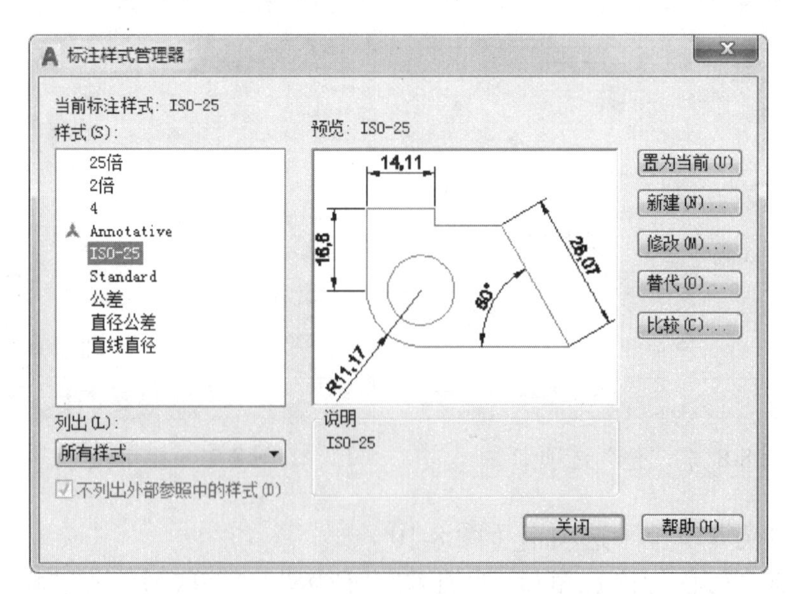

图 8-12 “标注样式管理器”对话框

标注样式建立好后，单击“确定”按钮，返回“标注样式管理器”对话框（图 8-12），在“样式”区中显示了当前文件的所有尺寸标注样式名，按照需要选中某一样式，单击“置为当前”按钮置为当前(U)，此时该尺寸标注样式将被调用，从而在图形中采用选中的标注样式来标注对象。

如果仅仅想对已存在的尺寸标注样式进行某些选项的修改，可以在图 8-12 对话框中，选中“样式”区要修改的标注样式名，然后单击“修改”按钮修改(M)...，弹出图 8-4 的对话框，该对话框的使用方法与“新建”标注样式相同，可以参照前面所讲解的内容进行操作。

8.3 尺寸标注类型和尺寸标注方法

Auto CAD 2020 包含了一套完整的尺寸标注命令，可以标注线性、角度、弧长、半径、直径、坐标等各类尺寸。这些尺寸标注可使用“标注”菜单（图 8-13）或“标注”工具栏（图 8-14）来完成相应的操作。

图 8-13　“标注”菜单

8.3.1　长度型尺寸标注

（1）线性标注

“线性标注”是一个常用的尺寸标注命令，主要用于标注两点之间的水平或竖直方向的距离。

菜单：“标注”⇨“线性”。

工具栏：“标注”工具栏中单击图标。

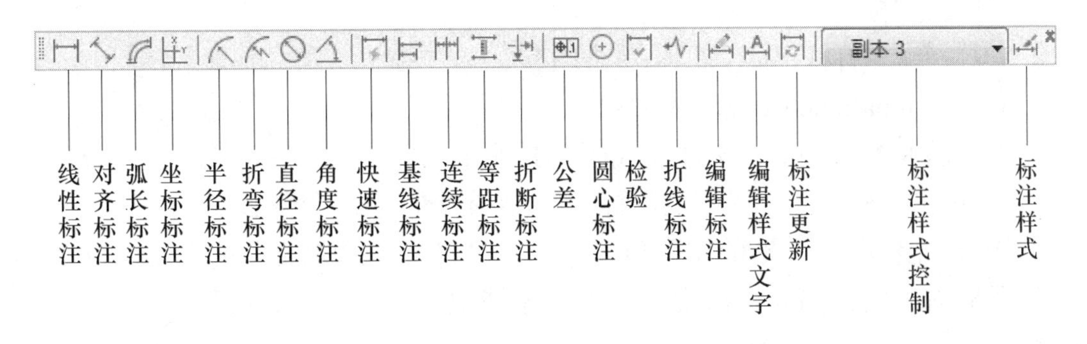

图 8-14　“标注”工具栏

命令：dimlinear（缩写为 DLI）。

［**例题 8-1**］ 用线性标注完成图 8-15 的标注（长度为 50 的暂时不必标出）。

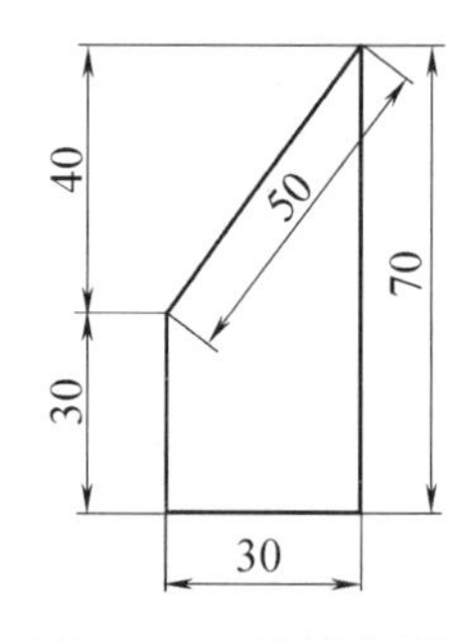

图 8-15 线性标注

① 单击“标注”工具栏的图标或在命令行输入命令 DLI。

② 将光标移至图形的左下角，当出现“端点对象捕捉”时单击，将光标移至图形右下角，当光标出现“端点对象捕捉”时单击，完成长度为 30 的线性标注。

同理，可完成长度为 70 和垂直长度为 40 的线性标注。

如果要标注“30±0.1”，则要在确定标注位置之前根据命令行提示选择“文字”（此处为单行文字），将光标置于 30 的后面，输入“%%p0.1”，回车确认，再确定标注的位置。也可根据命令行提示选择“多行文字”，打开“多行文字编辑器”，将光标置于 30 的后面，在符号下拉列表中选择“正/负”，输入 0.1，单击确定完成修改，再确定标注的位置。还可以把“直线公差”中的上下偏差均设置为 0.1。

如果要利用线性标注完成“2× ϕ18”的标注，可仿照“30±0.1”的方法来完成，在命令行提示最好选择“多行文字”来完成。

（2）对齐标注

对带有倾斜角度的直线进行标注时，如果该直线的倾斜角度未知，那么使用“线性标注”将无法得到准确的测量结果，这时可以使用“对齐标注”命令完成。

注意：

“线性标注”标注的是两点间的水平或垂直距离，而“对齐标注”标注的是两点间的实际距离，当用“对齐标注”标注水平或垂直距离时，二者可通用。

菜单：“标注”⇨“对齐”。

工具栏：“标注”工具栏中单击图标。

命令：dimaligned（缩写为 DAL）。

［**例题 8-2**］ 用对齐标注完成图 8-15 的标注。

① 单击“标注”工具栏的图标或在命令行输入命令 DAL。

② 将光标移至图形的左下角，当出现“端点对象捕捉”时单击，将光标移至图形右下角，当光标出现“端点对象捕捉”时单击，完成长度为 30 的线性标注。

同理，可完成长度为 70 的对齐标注。当用同样的方法标注垂直长度为 40 的直线时，其结果为该直线的实际长度 50。

（3）快速标注

一般情况，我们进行标注时都是一个一个地标注，必须在完成第一个标注后才能进行第二个标注，但是 CAD 里提供了一个快速标注工具，可以很迅速地一次将所有标注完成。

菜单：“标注”⇨“快速标注”。

工具栏：“标注”工具栏中单击图标。

命令：QDIM。

［**例题 8-3**］ 用快速标注命令完成图 8-16 的标注。

单击“标注”工具栏的图标或在命令行输入命令 QDIM，将光标移至四个矩形的上边框，当光标变成矩形小框时，将光标分别在四个矩形的上边单击，回车确认，将光标移至图形上方的适当位置，单击鼠标确认，效果如图 8-16 上面的标注所示。

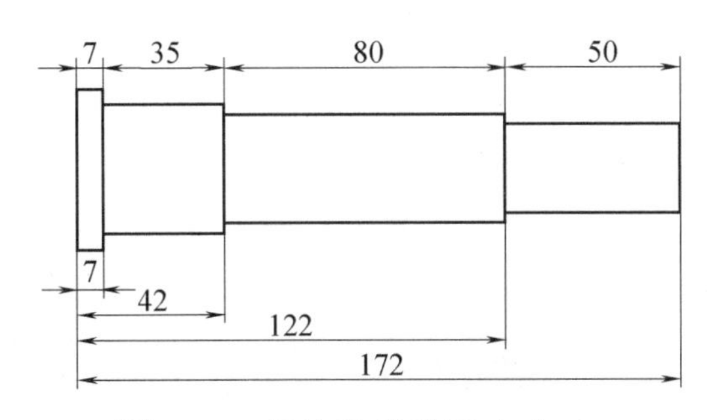

图 8-16　标注阶梯轴尺寸（1）

（4）基线标注

“基线标注”简单来说，就是所有的尺寸线都以一条边为基准的一种标注方式。

菜单：“标注”⇨“基线标注”。

工具栏：“标注”工具栏中单击图标。

命令：dimbaseline （缩写为 DBA）。

［**例题 8-4**］ 用基线标注完成图 8-16 下面的标注。

① 利用“线性标注”命令标注左侧宽度为 7 的矩形。

② 单击“标注”工具栏的“基线标注”图标或在命令行输入命令 DBA，将光标分别置于右侧三个矩形的右下角，当光标变成小矩形框时分别单击鼠标左键选定。

③ 单击回车键结束，完成基线标注，效果如图 8-16 下面的标注所示。

（5）连续标注

“连续标注”可以快速地为图形标注出尺寸，大大提高工作效率，且只有一条标注线段。

菜单：“标注”⇨“连续标注”。

工具栏：“标注”工具栏中单击图标 。

命令：dimcontinue （缩写为 DCO）。

［**例题 8-5**］ 用连续标注完成图 8-17 的标注。

① 利用“线性标注”命令标注左侧宽度为 7 的矩形。

② 单击“标注”工具栏的图标 或在命令行输入命令 DCO，将光标分别置于右侧三个矩形的右上角，当光标变成小矩形框时分别单击鼠标左键选定。

③ 单击回车结束，完成连续标注，如图 8-17 上面的标注所示。

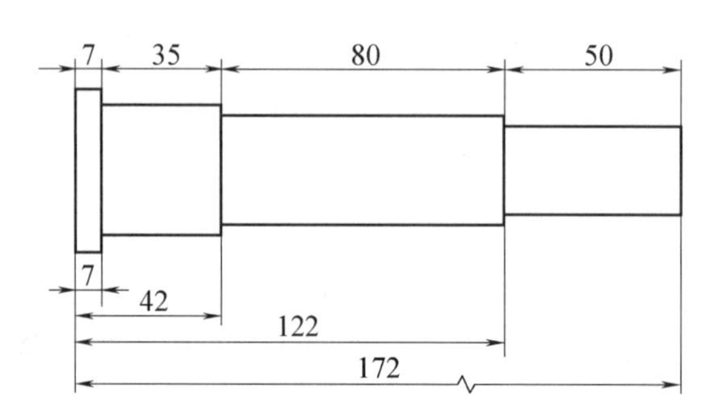

图 8-17 标注阶梯轴尺寸（2）

“连续标注”的效果与“快速标注”的效果相同。

（6）折弯线性标注

“折弯线性标注”针对特别狭长的图形，可以将图形从中间折断并进行标注。注意的是“折弯线性标注”不能直接进行标注，而是在已标注的线性标注上添加一个折弯。

菜单：“标注”⇨“折弯线性”。

工具栏：“标注”工具栏中单击图标 。

命令：dimjogline （缩写为 DJL）。

［**例题 8-6**］ 用连续标注完成图 8-17 的标注。

单击“标注”工具栏的图标 或在命令行输入命令 DCO，选择长度为 172 的线性标注，选择折弯的位置完成折弯标注。如图 8-17 最下面一条标注所示。

8.3.2 圆弧型尺寸标注

（1）半径标注

菜单：“标注”⇨“半径”。

工具栏：“标注”工具栏中单击图标 。

命令：dimradius （缩写为 DRA）。

［**例题 8-7**］ 用半径标注完成图 8-18（a）中半径为 100 的标注。

单击“标注”工具栏的图标 或在命令行输入命令 DRA，在要标注的圆或圆弧上单击，拖动鼠标确定尺寸线的位置。效果如图 8-18（a）所示。

（2）直径标注

菜单：“标注”⇨“直径”。

工具栏：“标注”工具栏中单击图标 。

命令：DIMDIAMETER（缩写为 DDI）。

［**例题 8-8**］ 用直径标注完成图 8-18（a）中半径为 100 的标注。

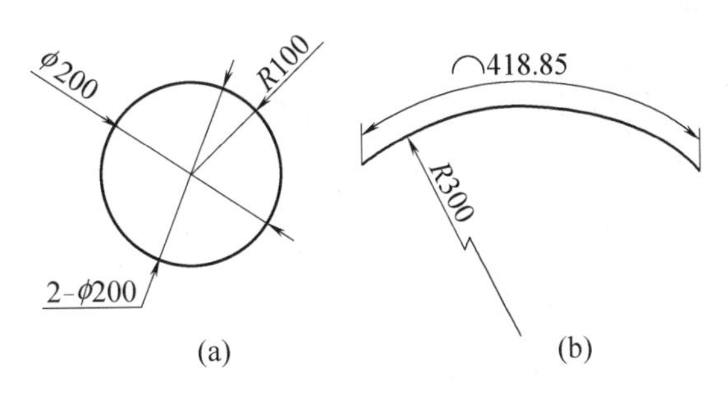

图 8-18　半径、直径的尺寸标注

① 单击“标注”工具栏的图标 或在命令行输入命令 DDI。

② 在要标注的圆或圆弧上单击，拖动鼠标确定尺寸线的位置。如果要完成 2- ϕ200 的标注，则要在确定尺寸线位置前选择命令行提示中的“文字”（此项为单行文字），输入“2-%%c200”，或选择命令提示中的“多行文字”。

③ 打开“多行文字编辑器”，将光标置于 ϕ200 的前面，输入“2-”，单击确定完成标注。标注时最好选择“多行文字”，如图 8-18（a）所示。

（3）折弯标注

当圆弧半径相对于图形尺寸较大时，半径标注的尺寸线相对于图形显得过长，这时可以使用“折弯标注”。该标注方式与“半径”“直径”标注方式基本相同，但需要指定一个位置代替圆或圆弧的圆心。

菜单：“标注”⇨“折弯”。

工具栏：“标注”工具栏中单击图标 。

命令：dimjogged（缩写为 DJO）。

［**例题 8-9**］ 用折弯标注完成图 8-18（b）的标注。

单击“标注”工具栏的图标 或在命令行输入命令 DJO，将光标拖动到适当位置确定中心位置，单击确定尺寸线的位置，再次单击确定折线的位置，如图 8-18（b）所示。

（4）弧长标注

弧长标注用于标注圆弧、椭圆弧或其他弧线的长度。

菜单：“标注”⇨“弧长”。

工具栏：“标注”工具栏中单击图标。

命令：DIMARC。

［**例题 8-10**］ 用弧长标注完成图 8-18（b）的标注。

单击“标注”工具栏的图标或在命令行输入 DIMARC，在要标注的圆弧上单击，将光标拖动到适当位置确定尺寸线的位置，如图 8-18（b）所示。

8.3.3 角度尺寸标注

利用“角度”标注命令不仅可以标注两条直线的夹角，还可以标注圆弧的圆心角。

菜单：“标注”⇨“角度”。

工具栏：“标注”工具栏中单击图标。

命令：dimangular （缩写为 DAN）。

［**例题 8-11**］用角度标注完成图 8-19 的标注。

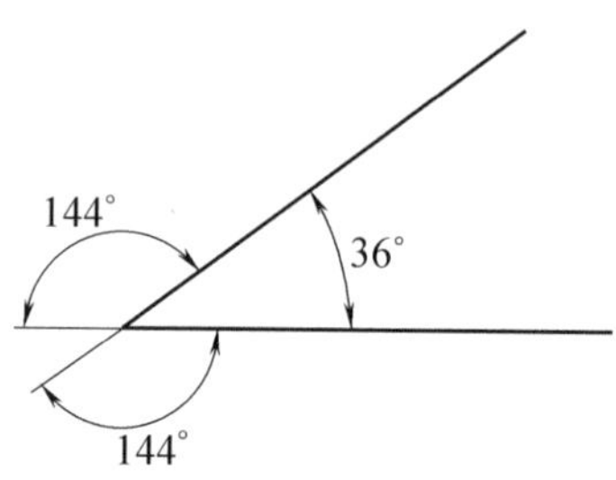

图 8-19　角度的尺寸标注

单击“标注”工具栏的图标或在命令行输入命令 DAN，先单击角的一条夹边，再单击另一条夹边，拖动鼠标确定该标注的位置，如果将光标移动到角的外侧，则标注的角度为该角的补角，如图 8-19 所示。

8.3.4 其他尺寸标注

（1）坐标标注

菜单：“标注”⇨“坐标”。

工具栏:“标注”工具栏中单击图标。

命令：dimordinate （缩写为 DOR）。

［**例题 8-12**］ 用坐标标注完成图 8-20 的标注。

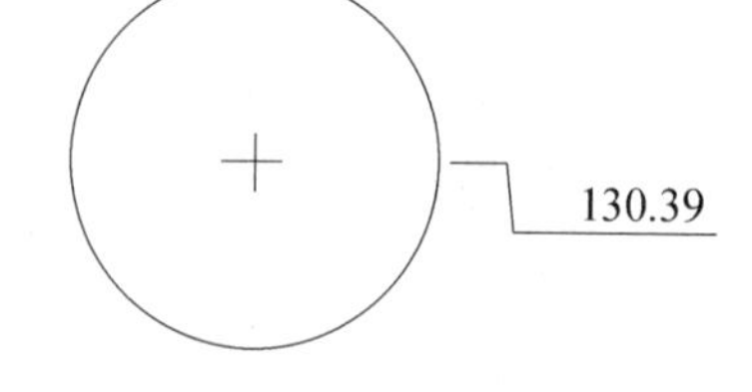

图 8-20　坐标点的尺寸标注

① 单击“标注”工具栏的图标或在命令行输入命令 DOR。

② 单击欲标注的一点（如圆的右侧象限点），将光标向标注点的上下移动标注该点的横坐标。

③ 将光标向标注点的左右移动标注该点的纵坐标。

④ 将光标置于适当的位置确定该坐标标注线的位置，如图 8-20 所示。

（2）圆心标记标注

菜单：“标注” ⇨ “圆心标记”。

工具栏：“标注”工具栏中单击图标 ⊕。

命令：dimcenter （缩写为 DCE）。

［**例题 8-13**］ 用“圆心标记”标注完成图 8-20 的标注。

① 单击“标注”工具栏的图标 ⊕ 或在命令行输入命令 DCE。

② 单击欲标注的圆，则在圆心的位置会出现“+”的标记，“+”的大小可在修改标注样式的“符号和箭头”选项卡中的“圆心标记”进行设置，如图 8-20 所示。

（3）引线标注

命令：LEADER。

［**例题 8-14**］ 用引线标注完成图 8-21 中的引线部分。

① 命令行输入命令 LEADER。

② 在如图 8-21 所示位置单击作为引线的第一点，取消正交，向图形的一侧拖动鼠标，确定引线的第二点。

③ 打开正交，再向左或向右拖动鼠标，在适当的位置单击。

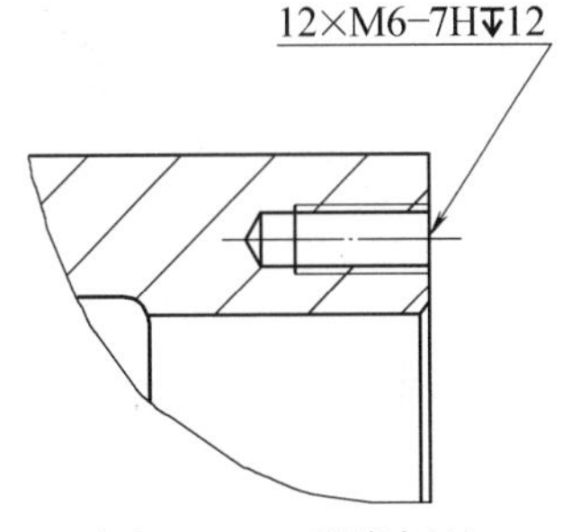

图 8-21　引线标注

引线的末端可插入“公差”“块”“多行文字”等注释类型，还可以改变引线的形式为“样条曲线”“直线”“箭头”的有无，用户可根据命令行的提示完成相应的操作，其结果如图 8-21 所示。如果标注的是装配图的序号时，则可将箭头设置成“点”，其余设置不变。

（4）快速引线标注

命令：qleader （缩写为 LE）。

在命令行输入命令 LE 回车确认，此时输入 S 则弹出“引线设置”对话框（图 8-22）。

此对话框有三个选项卡，在“注释”选项卡中，可设置引线末端插入的注释类型，多行文本的格式及是否多次使用。

在“引线和箭头”选项卡（图 8-23）中，可设置引线和箭头的形式，“点数”提示用户输入的点的数目，如设置点数为 3，则当用户在提示下指定 3 个点后，系统自动提示用户输入注释，设置的点数可比用户希望的引线的段数多 1。“角度约束”用来设置第一段引线和第二段引线的角度约束。

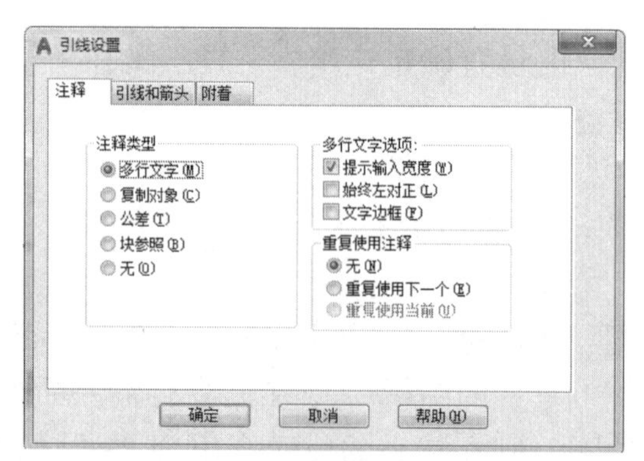

图 8-22 “引线设置”对话框

图 8-23 “引线和箭头”选项卡

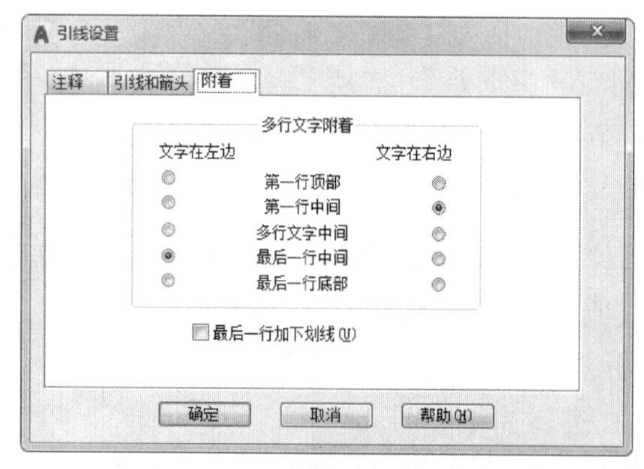

图 8-24 “附着”选项卡

在“附着”选项卡（图 8-24）中，可设置注释文本与引线的相对位置。

［**例题 8-15**］ 用快速引线标注命令完成引线部分。

① 在命令行输入命令 LE 回车确认。

② 输入 S 设置引线为有箭头，其余设置默认。

③ 在图形的适当位置单击作为引线的第一点，取消正交，向图形的一侧拖动鼠标，确定引线的第二点，打开正交，再向左或向右拖动鼠标，在适当的位

置单击，根据命令行的提示完成相应的操作。

注意：

“引线标注”与“快速引线标注”最终完成的效果是相同的。进行“引线标注”时只能根据命令行的提示，而“快速引线标注”除了命令行的提示外还可以根据三个对话框进行设置。

（5）多重引线标注

菜单：“标注”⇨“多重引线”。

命令：MLEADER。

（6）公差标注

菜单：“标注”⇨“公差”。

工具栏：“标注工具栏”中单击图标。

［**例题 8-16**］用多重引线标注和公差标注完成图 8-25 的标注（本例中的公差标注也可用引线标注或快速引线标注来完成）。

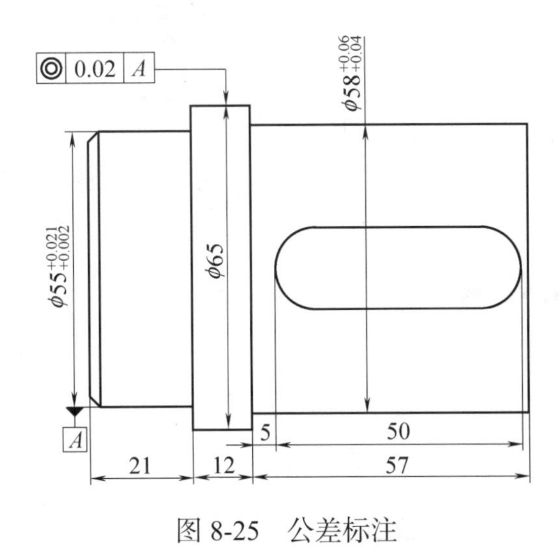

图 8-25　公差标注

① 单击“标注”菜单的“多重引线”或在命令行输入命令 MLEADER。

② 将对象捕捉中的“最近点”选中，在欲标注图形的某一边的适当位置单击，拖动光标到适当的位置，单击确定，完成多重引线的标注。

③ 单击“标注”工具栏的图标，出现“形位公差”对话框（图 8-26），单击“符号”下面的黑方块，系统将打开“特征符号”对话框（图 8-27），从中选取“同轴度”公差代号，其公差 1 的值为 0．02，基准 1 为 A。

如果还有其他的公差可用同样的方法设置，例如设置垂直度公差，单击确定完成“形位公差”的设置，将形位公差对齐到多重引线的末端，其效果如图 8-25 所示。如果在 A 或 B 后面还有相应的基准符号，则单击基准后面的黑方块，弹出“附加符号”对话框（例如图 8-28 所示），单击相应的基准符号后回到“形位公差”对话框，再完成相应的设置即可。

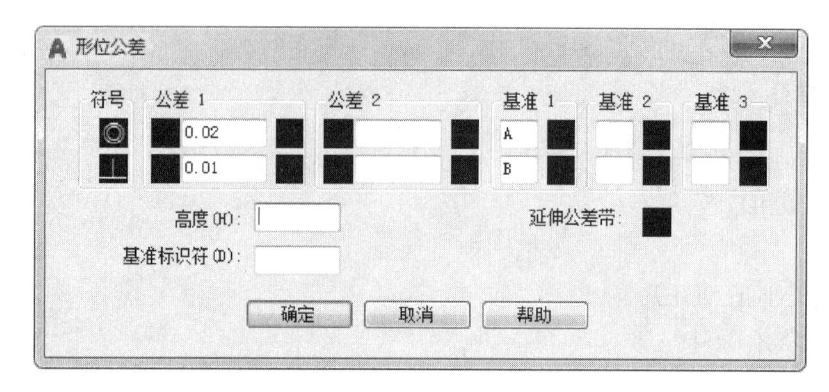

图 8-26 “形位公差”对话框

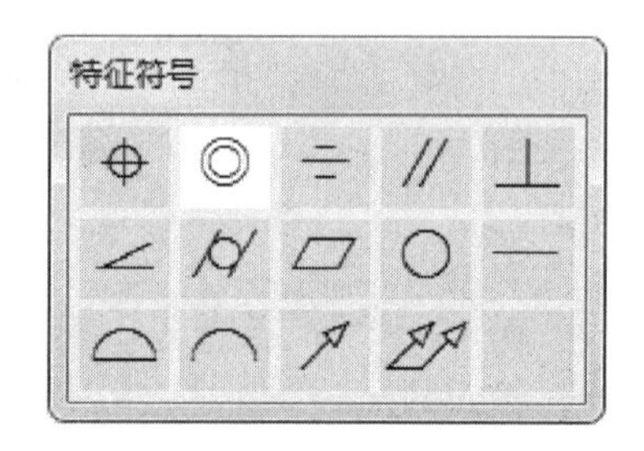

图 8-27 “特征符号”对话框

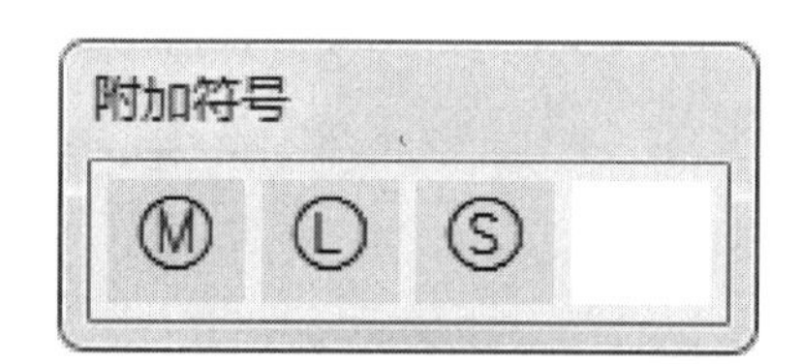

图 8-28 “附加符号”对话框

8.4 编辑标注对象

8.4.1 编辑标注

工具栏：“标注”工具栏中单击图标 。

命令：dimedit （缩写为 DED）。

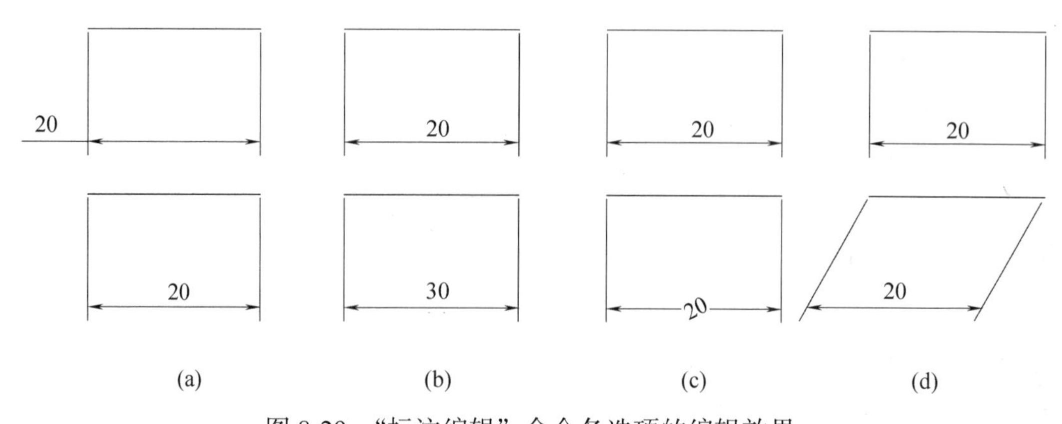

图 8-29 “标注编辑”命令各选项的编辑效果

［**例题 8-17**］ 用线性标注完成图 8-29 上半部分的标注，再进行标注的编辑。

单击“标注”工具栏的图标或在命令行输入命令 DIMEDIT，单击欲编辑的标注，选择“输入标注编辑类型”分别为“默认”“新建”“旋转”“倾斜”，效果分别如图 8-29 下半部分所示。

8.4.2　编辑标注文字位置

菜单：“标注”⇨“对齐文字”⇨下拉菜单（图 8-30）。

工具栏：“标注”工具栏中单击图标。

命令：dimtedit （缩写为 DIMTED）。

［**例题 8-18**］ 用编辑标注文字完成图 8-31 的标注。

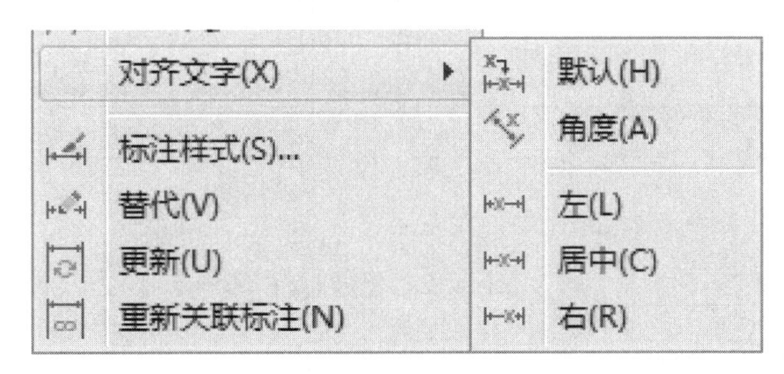

图 8-30　对齐文字下拉菜单

用“角度”尺寸标注分别标注出各角度，单击“标注”工具栏的图标或在命令行输入命令 DIMTED，单击欲编辑的标注，对齐文字的“默认”、“角度”（30°）、“左”、“中”和“右”的编辑效果如图 8-31 所示。

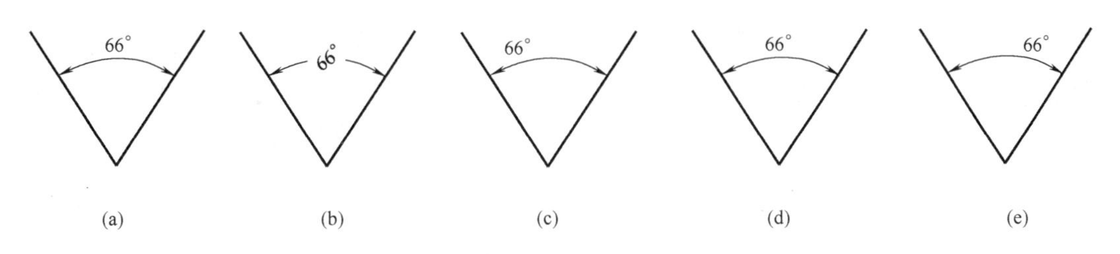

图 8-31　“标注编辑文字”命令各选项的编辑效果

小技巧

用“编辑标注文字”还可以重新确定标注文本的位置，不必再修改标注样式的“调整”选项卡中“手动放置文字”复选框。

8.4.3　标注更新

菜单：“标注”⇨“更新”。

工具栏：“标注”工具栏中单击图标。

命令：DIMSTYLE。

［**例题 8-19**］ 用标注更新命令完成图 8-32 的标注。

用带有直径符号的线性标注样式“直线直径”将 8-32（a）进行标注，将标注工具栏的标注样式变成 ISO-25，单击“标注”工具栏的图标或在命令行输入命令 DIMSTYLE，选择欲更新的标注回车确认，其效果如图 8-32（b）所示。

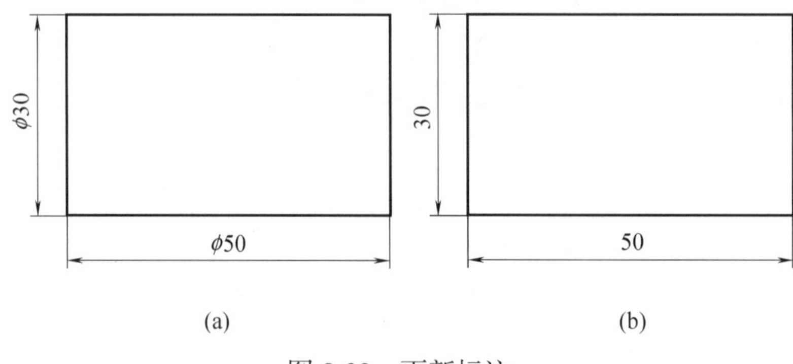

图 8-32　更新标注

8.4.4　编辑标注文字

编辑单行文字，修改标注文字、属性定义和特征控制框。

命令：DDEDIT（缩写为 ED）。

［**例题 8-20**］ 用 ED 命令将图 8-32（a）中的标注样式修改成图 8-32（b）的样式。

在命令行输入 ED 命令，单击 ϕ30，弹出“文字格式”对话框，修改成 30 后确定，用同样的方法完成 ϕ50 的修改，此命令可多次使用，直到单击“回车”键确定为止。

标注图 8-33 和图 8-34 尺寸。

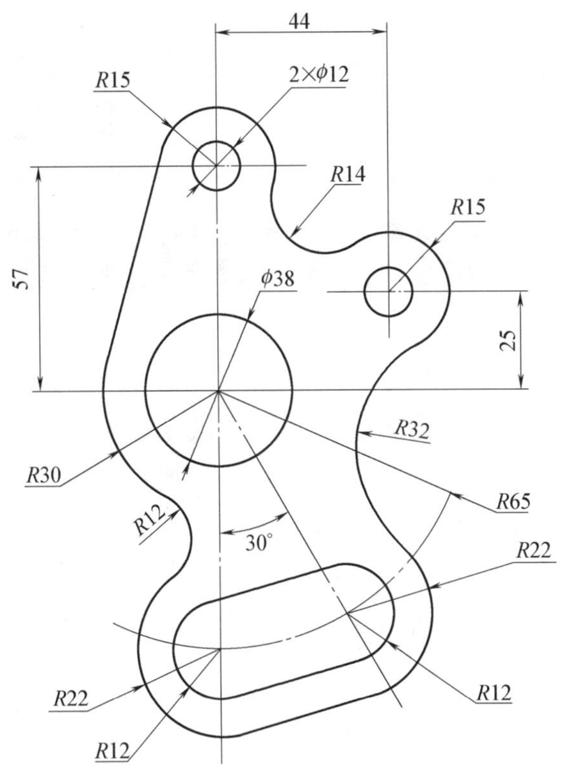

图 8-33　机械零件图的尺寸标注

M8-1　阶梯轴的尺寸标注过程讲解

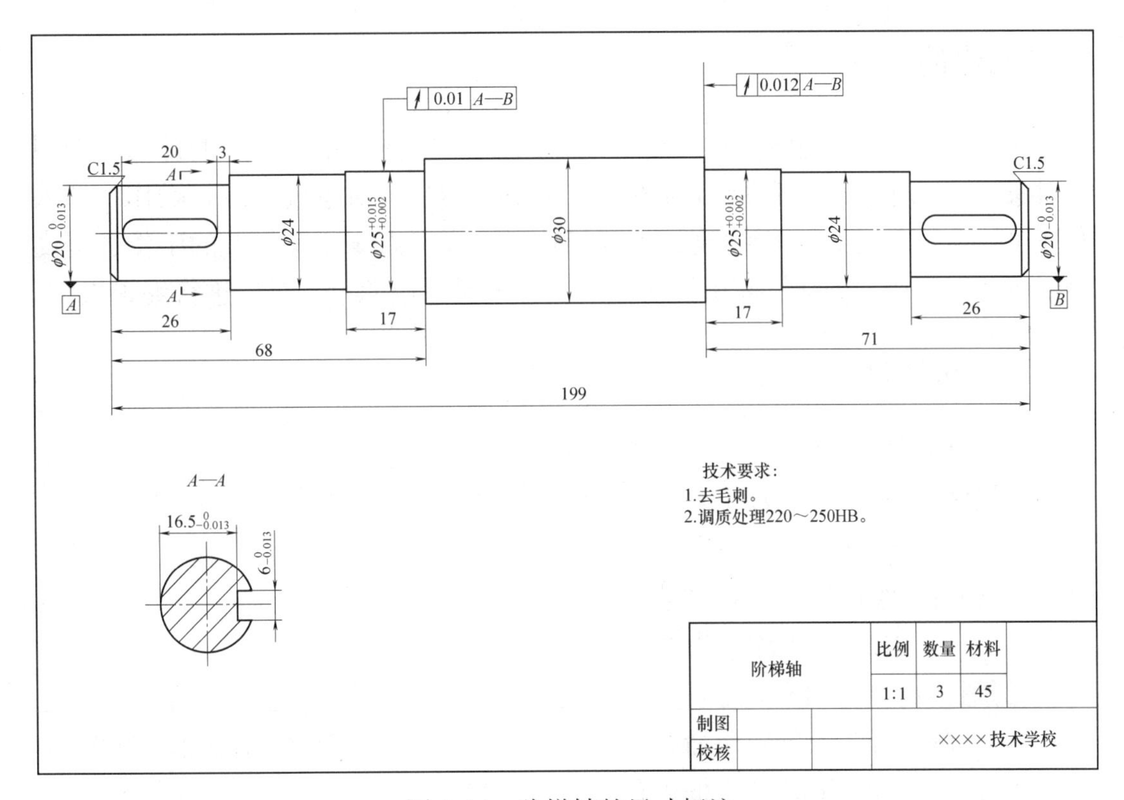

图 8-34　阶梯轴的尺寸标注

第9章

块操作和外部参照

在实际绘图中，经常需要用到相同的图形，例如机械专业中的表面粗糙度符号，建筑工程图中的门和窗等。AutoCAD 提供了块的功能，用户可以把这些经常使用的图形对象定义为块，需要时按合适的比例和角度插入指定的位置。这样节省了大量的时间，提高了工作效率。用户还可以利用设计中心和工具选项板，建立个性化的图库。本章主要介绍了块的创建与编辑、外部参照、AutoCAD 设计中心和工具选项板等内容。

9.1 块的基本操作

9.1.1 块的概念

块是由若干对象组成的集合。一个块是一个整体，选取块中的任意一个图形对象，可选中整个块的所有对象。一个块作为一个对象进行编辑操作，插入时还可按不同的比例进行缩放和角度旋转。这样可以避免重复性的工作，提高绘图效率。利用“分解”命令把块分解后，可对原块的单个对象进行编辑操作。

9.1.2 块的创建

（1）创建内部块

功能区：“默认”选项卡⇨“块”面板⇨“创建”按钮（图 9-1）。

菜单栏：“绘图”⇨“块”⇨“创建”命令。

工具栏：“绘图”工具栏“创建块”按钮。

命令行：BLOCK（缩写为 B）。

[**例题 9-1**] 将图 9-2 的表面粗糙度符号创建成内部块。

① 在命令行输入创建块命令 BLOCK（B），弹出“块定义”对话框（图 9-3）；

② 在“名称”下拉列表框中输入“表面粗糙度”；

图 9-1　创建块按钮

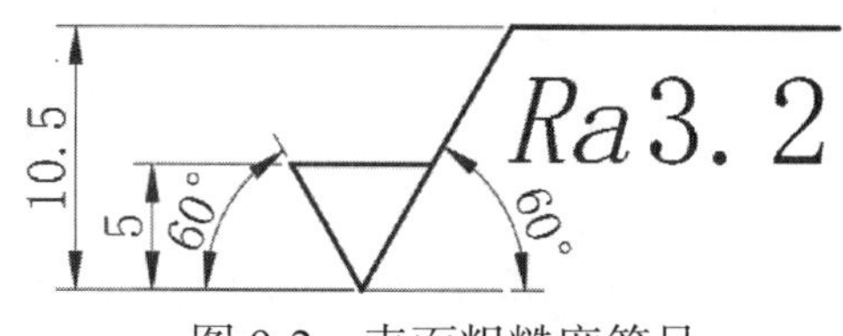

图 9-2　表面粗糙度符号

图 9-3　“块定义”对话框

③ 默认的基点坐标为（0，0，0），单击“拾取点”前面的“拾取插入基点”按钮，选择粗糙度符号的最下端点作为插入点；

④ 单击“选择对象”前面的“选择对象”按钮，选择表面粗糙度符号后回车确认，若点选“保留”单选按钮，则创建块后保留源对象不变，若点选“删除”单选按钮，则创建块后会删除源对象；

⑤ 勾选“允许分解”选项，单击确定，完成最终设置。

（2）创建外部块

用 BLOCK 命令所创建的块是内部块，只能在当前图形文件中使用，其他图形文件需要使用时，需要创建外部块。用 WBLOCK 创建成外部块，以图形文件的形式保存起来，这样就可以在任何图形中使用该块。创建外部块的方式：

命令行：WBLOCK（缩写为 W）。

［**例题 9-2**］　将图 9-2 所绘制的粗糙度符号创建成外部块。

① 在命令行输入创建外部块命令 WBLOCK(W)，弹出“写块”对话框（图 9-4）；

② 如果选择“整个图形”按钮，则是将当前工作区中的全部图形保存为外部图块，如果单击“选择对象”前面的“选择对象”按钮，则要选择表面粗糙

度符号后回车确认，如果选择“保留”选项，则创建块后保留源对象不变，如果选择“从图形中删除”，则创建块后源对象从当前图形中删除；

③ 单击“拾取点”前面的“拾取插入基点”按钮，选择粗糙度符号的最下端点作为插入点；

④ 在“文件名和路径”中默认存入“C:\Users\Administrator\Documents\新块”，单击后面的“浏览”按钮保存到相应的位置，单击确定完成外部块的创建，其设置如图 9-4 所示。

图 9-4 “写块”对话框

（3）创建动态块

所谓动态块，是在普通块的基础上，通过“块编辑器”为块添加参数和动作等元素，在使用时根据设置的数值实现动态功能的块。动态块可以通过调整动态夹点来实现块大小、角度等的调整，完成缩放、镜像、旋转等命令，使块的操作更加方便快捷。调用块编辑器的方式：

功能区：在“默认”选项卡中，单击“块”面板中的“编辑”按钮（图 9-5）。

“插入”选项卡⇨“块定义”面板中的“块编辑器”按钮（图 9-6）。

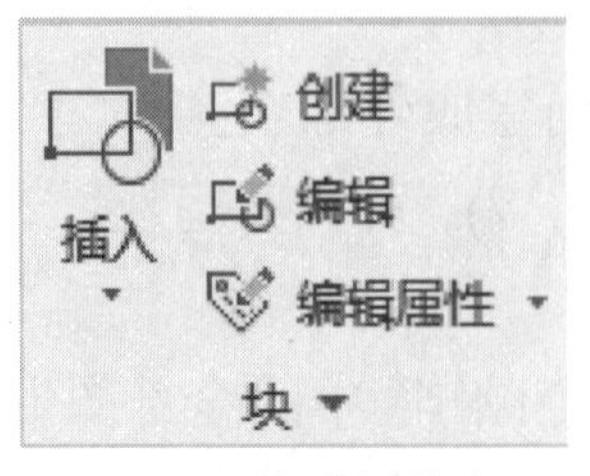

图 9-5 块编辑按钮

图 9-6 块编辑器按钮

菜单栏："工具" ⇨ "块编辑器" 命令。

命令行：BEDIT（缩写为 BE）。

［**例题 9-3**］　创建门的动态块。

① 在命令行输入创建动态块命令 BE 回车确认，弹出"编辑块定义"对话框（图 9-7）。

② 选择"门"块，单击确定，进入块编辑模式，弹出"块编辑选项板"（图 9-8）。

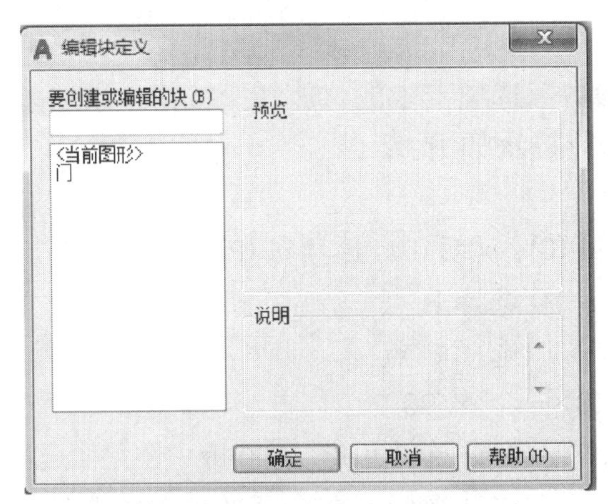

图 9-7　"编辑块定义"对话框

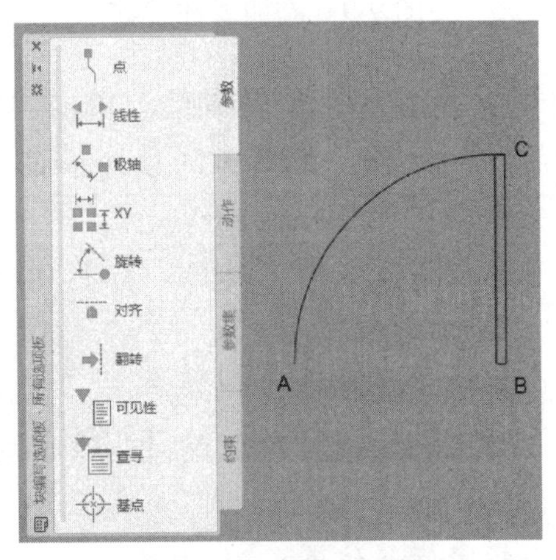

图 9-8　块编辑选项板

③ 为块添加线性参数，单击"参数"选项卡中的"线性参数"按钮，为门的宽度添加线性参数，如图 9-9 所示。命令行提示如下：

命令：_BParameter 线性

指定起点或 [名称(N)/标签(L)/链(C)/说明(D)/基点(B)/选项板(P)/值集(V)]:　　　　//选择 A 点

指定端点:　　　　//选择 B 点

指定标签位置:　　　　//将光标向下移动到合适位置放置标签

④ 为线性参数添加"缩放"动作。单击"动作"选项卡中的"缩放"按钮，为线性参数添加缩放动作，如图 9-10 所示。命令行提示如下：

命令：_BActionTool 缩放

选择参数:　　　　//选择线性参数"距离 1"

指定动作的选择集

选择对象:　　　　//依次选择圆弧和矩形

选择对象：找到 1 个

选择对象：找到 1 个，总计 2 个

选择对象:回车确认，完成动作的创建

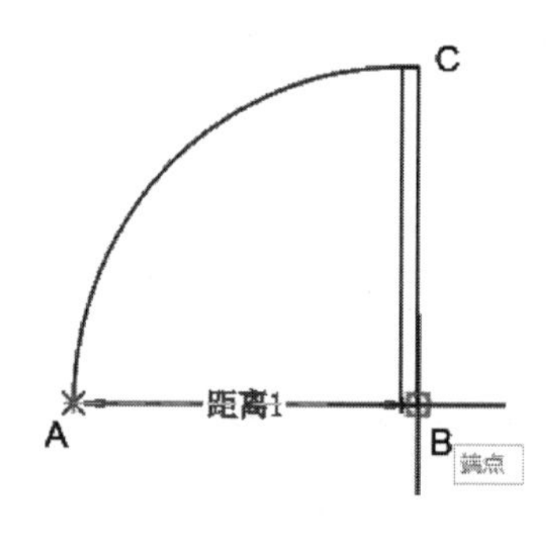

图 9-9　添加线性参数

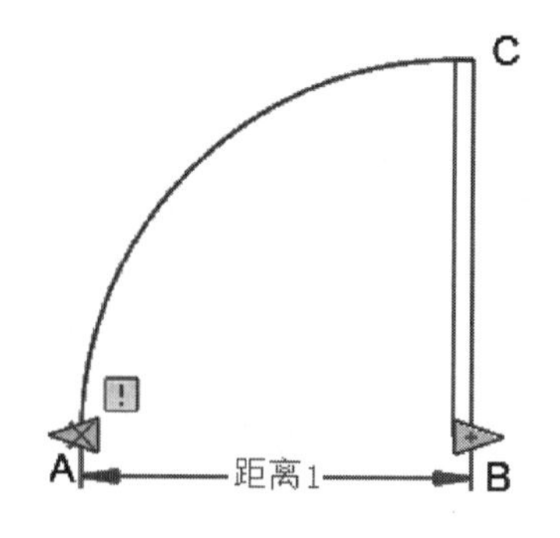

图 9-10　添加缩放动作

⑤ 为块添加旋转参数。单击“参数”选项卡中的“旋转”按钮，添加一个“旋转”参数，如图 9-11 所示。命令行提示如下：

命令：_BParameter 旋转

指定基点或 [名称(N)/标签(L)/链(C)/说明(D)/选项板(P)/值集(V)]：

//选择 B 点

指定参数半径：　　//选择 C 点

指定默认旋转角度或 [基准角度(B)] <0>：90

//默认旋转角度为 90 度

指定标签位置：　　//移动光标，在合适的位置放置标签

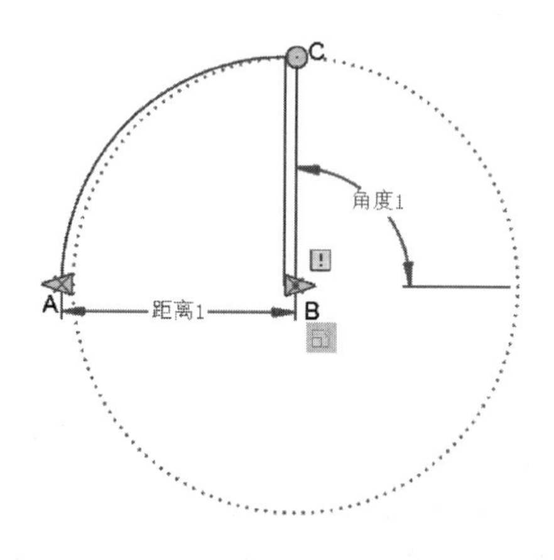

图 9-11　添加旋转参数

⑥ 为“旋转”参数添加动作。单击“动作”选项卡中的“旋转”按钮，为旋转参数添加旋转动作。命令行提示如下：

命令：_BActionTool 旋转

选择参数：　　//选择动作参数“角度 1”

指定动作的选择集

选择对象：　　//选择矩形作为动作对象

选择对象：找到 1 个

选择对象：　　　　　　　　　　　　　　//回车确认，完成动作的创建

⑦ 在“块编辑器”选项卡中，单击“打开/保存”面板上的“保存块”按钮，保存对块的编辑。单击“关闭块编辑器”按钮关闭块编辑器，返回绘图区，此时单击创建的动态块，该块上会出现三个夹点，如图 9-12 所示。

⑧ 拖动三角形夹点可以修改门的大小（图 9-13），拖动圆形夹点可以修改门的打开角度，如图 9-14 所示。

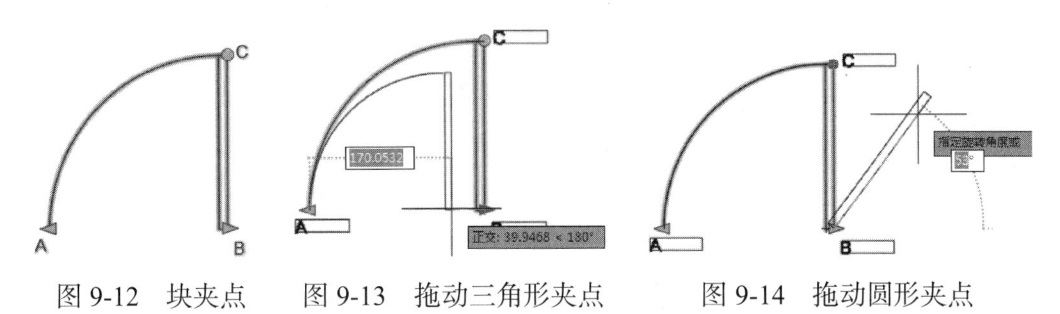

图 9-12　块夹点　　图 9-13　拖动三角形夹点　　图 9-14　拖动圆形夹点

9.1.3　插入块

功能区：“默认”选项卡⇨“块”面板⇨“插入”按钮（图 9-15）。

　　　　“插入”选项卡⇨“块”面板⇨“插入”按钮（图 9-16）。

工具栏：“绘图”工具栏“插入块”按钮。

命令：INSERT（缩写为 I）。

［**例题 9-4**］　将例题 9-2 所创建的外部块插入图 9-17 中的相应位置。

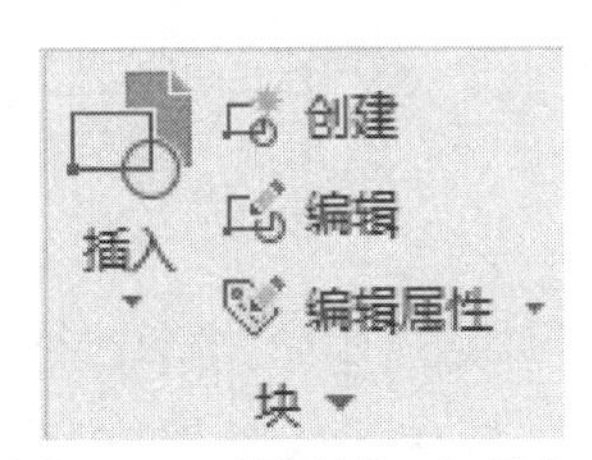

图 9-15　“默认”选项卡插入外部块

图 9-16　“插入”选项卡插入外部块

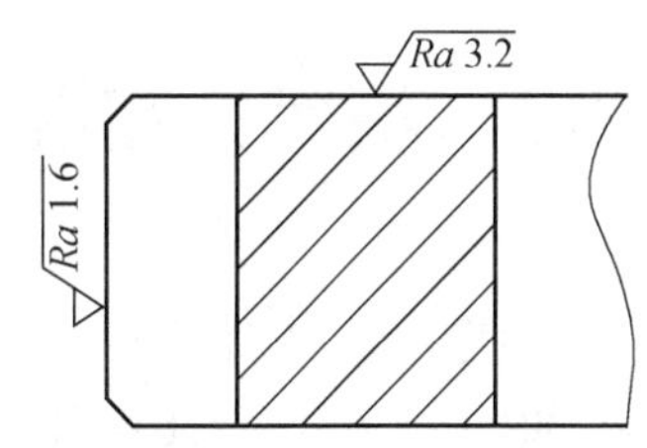

图 9-17　插入外部块

① 在命令行输入插入块命令 INSERT（I），弹出“插入块”对话框，如图 9-18 所示；

② 单击名称后面的“浏览”按钮找到表面粗糙度符号块所在的路径；

③ “插入点”通常要在图形中指定；

④ “比例”可在屏幕上指定，也可先行设置，如 0.8，则插入的块的大小为

原来块大小的 80%，试将比例修改为-1，观察效果；

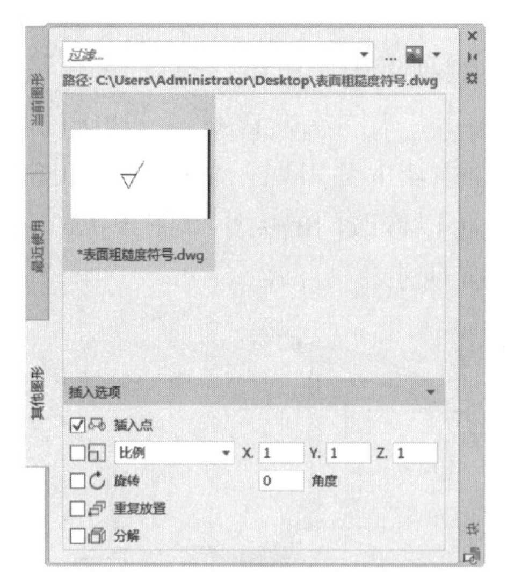

图 9-18 “插入块”对话框

⑤ 如果插入的块不需要旋转，则不必改变“旋转”右侧的“角度”（默认为 0），如果插入的块如 9-17 图中左侧所示，则要在“角度”中输入“90”，旋转角度也可在屏幕上指定；

⑥ 勾选“分解”选项，则在插入块的同时将块分解，插入图形中的块不再是一个整体，可对每个图形单独进行编辑操作；其效果如图 9-17 所示。

注意：

插入块后可利用单行文字为表面粗糙度添加相应的数值，如 1.6。

9.2 块属性和编辑

块的信息有图形信息和非图形信息两类。块属性是从属于块的非图形信息，在图纸上显示为块的标签或说明，是块的一个组成部分，在插入块时，图形连同其属性一起插入其他图形中。

9.2.1 块属性定义

可以用以下方式对块属性进行定义：

功能区：“默认”选项卡⇨“块”面板⇨“定义属性”按钮（图 9-19）。

“插入”选项卡⇨“块定义”面板⇨“定义属性”按钮（图 9-20）。

菜单栏：“绘图”⇨“块”⇨“定义属性”命令。

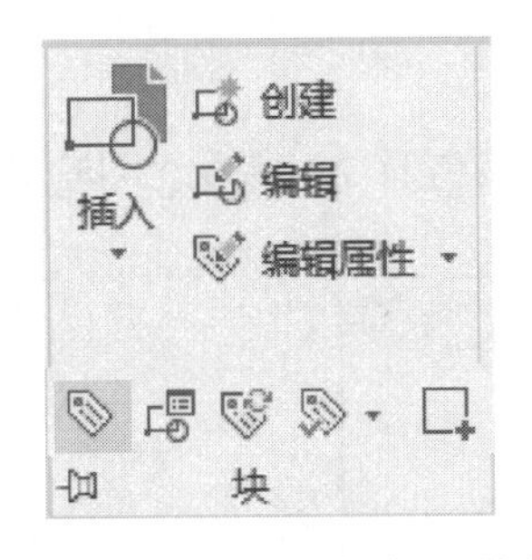

图 9-19 “默认”选项卡定义块属性

图 9-20 “插入”选项卡定义块属性

命令行：ATTDEF（缩写为 ATT）。

[**例题 9-5**]　定义有属性的表面粗糙度符号块。

① 在命令行输入块的属性定义命令 ATTDEF（ATT），弹出“属性定义”对话框（图 9-21）；

② 将“属性”中的“标记”设为“CCD”，“提示”设为“表面粗糙度符号”，“默认值”为“3.2”；

③“文字设置”中的“对正”下拉列表框选择文字对齐方式为“左对齐”，“文字样式”为“Standard”；文字高度为 3.5，旋转角度为 0，单击确定，在合适的位置单击鼠标，完成块的属性定义设置，最终效果如图 9-22 所示。

④ 将所有图形创建成外部块，完成操作。

图 9-21 “属性定义”对话框

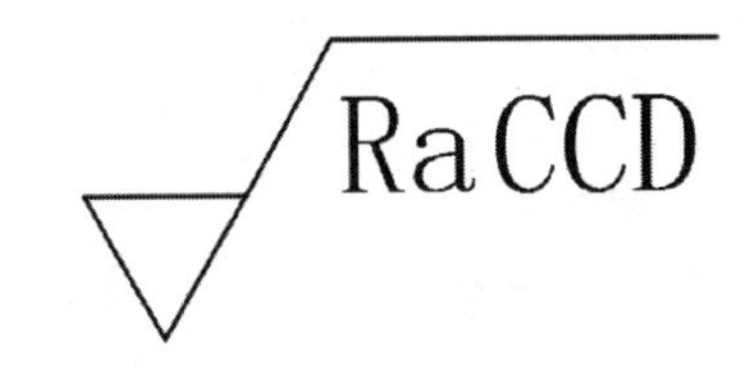

图 9-22　最终结果

9.2.2　属性定义的修改

可以用以下方式对属性定义进行修改：

双击块属性。

菜单栏：“修改” ⇨ “对象” ⇨ “文字” ⇨ “编辑”，单击块属性。

命令行：DDEDIT，单击块属性。

执行以上任一方式，弹出“编辑属性定义”对话框（如图 9-23 所示）。

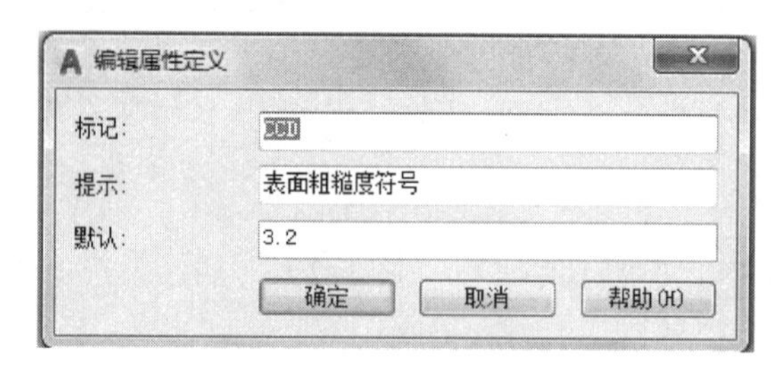

图 9-23 “编辑属性定义”对话框

执行命令 DDEDIT 后弹出“编辑属性定义”对话框，可通过此对话框对属性定义的“标记”“提示”“默认”进行修改。

9.2.3 块属性编辑

为图形定义属性之后，还要将属性和图形创建为“属性块”，才能体现“属性”的作用。创建块后，要调用“增强属性编辑”，其编辑方式：

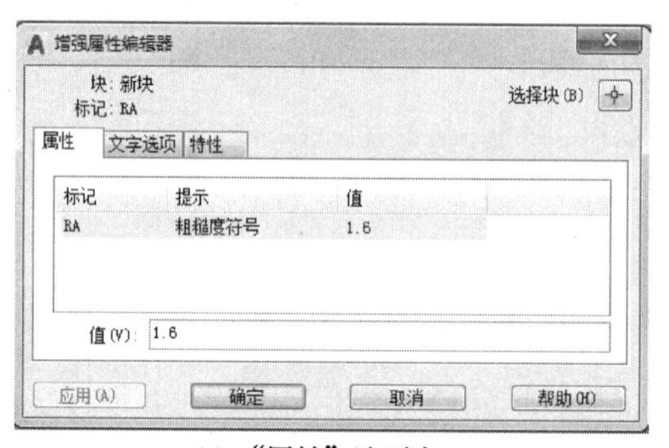

(a) “属性”选项卡

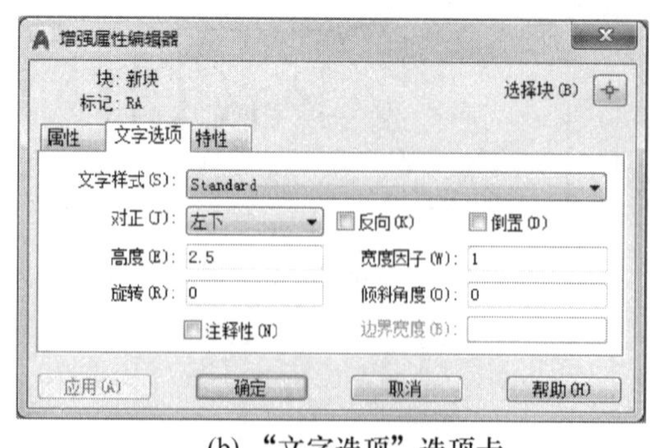

(b) “文字选项”选项卡

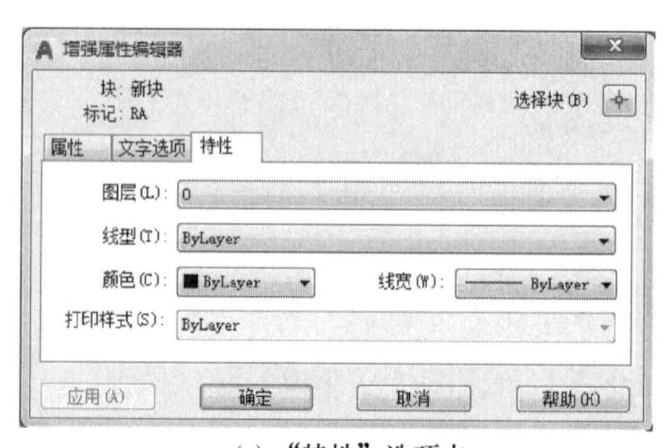

(c) “特性”选项卡

图 9-24 “增强属性编辑器”对话框

功能区："默认"选项卡⇨"块"面板⇨"编辑属性"按钮 。

菜单栏："修改"⇨"对象"⇨"属性"⇨"单个"，单击属性块。

工具栏："修改Ⅱ"中"编辑属性"按钮 。

命令：EATTEDIT。

在命令行输入增强属性编辑命令 EATTEDIT 后，单击块，弹出"增强属性编辑器"对话框（图 9-24），对话框中有"属性""文字选项""特性"三个选项卡和其他一些选项，该对话框不仅可以编辑属性值，还可以编辑属性的文字样式、高度及图层、线型、颜色等特性。

9.2.4　块编辑

创建完块后，还可以对块进行编辑，如重新设置块的插入基点、重命名块、分解块、删除块、重新定义块等。

（1）设置插入基点

如果块没有指定基点或者想修改基点的位置，需要重新设置插入基点，执行以下任一操作后，可用光标在绘图区指定或输入坐标。

功能区："默认"选项卡⇨"块"面板⇨"设置基点"按钮 （如图 9-25 所示）。

菜单栏："绘图"⇨"块"⇨"基点"命令（如图 9-26 所示）。

命令行：BASE。

图 9-25　功能区设置基点

图 9-26　菜单设置基点

（2）重命名块

外部块可以直接对文件进行重命名，下面是内部块的重命名方式。

菜单栏："格式"⇨"重命名"命令。

命令行：RENAME（缩写为 REN）。

执行以上任一操作后，弹出"重命名"对话框（如图 9-27 所示）。

（3）分解块

图形中插入的块是一个整体，如果想对块的各个组成对象进行编辑，需要

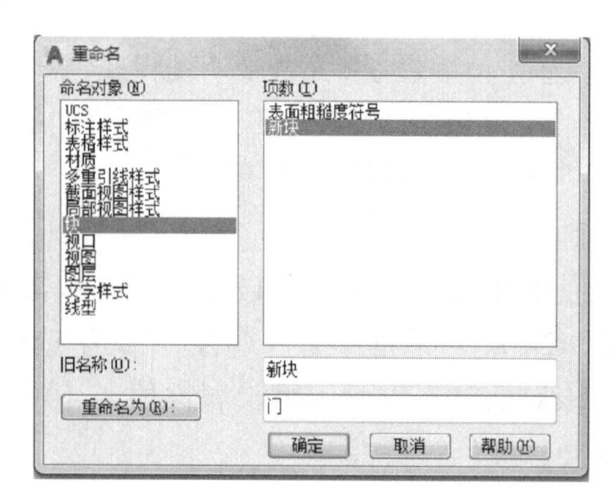

图 9-27　块的“重命名”对话框

将块进行分解，其分解方式：

工具栏：“修改”⇨“分解”按钮。

菜单栏：“修改”⇨“分解”命令。

命令行：EXPLODE（缩写为 X）。

（4）删除块

外部块可以直接进行删除，下面是内部块的删除方式：

功能区：“管理”选项卡⇨“清理”面板⇨“清理”按钮。

命令行：PURGE（缩写为 PU）。

（5）重新定义块

块重新定义以后，与之关联的块都自动得到更新，具体操作步骤如下：

① 分解当前图形中需要重新定义的块。

② 编辑要组成块的对象，再次执行“块定义”命令，在打开的“块定义”对话框的“名称”下拉列表中选择源块的名称。

③ 选择编辑后的块并为块指定插入基点和单位，单击“确定”按钮，在打开的对话框中单击“重新定义块”（如图 9-28 所示），完成块的重定义。

图 9-28　“重新定义块”对话框

9.3　外部参照

在绘图中，可以把某个图形作为参照附着到当前图形中，附着的图形与当前图形文件是一种参照关系，当某个图形修改后，当前图形中的参照图形也会相应修改。如果某个图形是作为块插入当前图形中，即使修改该图形，当前图形中的该图形也不会改变。

9.3.1　附着外部参照

（1）调用方式

功能区：“插入”选项卡⇨“参照”面板⇨“附着”按钮。

菜单栏：“插入”⇨“DWG 参照”命令。

命令行：XATTACH（缩写为 XA）。

执行上述任一操作，选择参照文件后，单击“打开”，则弹出“附着外部参照”对话框，如图 9-29 所示。

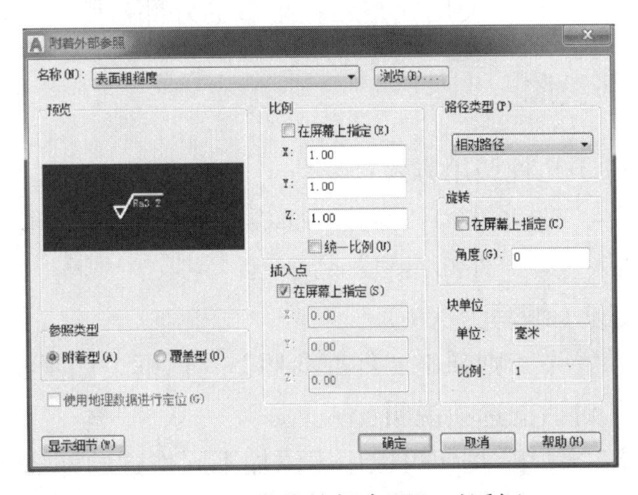

图 9-29　“附着外部参照”对话框

（2）“附着外部参照”对话框选项说明

①“名称”：当附着了外部参照后，该参照的名称将出现在此文本框内。如果当前图形文件含有多个参照，则这些参照的文件名都排列在“名称”下拉列表中。

②“参照类型”：本选项有“附着型”和“覆盖型”两种类型。如果一个图形文件以“附着型”的方式引用了外部参照，当这个图形文件又被参照在另一个图形文件中时，AutoCAD 仍显示这个图形文件中嵌套的参照图形；如果一个

图形文件以“覆盖型”的方式引用了外部参照图形，当这个图形文件又被参照在另一个图形文件中时，AutoCAD 将不再显示这个图形文件中嵌套的参照图形。

注意：

一个图形可以作为外部参照同时附着到多个图形中，多个图形也可以作为外部参照附着到一个图形中。被定义属性的图形以外部参照的形式附着到另一个图形中，则仅显示参照图形，参照的属性将被忽略掉。

③“路径类型”：本选项有“无路径”“相对路径”“完整路径”三种类型。“无路径”，在不使用路径附着外部参照时，AutoCAD 首先在主图形中的文件夹中查找外部参照，当外部参照文件与主图形文件位于同一个文件夹时，此选项非常有用；“相对路径”，使用此选项附着外部参照时，将保存外部参照相对于主图形的位置，此选项的灵活性最大，如果移动工程文件，AutoCAD 仍可以融入使用相对路径附着的外部参照，只要此外部参照相对主图形的位置未发生变化；“完整路径”，使用此选项附着外部参照时，外部参照的精确位置将保存到主图形中，此选项的精确度最高，但灵活性最小，如果移动工程文件，AutoCAD 将无法融入任何使用完整路径附着的外部参照。

9.3.2 管理外部参照

外部参照有以下几种调用方式：

功能区：“插入”选项卡⇨“参照”面板右下角箭头按钮。

菜单栏：“插入”⇨“外部参照”命令。

命令行：XREF（缩写为 XR）。

执行上述任一操作，则弹出“外部参照”对话框，如图 9-30 所示。

“外部参照”对话框选项说明：

① 按钮区域：“附着”按钮可以用于添加不同格式的外部参照文件；“刷新”按钮用于刷新当前选项卡显示状态；“帮助”按钮可以打开系统的帮助页面，从而可以快速了解相关的信息，如图 9-31 所示。

② 文件参照：此列表框中显示了当前图形中各个外部参照的文件名称，单击其右上方的“列表图”或“树状图”按钮，可以设置文件列表框的显示形式。“列表框”表示以列表形式显示，“树状图”表示以树形显示，如图 9-32 所示。

③ 详细信息：用于显示外部参照文件的各种信息。选择任意一个外部参照文件后，将在此处显示该外部参照文件的名称、加载状态、文件大小、参照类型、参照日期以及参照文件的存储路径等内容，如图 9-33 所示。

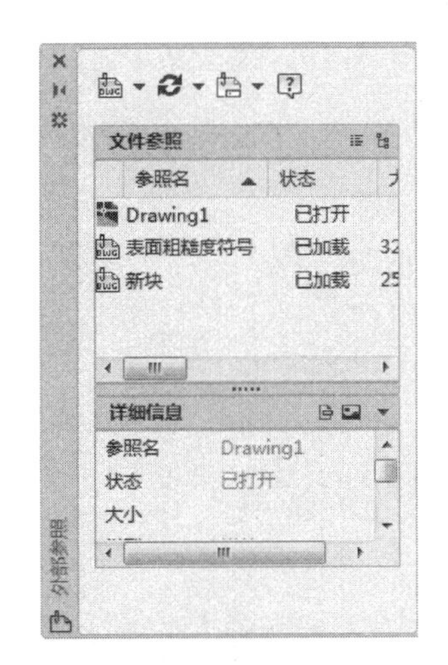

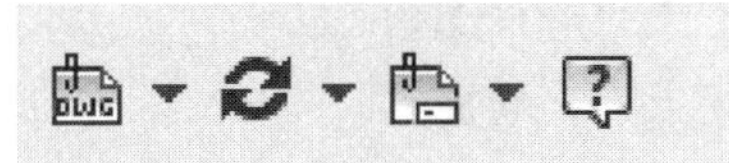

图 9-31　按钮区域

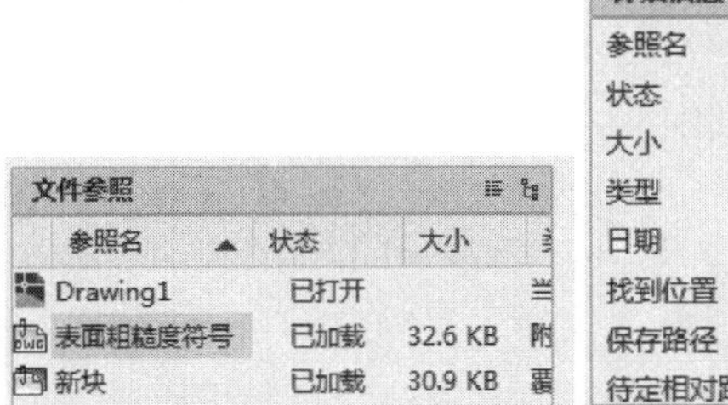

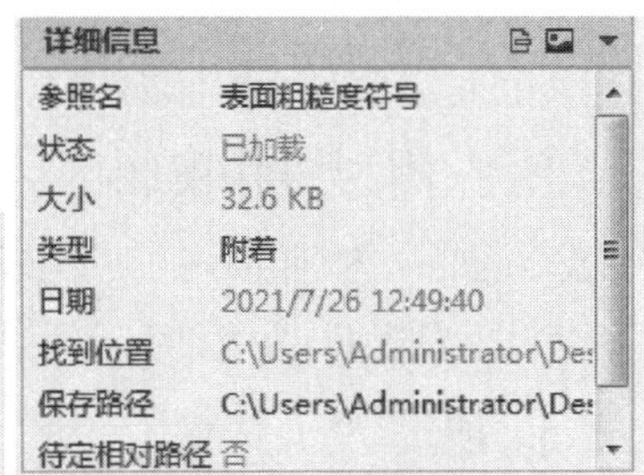

图 9-30　“外部参照”对话框　　图 9-32　文件参照　　图 9-33　详细信息

9.4　AutoCAD 设计中心

AutoCAD 设计中心可以有效地组织和管理设计内容，从而简化绘图与设计过程。

9.4.1　进入 AutoCAD 设计中心

进入 AutoCAD 设计中心有以下几种方式：

功能区：“视图”选项卡⇨“选项板”面板⇨“设计中心”按钮（如图 9-34 所示）。

菜单栏：“工具”⇨“选项板”⇨“设计中心”命令。

图 9-34　进入“设计中心”界面

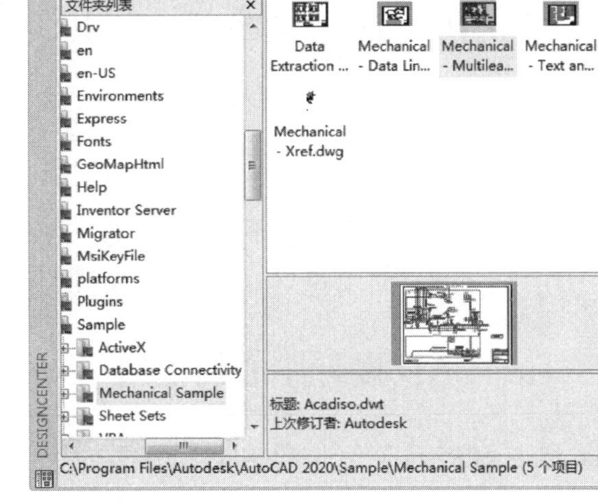

图 9-35　“设计中心”界面

工具栏:“标准”工具栏中单击图标。

命令:ADCENTER(缩写为 ADC)。

快捷键:CTRL+2。

执行上述任一操作,则弹出“设计中心”界面对话框,如图 9-35 所示。

AutoCAD 设计中心界面:

① 左侧为树状视图区。

② 右侧为内容区:上面窗口为文件显示框,中间窗口为图形预览显示框,下面窗口为说明文本显示框。

③ 顶部为工具栏。

④ 选项卡:“文件夹”“打开的图形”“历史记录”。

9.4.2 AutoCAD 设计中心的功能

工具栏:

① 加载:选择文件加载到树状视图窗口中。

② 上一页、下一页、上一级:使内容区显示的内容返回上、下页或上一级。

③ 搜索:搜索指定磁盘空间的文件、图块、图层、文字样式、标注样式等,将其加载到内容区域。

④ 收藏夹:可以添加和组织收藏夹。

⑤ 主页:用户可以将需要的图形以块的方式拖动到当前图形中,也可拖动到工具选项板中,产生新的选项卡。

⑥ 树状视图切换:显示和隐藏“树状视图”。

⑦ 预览:显示对象的预览图像。

⑧ 说明:用于对所选取的对象进行文字描述。

⑨ 视图:用于选择“控制板”窗口中的对象以大图标、小图标、列表和详细信息来显示。

选项卡:

① 文件夹:列出网络与本地驱动器。

② 打开的图形:列出已打开的图形。

③ 历史记录:列出设计中心最近访问的 20 个文件所在的路径。

9.4.3 AutoCAD 设计中心的使用

① 浏览和查看图纸文件和各种图像文件:在左侧的文件列表中选择 CAD 图纸或图像文件后,在右侧可以显示图纸或图像的预览图,并可以显示文件相

关的信息。

② 展开或浏览到图形文件的各种数据：在左侧列表选择 DWG 或 DXF 文件后，右侧列表就会显示设计中心可访问的数据类型。

③ 将浏览到的数据添加到当前图纸或复制粘贴到其他打开的图纸中。

④ 插入其他图纸中的块。

⑤ 在设计中心可以将图纸或图像直接拖放到图形窗口。

9.5　工具选项板

除了创建块和附着外部参照，AutoCAD 在工具选项板中提供了建模、机械、电力、结构等一系列选项，用于组织和共享图形资源，用户可根据自己的需要直接调用。

9.5.1　打开工具选项板

工具选项板有以下几种打开方式：

功能区："视图"选项卡⇨"选项板"面板中的"工具选项板"按钮（如图 9-36 所示）。

图 9-36 "功能区"进入工具选项板

菜单栏："工具"⇨"选项板"⇨"工具选项"命令。

工具栏："标准"工具栏中的"工具选项板窗口"按钮。

命令：TOOLPALETTES（缩写为 TP）。

快捷键：CTRL+3。

执行上述任一操作，弹出"工具选项板"对话框，如图 9-37 所示。

相关说明：

工具选项板由标题栏和选项卡两部分组成。在标题栏空白位置单击鼠标右键，弹出图 9-38（a）所示的菜单，在"工具选项板"窗口空白处单击鼠标右键，弹出图 9-38（b）所示的菜单，两个菜单用于控制窗口及工具选项卡的显示状态、自动隐藏和透明度等。可以通过拖动窗口边框来移动工具选项板，单击窗口边框下面的“自动隐藏”按钮来实现工具选项板的显示与隐藏。

图 9-37　工具选项板图

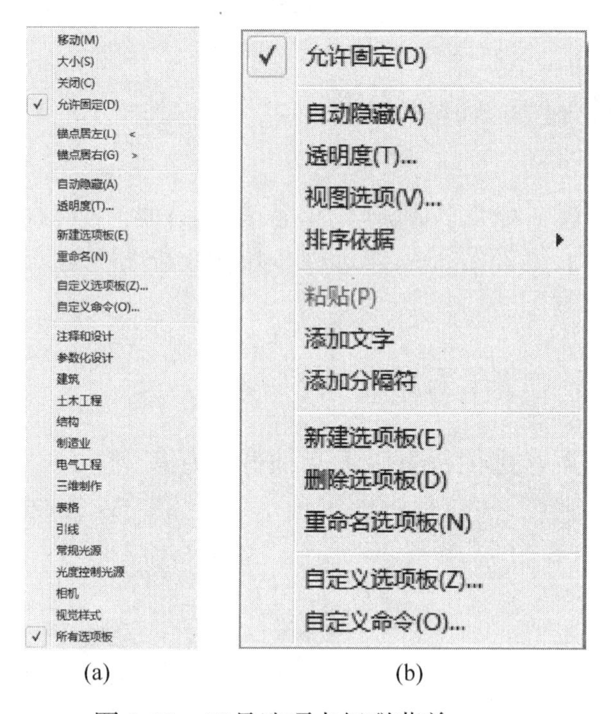

(a)　(b)

图 9-38　工具选项卡级联菜单

9.5.2　管理工具选项板

（1）新建工具选项板

菜单栏：“工具”⇨“自定义”⇨“工具选项板”图标；

快捷菜单：在标题栏上空白位置单击鼠标右键，从弹出的快捷菜单中选择“自定义选项板”命令；

命令：CUSTOMIZE。

执行上述任一操作，弹出“自定义”工具选项板对话框，如图 9-39（a）所示，在选项板窗口单击鼠标右键，在弹出的级联菜单中选择“新建选项板”命令，如图 9-39（b）所示。

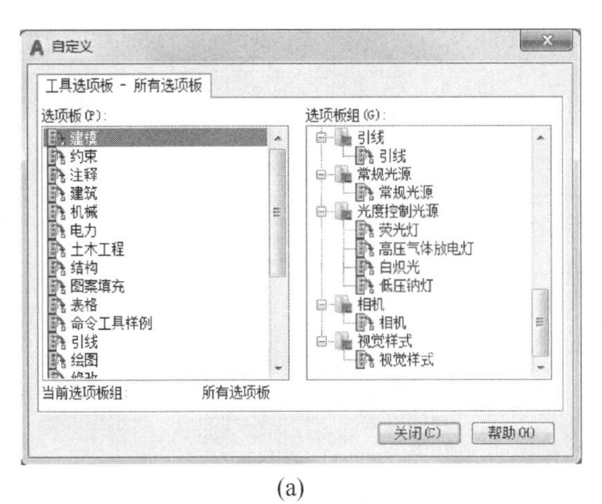

(a)

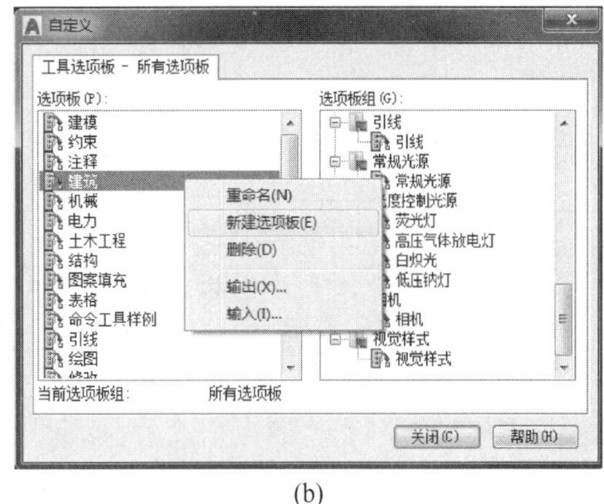

(b)

图 9-39　“自定义”工具选项板对话框

工具选项板：单击“特性”按钮，选择新建选项板；

菜单栏：在图 9-38 的级联菜单中选择“新建选项板”。

（2）从工具选项板中调用图形

先选择相应的图例，然后在绘图区的目标位置单击，将图例插入当前图形中。也可以在图例上按住鼠标左键，拖放到绘图区的目标位置放开。不管是哪种操作方法，插入的图例都是以块的形式存在于当前图形中。

（3）向工具选项板添加内容

用户可以在设计中心内容区域中，选择需要添加到当前工具选项板中的图形、块和图案填充等内容，从设计中心直接拖动到工具选项板上。用户还可以建立一个常用的工具选项板，将其他面板中的图例通过“复制”“粘贴”命令放到自己的工具选择板中，方便使用。

习题

1．绘制 9-40 表面粗糙度符号，并将其插入图 9-41 的图形中。

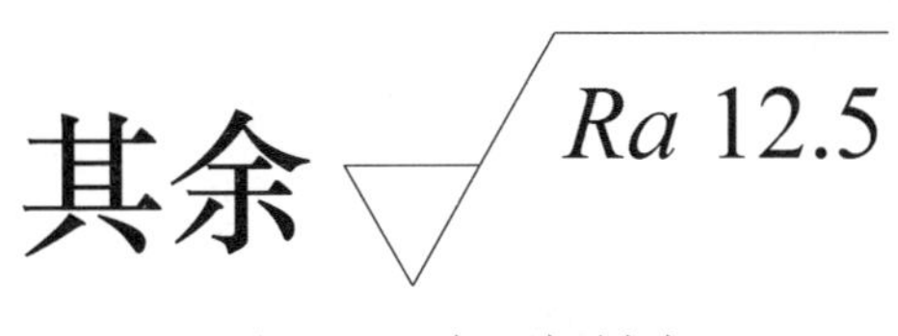

图 9-40　表面粗糙度

M9-1　表面粗糙度符号绘制及插入过程讲解

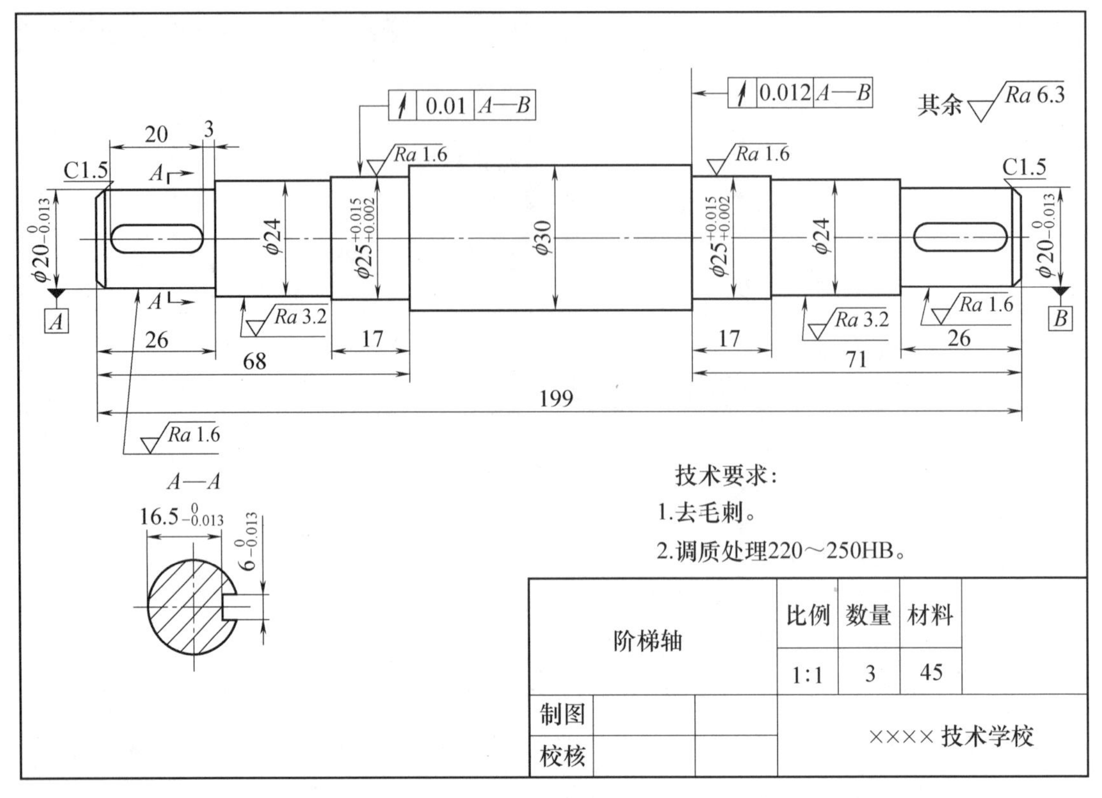

图 9-41　阶梯轴

2．绘制 9-42 所示 M20×80 六角头螺栓，并将其创建成外部块。

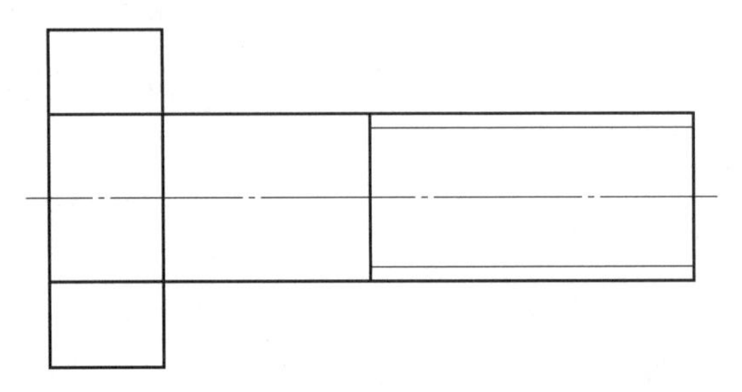

图 9-42　六角头螺栓

M9-2　六角头螺栓绘制过程讲解

第10章 图形输出

绘制图形后，要用打印机打印出来，使加工制造可依据图纸来进行。

10.1 页面设置

10.1.1 执行方式

菜单：⇨“打印”。

工具栏：单击图标。

命令：PLOT。

快捷键：Ctrl+P。

用以上方式打开，则弹出“打印-模型”对话框（图 10-1）。

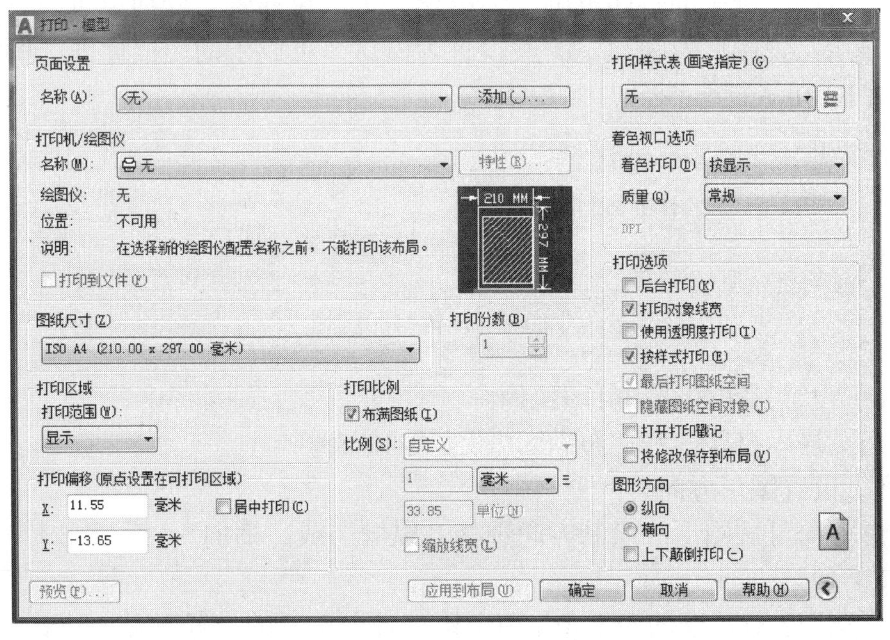

图 10-1 “打印-模型”对话框

10.1.2 “打印-模型”对话框的设置

（1）设置打印机/绘图仪

在打印机/绘图仪列表中选择一个电脑能够连接到的打印设备（图 10-2）。

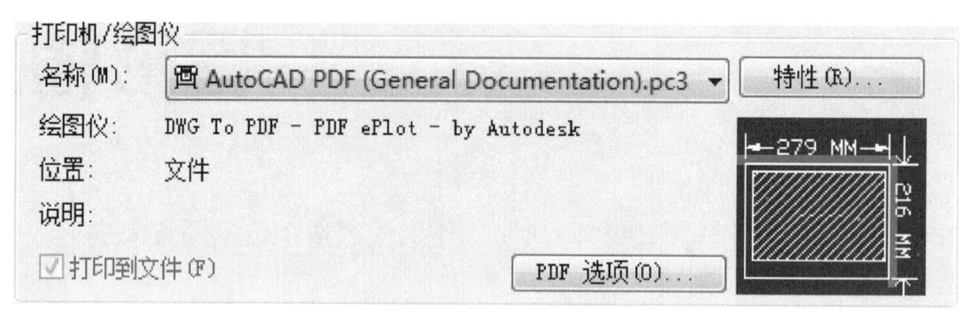

图 10-2　设置打印机/绘图仪

（2）设置图纸尺寸

选择所需的图纸尺寸（图 10-3）。

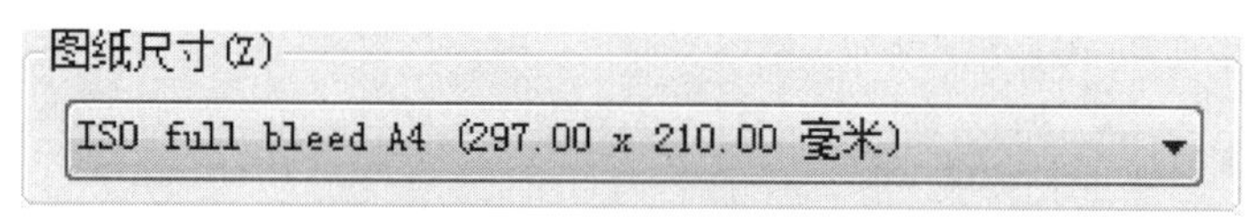

图 10-3　选择图纸尺寸

（3）设置打印区域

单击打印区域中的打印范围，会出现一个下拉列表，分别是布局、界线、范围、显示、视图以及窗口。一般设置为窗口，可以手动用鼠标框选所需打印的部分（图 10-4）。

图 10-4　设置打印区域

（4）设置打印偏移和打印比例

勾选“居中打印”和“布满图纸”（图 10-5）。

（5）设置图形方向

图形方向可按图形的绘制方向选择“纵向”或“横向”（图 10-6）。

（6）预览

“预览”在对话框的左下角。用于检查各个选项的设置效果，退出“预览”，按 ESC，返回对话框。

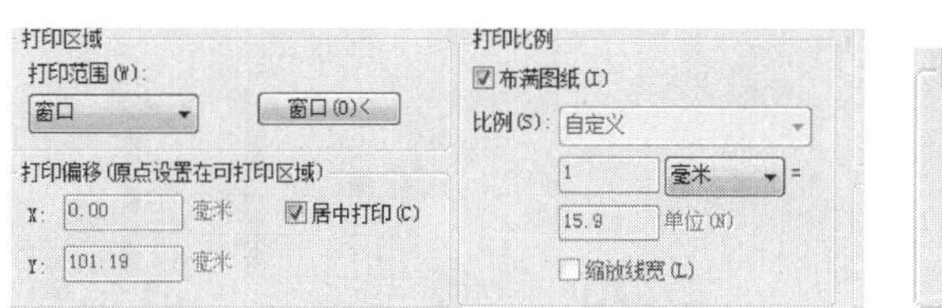

图 10-5　设置打印偏移和打印比例

图 10-6　设置图形方向

10.2　打印图形

打印图形的步骤：

① 打开欲打印的图形；

② 打开“打印-模型”对话框，进行页面设置；

③ 单击“确定”，设置 pdf 保存路径；

④ 打印。

习题

将图 10-7 中的图形用 A4 纸打印出来。

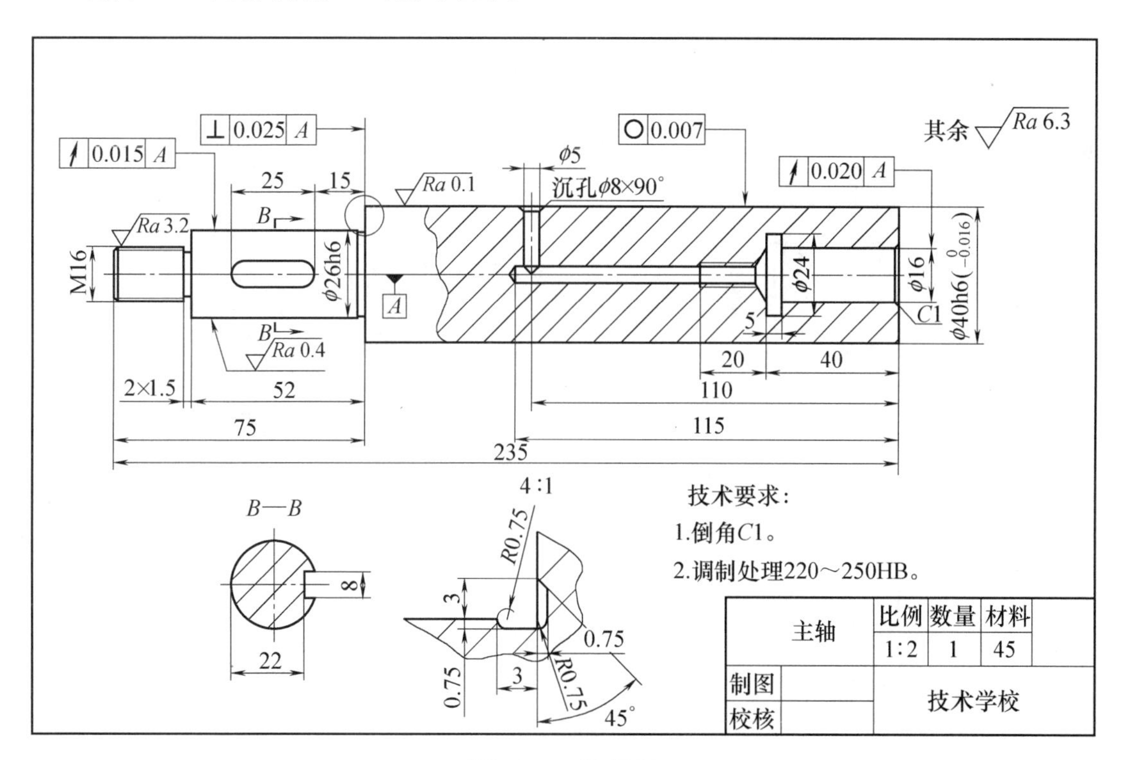

图 10-7　阶梯轴

第11章

二维图形绘制综合实例

11.1 轴类零件图

轴类零件一般是由几段直径不同的圆柱体（或圆锥）构成的，其轴向尺寸要大于径向尺寸。为了与所配零件连接，在此类零件上一般带有各种槽、孔、螺纹角、圆角、锥度等结构。通常采用一个轴线水平放置的主视图表达主体结构，对于键槽、退刀槽等结构则采用局部剖视图、断面图、局部放大图来表达。图 11-1 所示是典型的轴类零件——主轴的零件图。

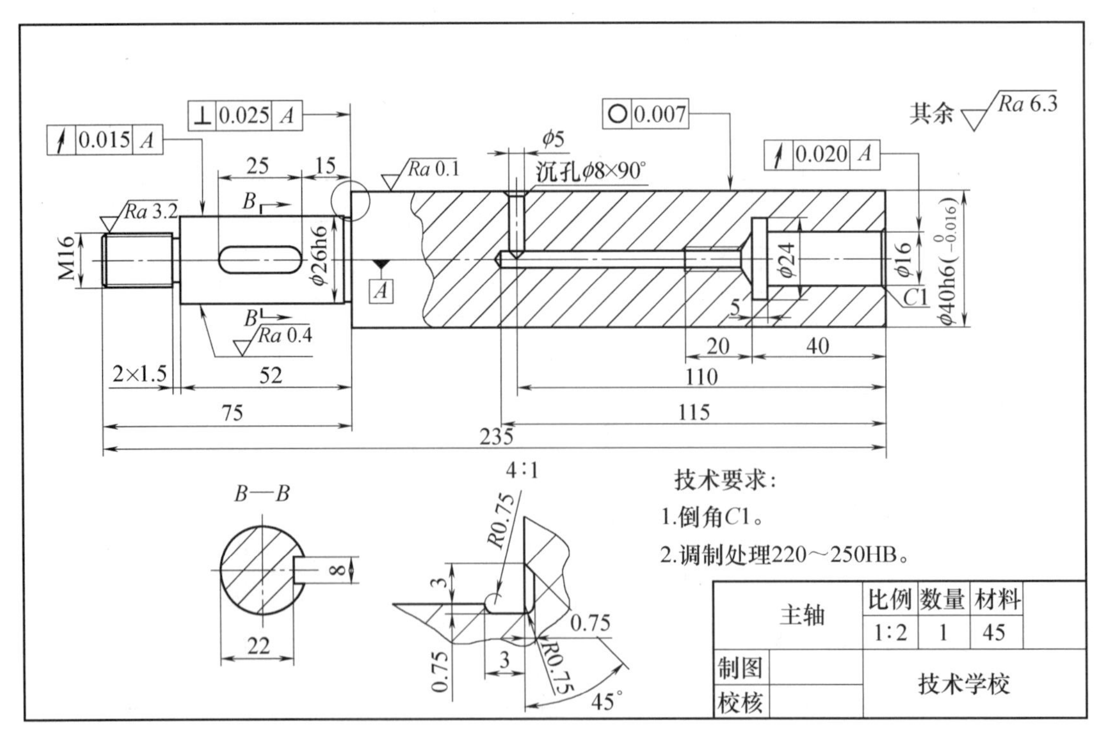

图 11-1 主轴

步骤一：设置图层

创建“粗实线”“细实线”“点划线”“剖面线”“文字”“标注”6 个图层，其设置如图 11-2 所示。

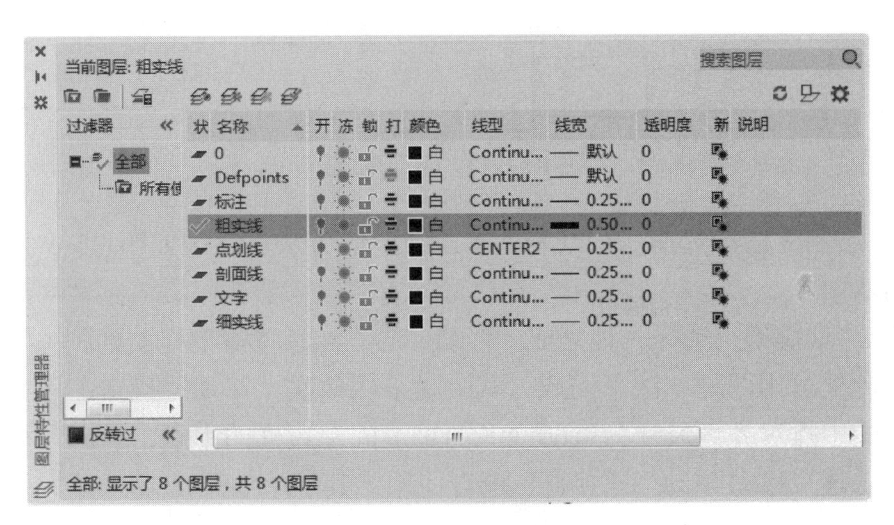

图 11-2　图层设置

步骤二：绘制主轴

① 绘制左侧矩形：将“粗实线”层设为当前层。选择一种绘制“矩形”的方法，绘制五个矩形，其尺寸分别为：21×16，2×13，50×26，2×25，160×40，如图 11-3 所示。

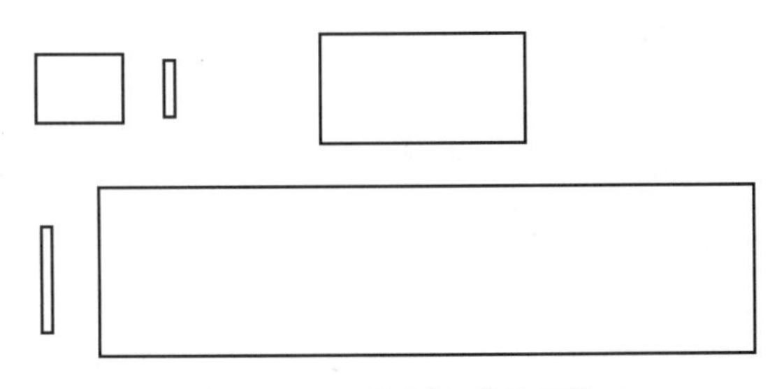
图 11-3　绘制左侧矩形

② 矩形合并：选择一种完成“移动”的方法，选中尺寸为 2×13 的矩形左侧的中点，对齐到尺寸为 21×16 的矩形的右侧中点，用同样的方法完成另三个矩形的对齐（可视情况将矩形分解）。利用“构造线”“修剪”“直线”等操作，完成主轴上局部放大图部分的绘制，其结果如图 11-4 所示。

③ 倒角棱线：选择一种完成“倒角”的方法，对左侧尺寸为 21×16 的矩形进行倒角，两个倒角距离均为 1，选择一种绘制“直线”的方法，添加倒角的棱线，如图 11-5 所示。

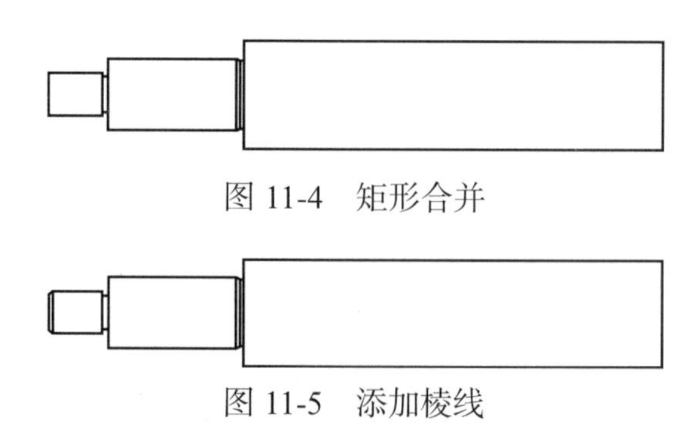

图 11-4　矩形合并

图 11-5　添加棱线

④ 绘制键槽：选择一种绘制“多段线”的方法，绘制如图 11-6 所示尺寸的键槽。

⑤ 移动键槽：选择一种完成“移动”的方法，将键槽移动到阶梯轴的适当位置，此处可用两种方法来完成，其一是采用两次“移动”操作，先将键槽的右半圆的中点对齐到尺寸为 160×40 的矩形的左边框的中点，再向左移动距离 15，其二是“移动”与“捕捉自”配合使用，其结果如图 11-7 所示。

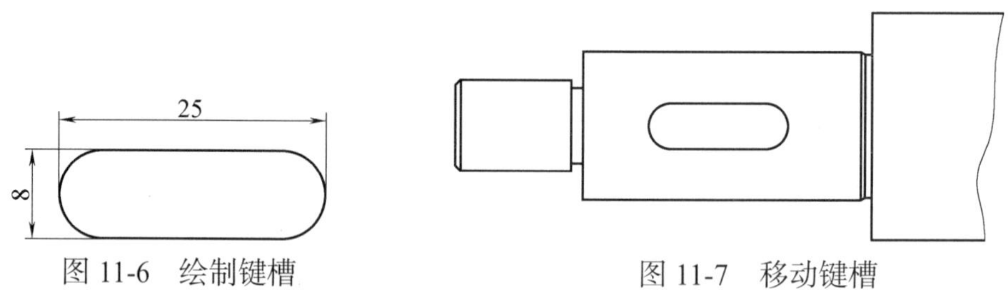

图 11-6　绘制键槽

图 11-7　移动键槽

⑥ 为主轴添加中心线：将“点划线”层设为当前层，为主轴添加中心线。

⑦ 主轴右侧的局部剖面图：利用“直线”“偏移”“镜像”“修剪”等操作完成主轴右侧的局部剖面图，将“细实线”层设为当前图层，用“直线”命令添加内螺纹线（此螺纹线不与右侧的粗实线相交），利用“样条曲线”命令为剖面线添加边线，其结果如图 11-8 所示。

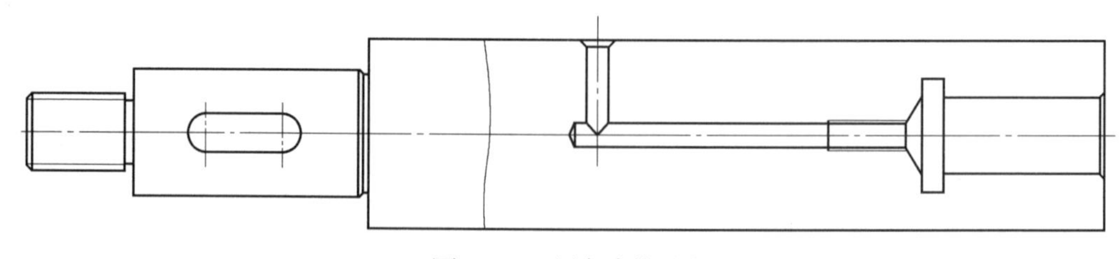

图 11-8　局部剖视图

⑧ 为主轴添加图案填充：将“剖面线”层设为当前层，选择一种完成“图案填充”的方法为主轴进行图案填充，其结果如图 11-9 所示。

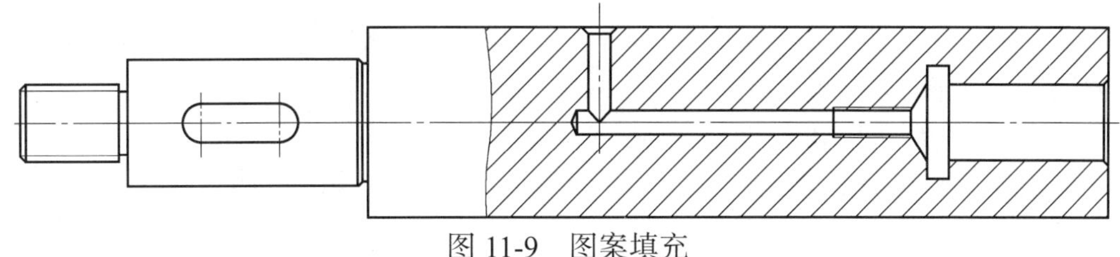

图 11-9　图案填充

步骤三：绘制键槽剖面图

① 绘制中心线：将“点划线”层设为当前层，选择一种绘制“直线”的方法，绘制中心线。

② 绘制圆形：将“粗实线”设为当前层，选择一种绘制“圆”的方法，在中心线上绘制一个 ϕ26 的圆。

③ 绘制键槽上半部边线：选择一种绘制“直线”的方法，在正交状态下，捕捉 ϕ26 的圆的左端象限点（注意此时不要单击），将光标向右侧拉动，当显示出“追踪线”时输入距离 22，回车确认，将光标向上移动，输入距离 4，回车确认，将光标向右移动置于圆的外面，在适当位置单击，回车确认，其结果如图 11-10 所示。

④ 绘制键槽下半部边线：选择一种完成“镜像”的方法，以通过圆心的直线为对称轴完成键槽的绘制。

⑤ 修剪多余线：选择一种完成“修剪”的方法，将多余的线修剪掉。

⑥ 填充键槽：选择一种完成“图案填充”的方法，为键槽进行图案填充，其效果如图 11-11 所示。

步骤四：绘制局部放大图

① 在主轴的适当位置绘制一个圆，表示对圆内的部分进行局部放大，其结果如图 11-12 所示。

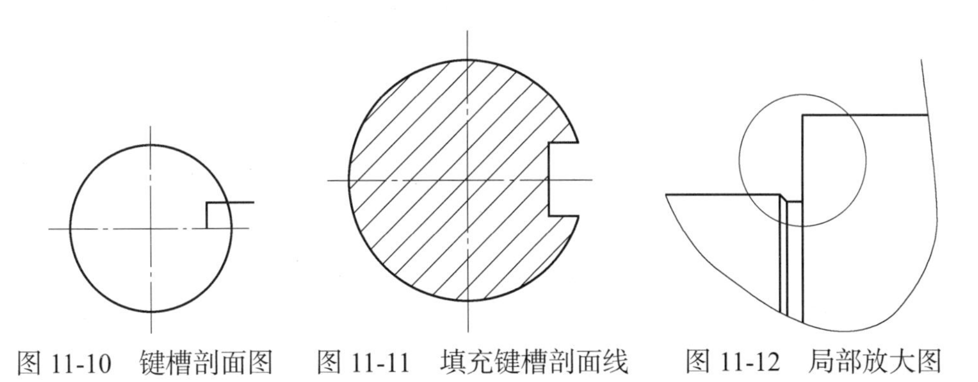

图 11-10　键槽剖面图　　图 11-11　填充键槽剖面线　　图 11-12　局部放大图

② 绘制图形：利用“直线”“偏移”“修剪”“倒角”等操作完成局部放大图的绘制，其结果如图 11-13（a）所示。

③ 为图形添加外边线：将“点划线”层设为当前层，利用“样条曲线”命令为局部放大图添加外边线，其结果如图 11-13（b）所示。

④ 对局部放大图进行图案填充：将“剖面线”层设为当前层，仿照对主轴和键槽的图案填充方法对局部放大图进行图案填充，其结果如图 11-13（c）所示。

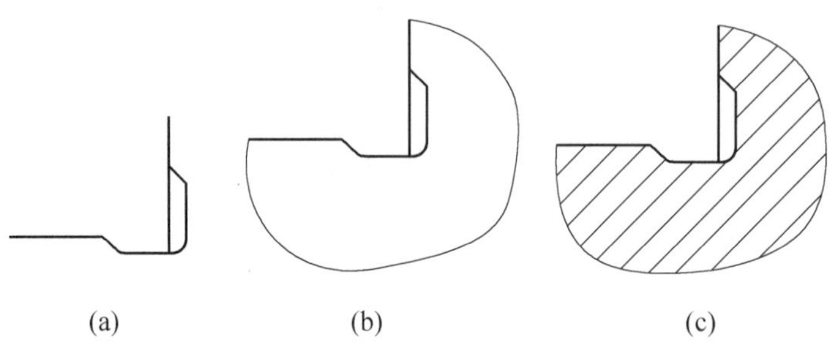

图 11-13　局部放大图

步骤五：创建尺寸标注样式

除了 ISO-25 标注样式外，以标注样式 ISO-25 为基础，创建 4∶1 尺寸标注样式，见图 11-14。其中“4∶1”只需在 ISO-25 的基础上，将“主单位”选项卡中的“比例因子”设置为相应的值 0.25（此标注可用于标注局部放大图，而不必逐个修改标注尺寸）。

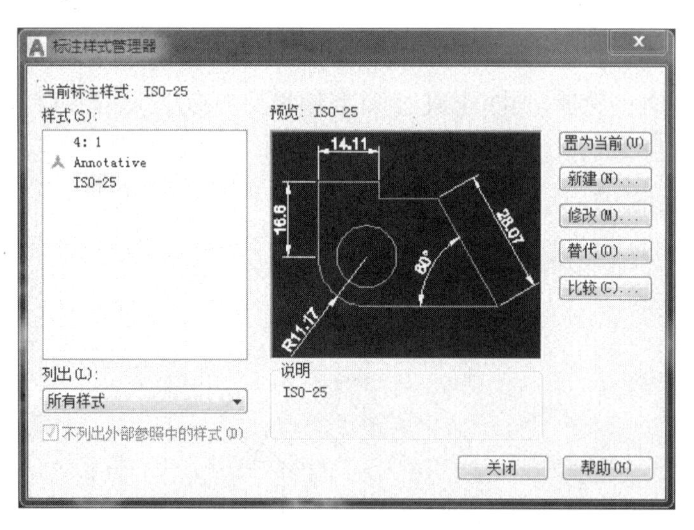

图 11-14　尺寸标注样式

步骤六：标注尺寸

对图形进行尺寸标注时，可按主视图、俯视图、左视图、剖面图、局部放大图的顺序逐个进行标注。在标注单个图形时，可按长度型尺寸标注、带有直径符号的尺寸标注、带公差的尺寸标注、带有直径符号和公差的尺寸标注、形位公差、表面粗糙度符号、剖切符号和基准代号的顺序进行标注，其结果如图 11-15 所示。

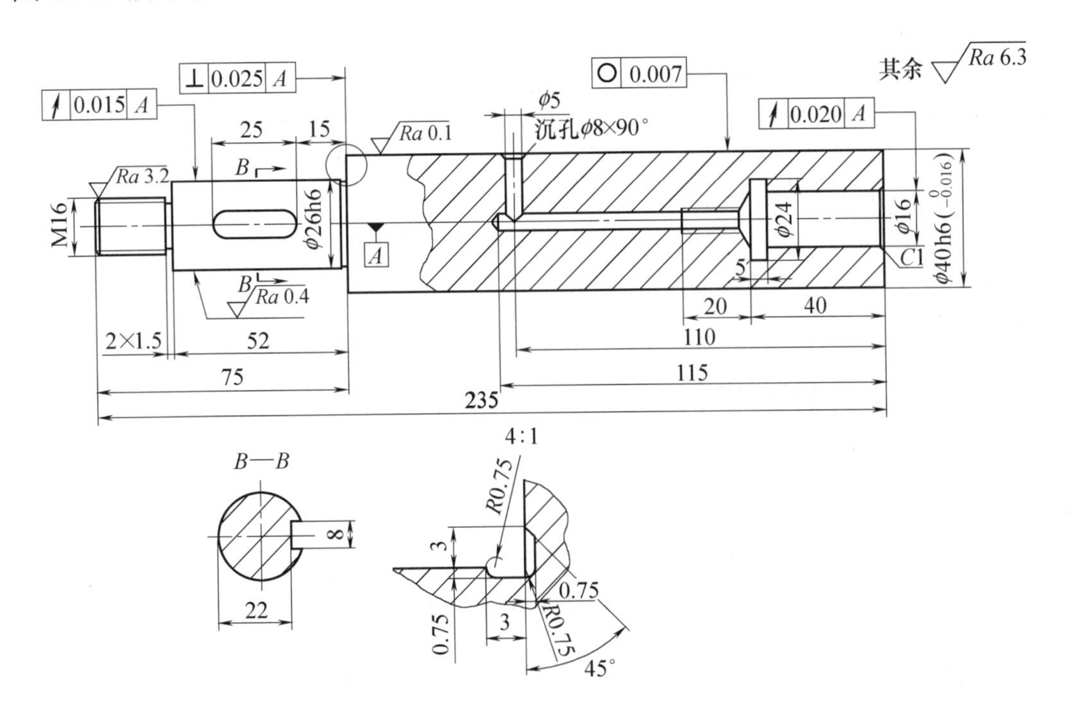

图 11-15　标注尺寸

步骤七：创建文字样式并标注“技术要求”

将文字样式设置成 gbenor.shx，勾选“大字体”，大字体为 gbcbig.shx，为图形添加“技术要求”，其结果如图 11-16 所示。

技术要求：

1. 倒角C1。

2. 调质处理220~250HB。

图 11-16　创建文字样式

步骤八：绘制标题栏及填写明细表

绘制（如图 11-1 所示）的标题栏（如果是装配图则在此表格的上面添加明细表，如果零件太多，可将一部分明细表放在标题栏的左边，将组成装配图的各个零件的信息填入该明细表），其结果如表 11-1 所示。

表 11-1　标题栏

主轴		比例	数量	材料	
		1∶2	1	45	
制图		××学校			
校核					

步骤九：完善并保存图形

调整主轴、剖面图、局部放大图、技术要求和标题栏的位置，为图形添加边框，保存图形。

11.2　轮盘类零件图

轮盘类零件基本形状是扁平状，由若干个回转体组成，其径向尺寸远大于轴向尺寸，零件上常有凸台、凹坑、螺纹孔及销孔。在表达方法上，常采用一个轴线水平放置的主视图、左视图或右视图及局部放大图。图 11-17 所示为典型的轮盘类零件——油压缸端盖零件图。

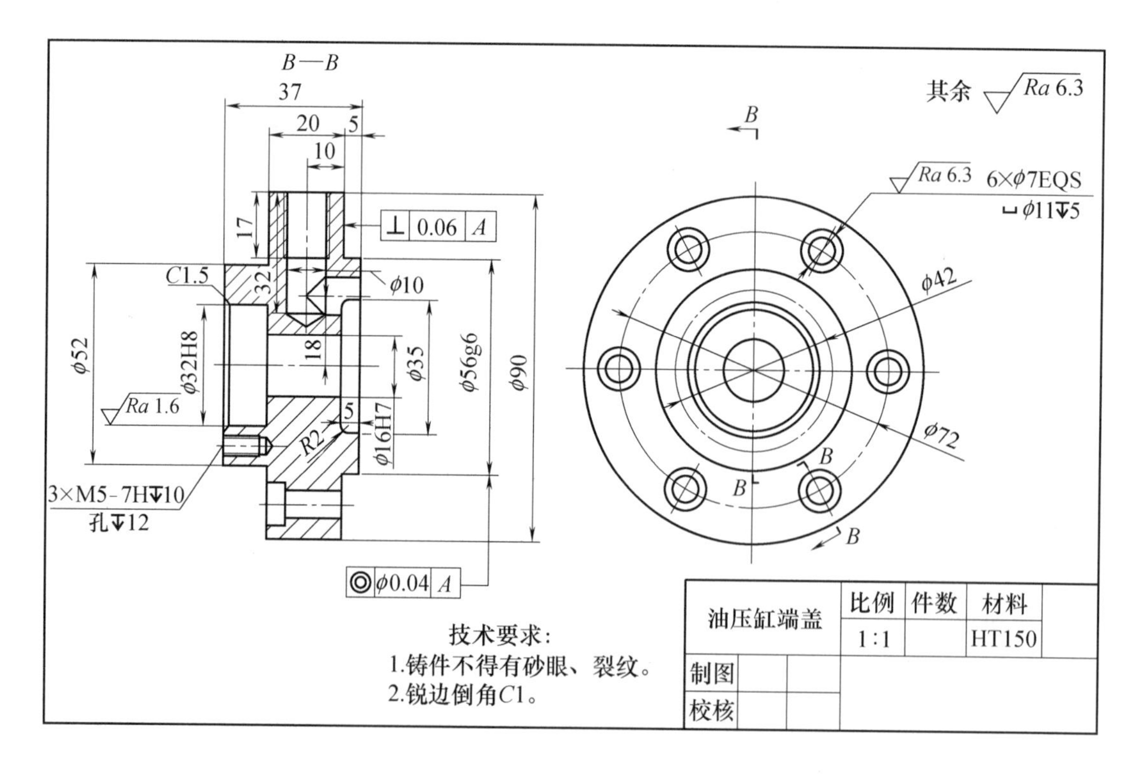

图 11-17　油压缸端盖

步骤一：设置图层

创建“粗实线”“细实线”“虚线”“点划线”“剖面线”“文字”“标注”7 个图层，其设置如图 11-18 所示。

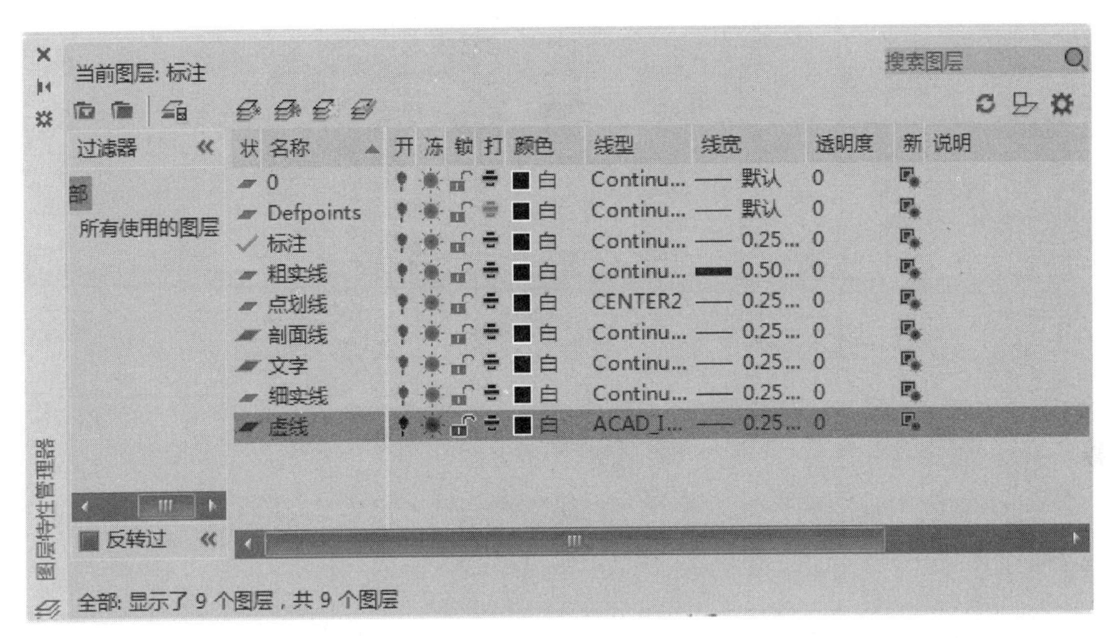

图 11-18　图层设置

步骤二：绘制左视图

本例中主视图是剖视图，左视图是表达其上孔的分布规律的外形图，因此要先绘制左视图，这样可缩短绘图时间。

绘制过程如下：将“粗实线”层设为当前层，选择一种绘制“圆形”的方法，按其尺寸绘制所需的圆形；将“点划线”层设为当前层，绘制所需的圆形并添加中心线，其结果如图 11-19 所示。

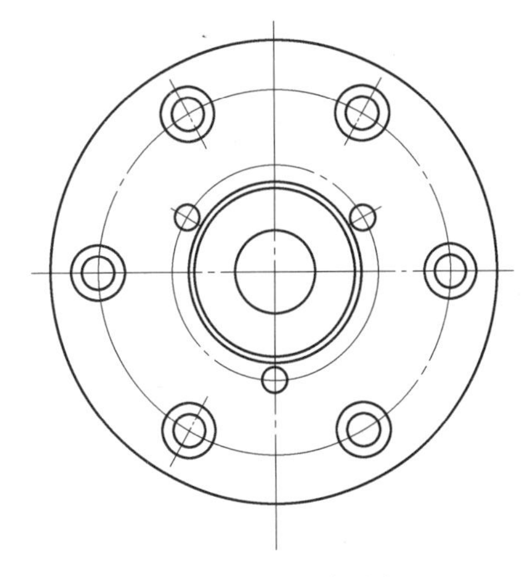

图 11-19　左视图

步骤三：根据左视图绘制主视图

① 绘制外部轮廓：将“粗实线”层设为当前层，选择一种绘制“直线”的方法，将光标置于左视图最外面 ϕ90 的圆的 90° 象限点（注意此时不要单击鼠标），向左侧拖动鼠标，当出现追踪线时将光标向左侧移动，输入距离 20，将光标向下移动，置于左视图的 ϕ52 的圆的 90° 象限点处（注意此时不要单击鼠标），向左侧拖动鼠标，当两条

追踪线同时出现时单击鼠标（这样可不必计算相应的距离）。用同样的方法绘制主视图的外轮廓线（图 11-20）。

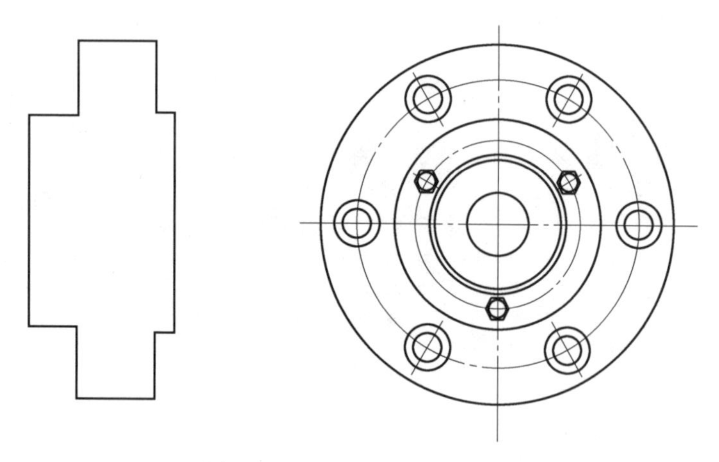

图 11-20　主视图的外轮廓

② 完成主视图的绘制：采用“直线”“修剪”“倒角”“构造线”“图案填充”等操作完成主视图的绘制，其结果如图 11-21 所示。

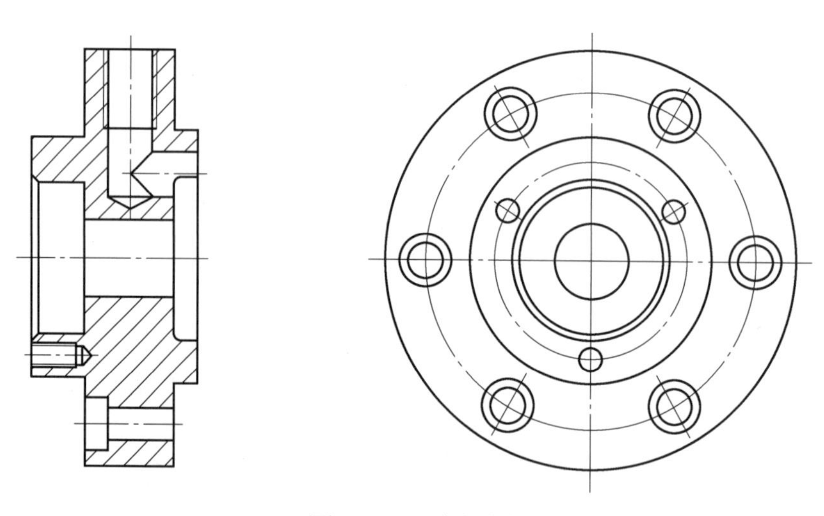

图 11-21　主视图

步骤四：尺寸标注

利用本章第一节所创建的尺寸标注样式来进行尺寸标注，其结果如图 11-22 所示。

步骤五：创建文字样式并标注“技术要求”

将文字样式设置成 gbenor.shx，勾选“大字体”，大字体为 gbcbig.shx，为图形添加“技术要求”，其结果如图 11-23 所示。

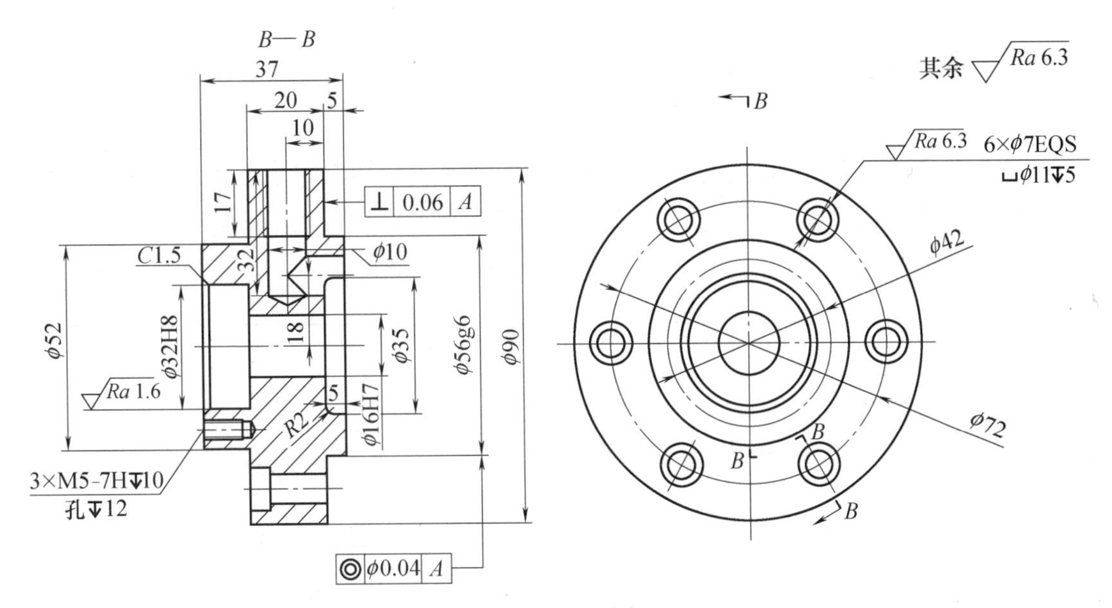

图 11-22　尺寸标注

技术要求：

1. 铸件不得有砂眼，裂纹。

2. 锐边倒角C1。

图 11-23　创建文字样式

步骤六：绘制表格及填写标题栏

绘制如图 11-17 的标题栏（如果是装配图则在此表格的上面添加明细表，如果零件太多，可将一部分明细表放在标题栏的左边，将组成装配图的各个零件的信息填入该明细表），其结果如表 11-2 所示。

表 11-2　标题栏

<table>
<tr><td colspan="3" rowspan="2">油压缸端盖</td><td>比例</td><td>数量</td><td>材料</td><td rowspan="2"></td></tr>
<tr><td>1∶1</td><td></td><td>HT150</td></tr>
<tr><td>制图</td><td></td><td></td><td colspan="4" rowspan="2"></td></tr>
<tr><td>校核</td><td></td><td></td></tr>
</table>

步骤七：完善并保存图形

调整主视图、俯视图、技术要求以及标题栏的位置，为图形添加边框，保存图形。

11.3 箱体类零件图

箱体类零件结构形状比较复杂，在表达该零件时通常采用三个或三个以上的基本视图，其表达方法则根据零件的具体结构特点采用半剖、全剖或局部剖视图并辅以断面图等方法。图 11-24 所示是典型的箱体类零件——蜗轮箱零件图。

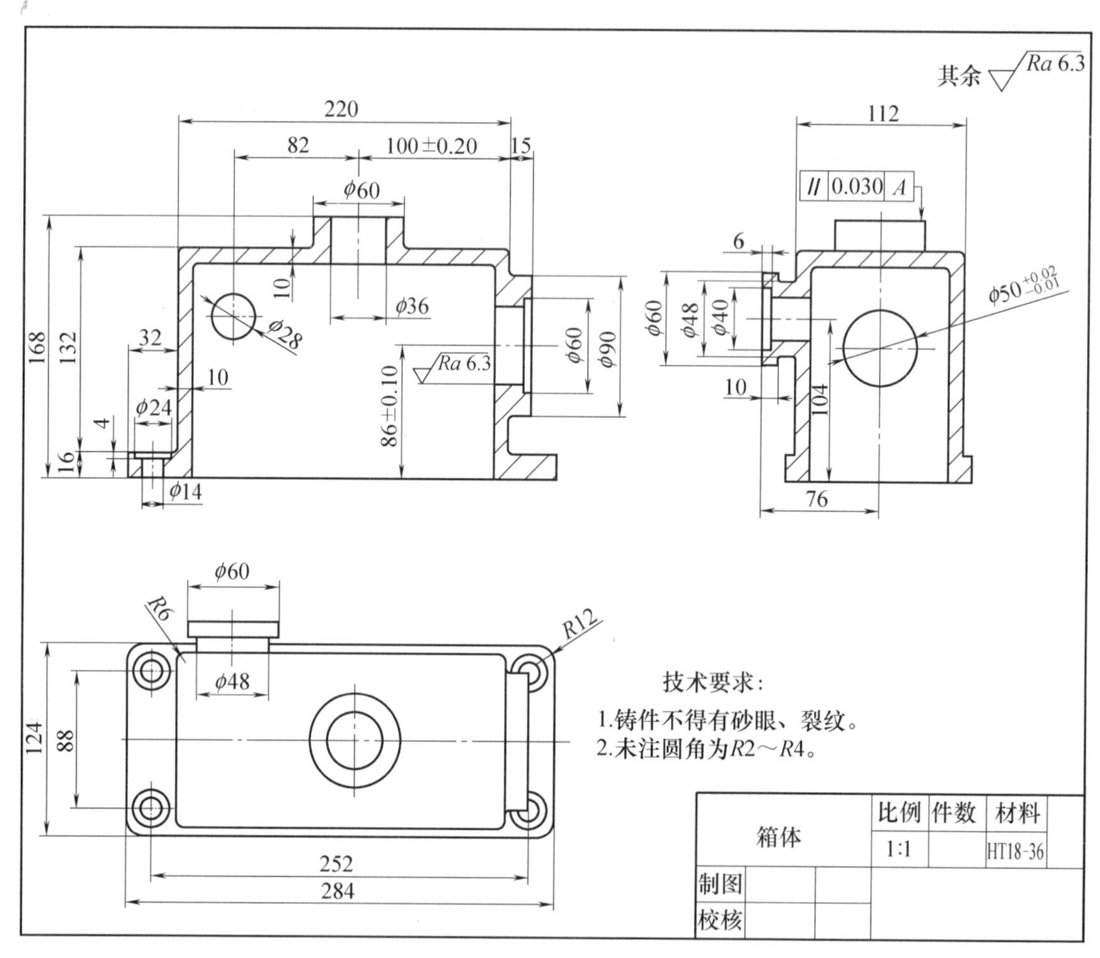

图 11-24 箱体

步骤一：设置图层

创建“粗实线”“细实线”“虚线”“点划线”“剖面线”“文字”“标注”7个图层，其设置如图 11-25 所示。

步骤二：绘制左视图

分别将“粗实线”层、“细实线”层、“点划线”层和“剖面线”层设为当前层，利用绘制“直线”“圆形”“偏移”“修剪”“倒角”等操作，按其尺寸绘制俯视图，其结果如图 11-26 所示。

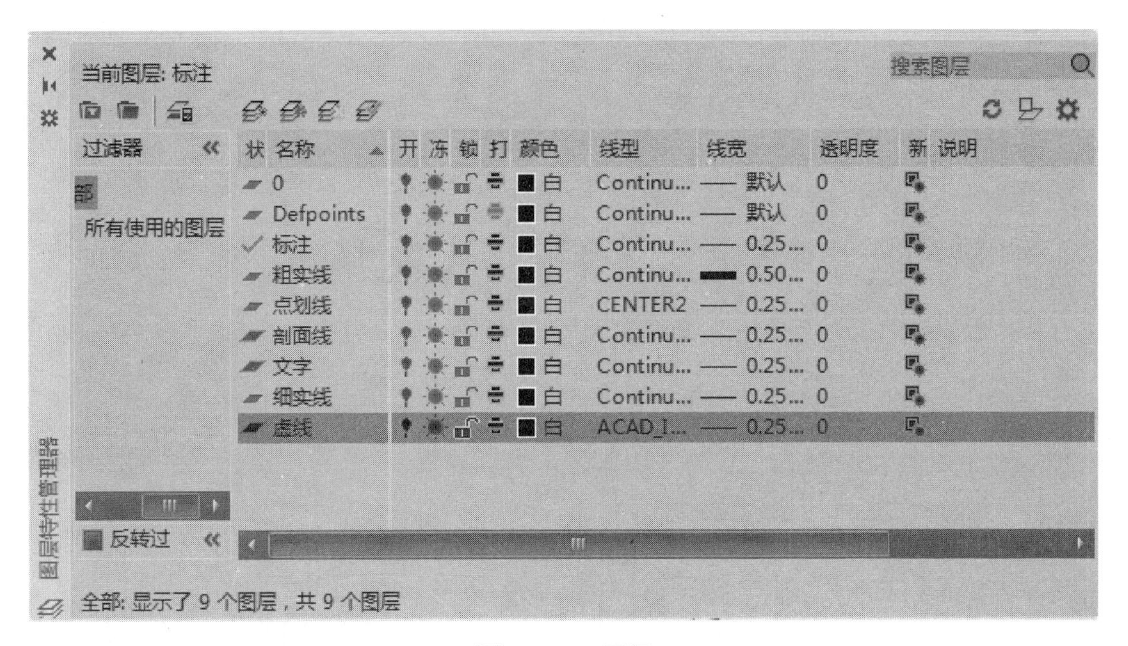

图 11-25　图层

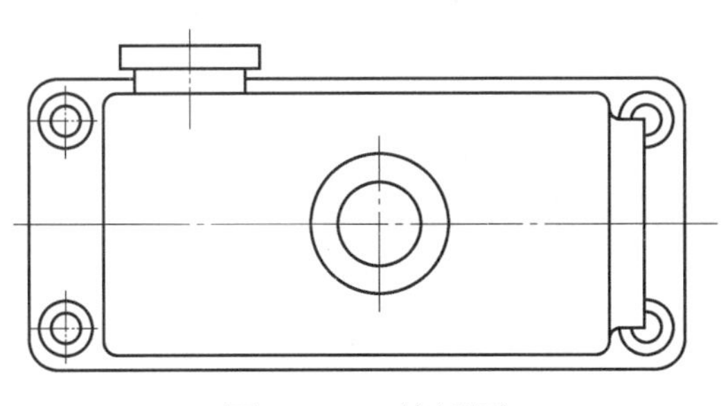

图 11-26　俯视图

步骤三：根据俯视图绘制主视图

仿照本章第二节中的方法（利用追踪线）绘制全剖主视图，并为其进行图案填充，其结果如图 11-27 所示。

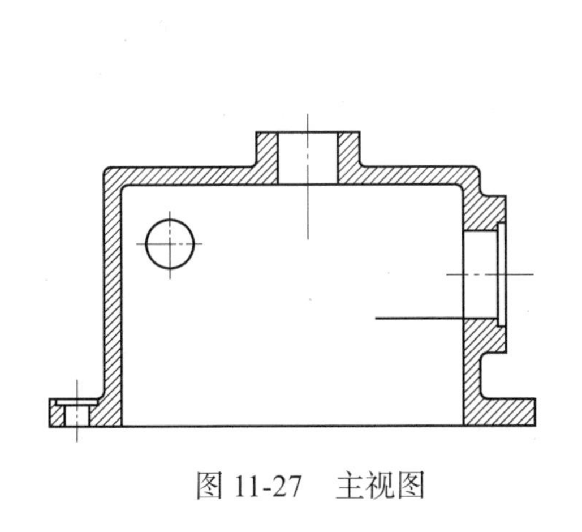

图 11-27　主视图

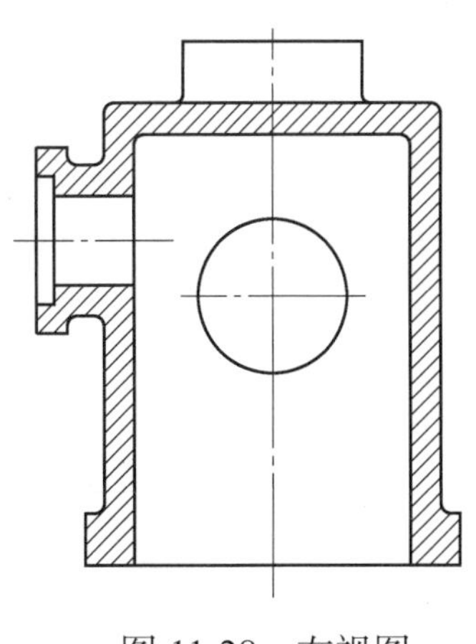

图 11-28　左视图

步骤四：根据主视图、俯视图绘制左视图。

仿照上面的方法绘制全剖左视图，并为其进行图案填充，其结果如图 11-28 所示。

步骤五：尺寸标注

利用本章第一节所创建的尺寸标注样式来进行尺寸标注，其结果如图 11-29 所示。

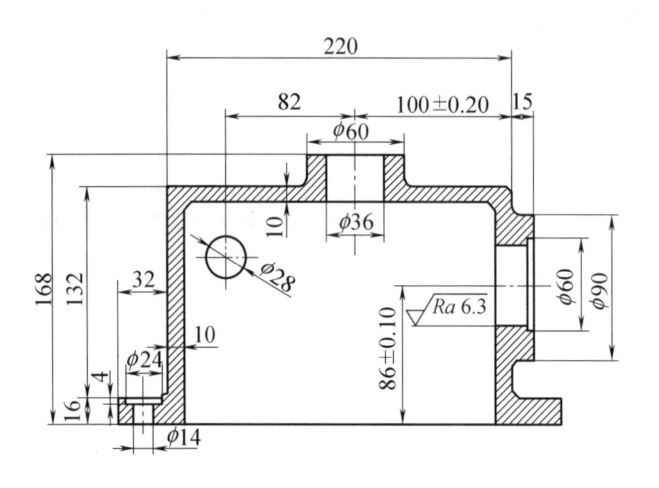

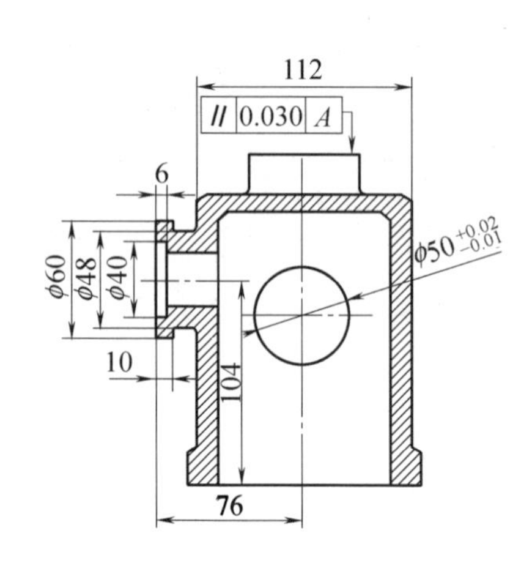

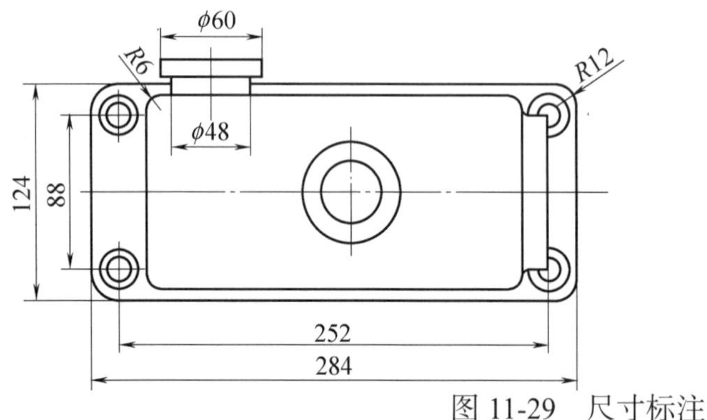

图 11-29　尺寸标注

步骤六：创建文字样式并标注“技术要求”

将文字样式设置成 gbenor.shx，勾选“大字体”，大字体为 gbcbig.shx，为图形添加“技术要求”，其结果如图 11-30 所示。

技术要求：

1．铸件不得有砂眼、裂纹。

2．未注圆角为*R*2~*R*4。

图 11-30　技术要求

步骤七：绘制标题栏及填写明细栏

绘制如图 11-24 的标题栏（如果是装配图则在此表格的上面添加明细表，如果零件太多，可将一部分明细表放在标题栏的左边，将组成装配图的各个零件的信息填入该明细表），其结果如表 11-3 所示。

表 11-3　标题栏

箱体			比例	数量	材料	
			1∶1		HT18-36	
制图						
校核						

步骤八：完善并保存图形

调整主视图、俯视图、左视图、技术要求以及标题栏的位置，为图形添加边框，保存图形。

习题

绘制图 11-31 所示图形。

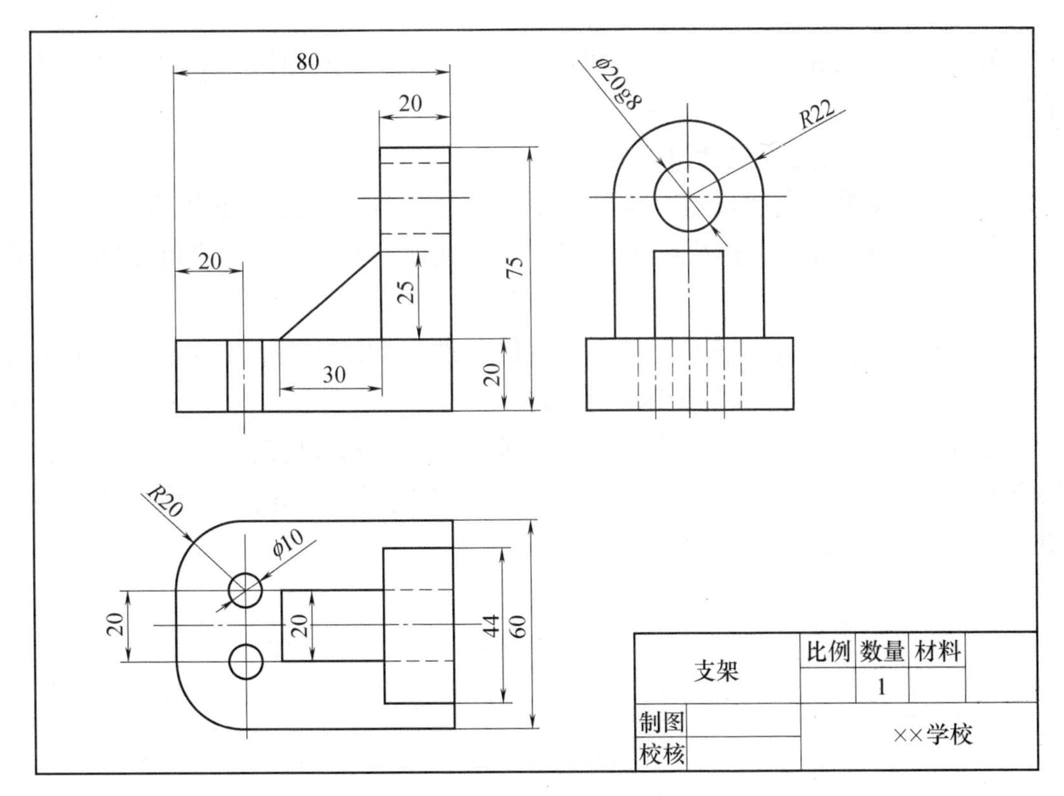

图 11-31　零件图

第12章

装配图的绘制过程

装配图是表达机器、部件或组件安装关系与相互位置的图样。在产品设计中，用以指导机器的装配、检验、调试和维修。因此，装配图在生产中起着非常重要的作用。本章主要介绍了装配图的绘制、编制零件序号、尺寸的标注、标题栏、明细表的添加等内容。

12.1 绘制装配图

12.1.1 装配图的内容

装配图包含装配、检验、安装时所需要的尺寸数据和技术要求，是生产中重要的技术文件。

一张完整的装配图包括以下基本内容：

① 一组视图：表达机器（或部件）的工作原理、装配关系和结构特点。

② 必要的尺寸：标出机器（或部件）的规格、安装尺寸、零件之间的位置关系等。

③ 技术要求：用文字或符号、数字简明地表示出机器（或部件）的质量、装配、检验、使用等方面的要求。

④ 标题栏、明细表和零件编号：根据生产组织和管理的需要，在装配上对每个零件标注序号，并填写明细表。在标题栏中写明装配体的名称、图号、绘图比例以及有关人员的责任签字等。

如图 12-1 所示为机用虎钳的装配图。

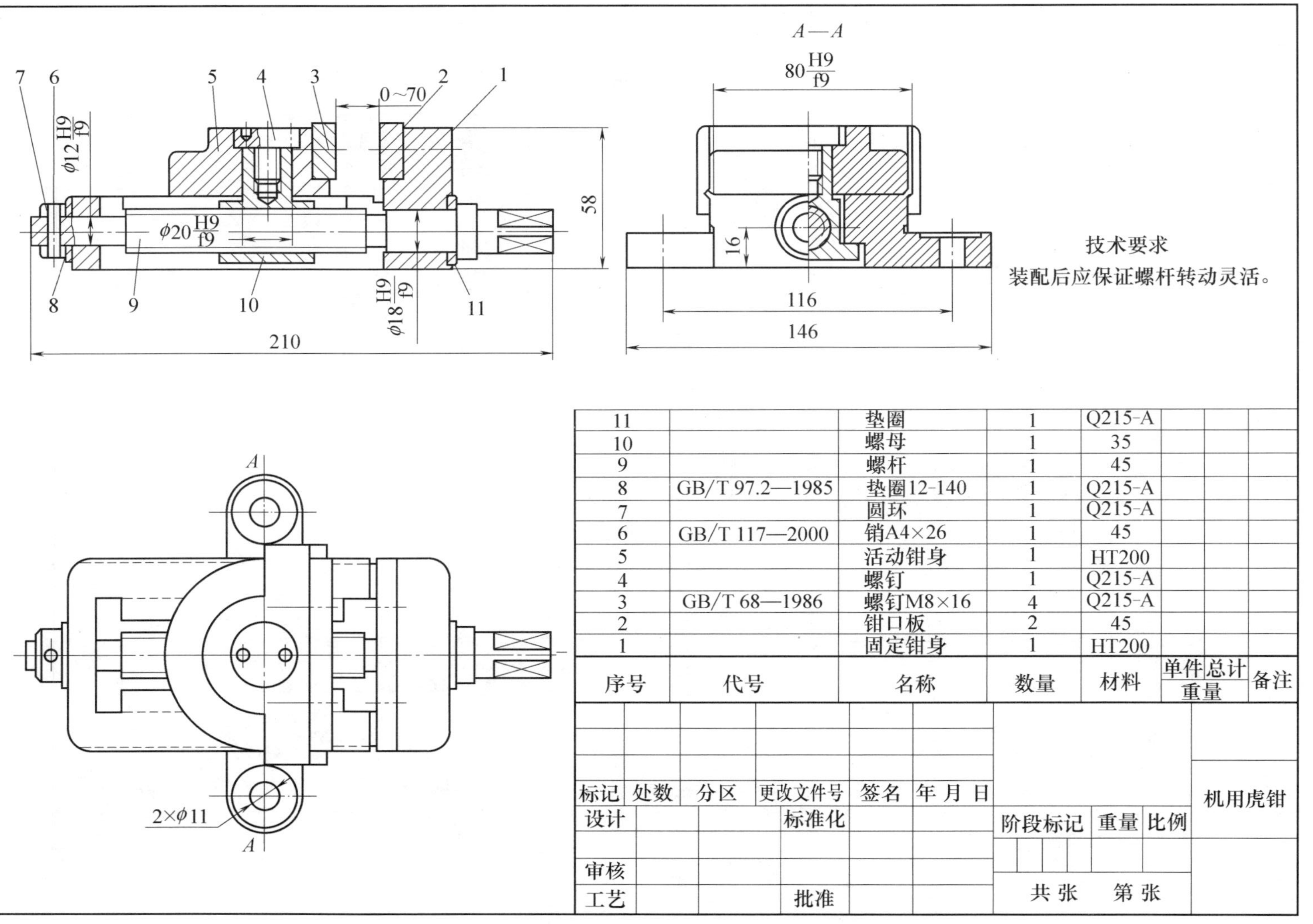

图 12-1　机用虎钳的装配图

12.1.2 调入零件图

装配图主要用来表达零部件的装配关系，所以在绘制装配图之前，应先调入各个零件图。

调入零件图的方法有三种：

通过“设计中心”插入零件图（“工具”菜单⇨“选项板”⇨设计中心）；

通过将零件做成外部块插入零件图（“插入”菜单⇨“块选项板”命令）；

通过“复制”或“带基点复制”插入零件图。

在这三种方法中，前两种方法插入的图形是将绘制好的每一个零件图定义成“块”，利用插入块的形式实现装配图。其中利用“外部块”来插入零件图最为简单，具体操作步骤如下：

① 单击“插入”菜单中的“块选项板”命令，在屏幕右下角弹出的选项板中单击“其他图形”选项卡。

② 在此选项板中，单击上端的 ··· 按钮，弹出“图形文件”对话框，选择要作为块插入的图形文件。如找到教材配套学习资料中“机用虎钳装配”文件夹并将其打开，在“名称”文件列表中则显示出该文件夹中的所有文件，选择“件1.dwg”文件，此时右侧预览“框中显示”出该文件的零件图（图 12-2）。

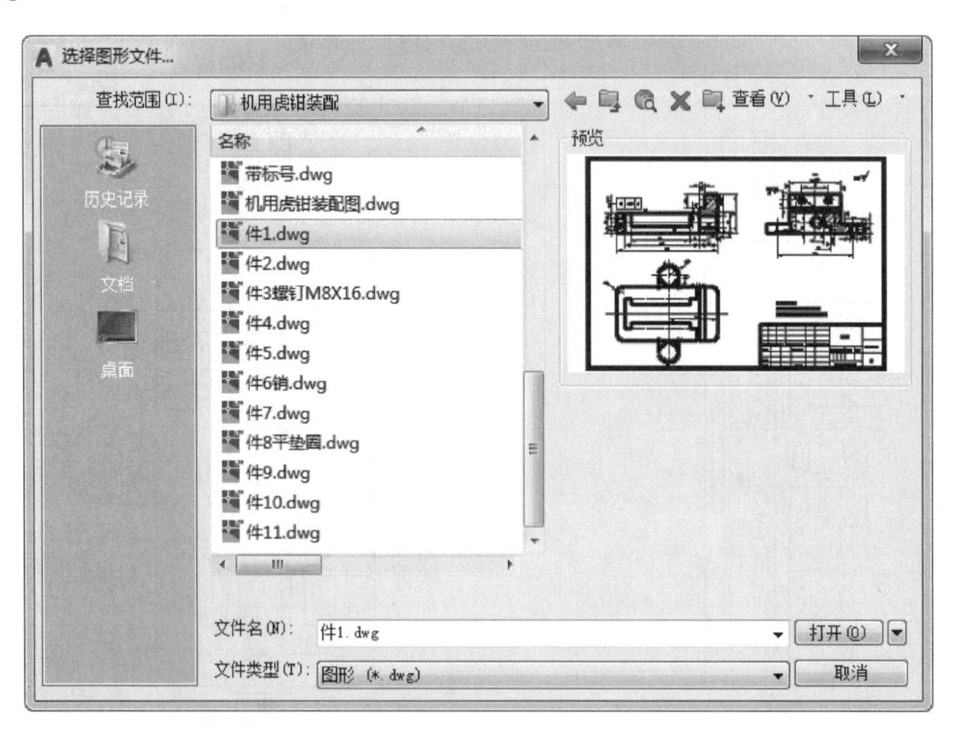

图 12-2　选择图形文件

③ 单击“打开”按钮，将此文件插入选项板中。

在选项板中，选中要插入的图形文件，按住鼠标左键将其拖动到绘图区中，此时出现命令行提示：指定插入点或基点、比例、旋转（图 12-3），可通过键盘输入插入点坐标，也可通过鼠标单击确定插入点位置。

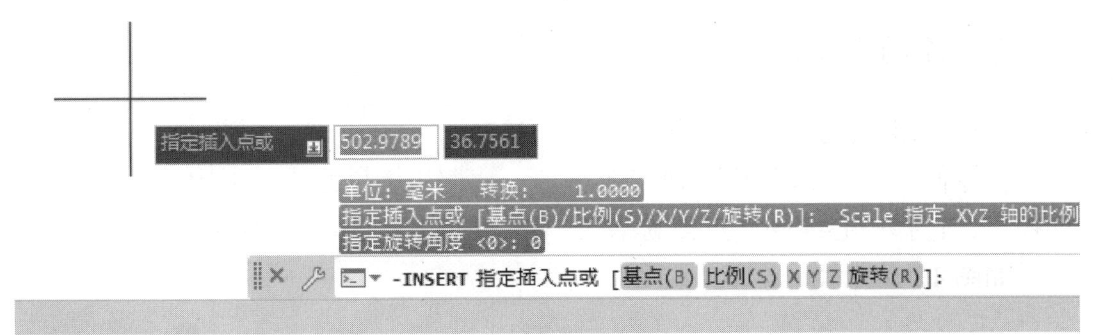

图 12-3　零件的插入点

由于在绘制图形时是按照零件尺寸绘制的，所以比例因子均取默认设置 1，旋转角度此时可不必进行设置，待零件插入后再根据实际情况做出相应调整，所以只需单击一点作为插入点后，即可完成一个零件的插入，用同样的方法完成其余零件的插入。

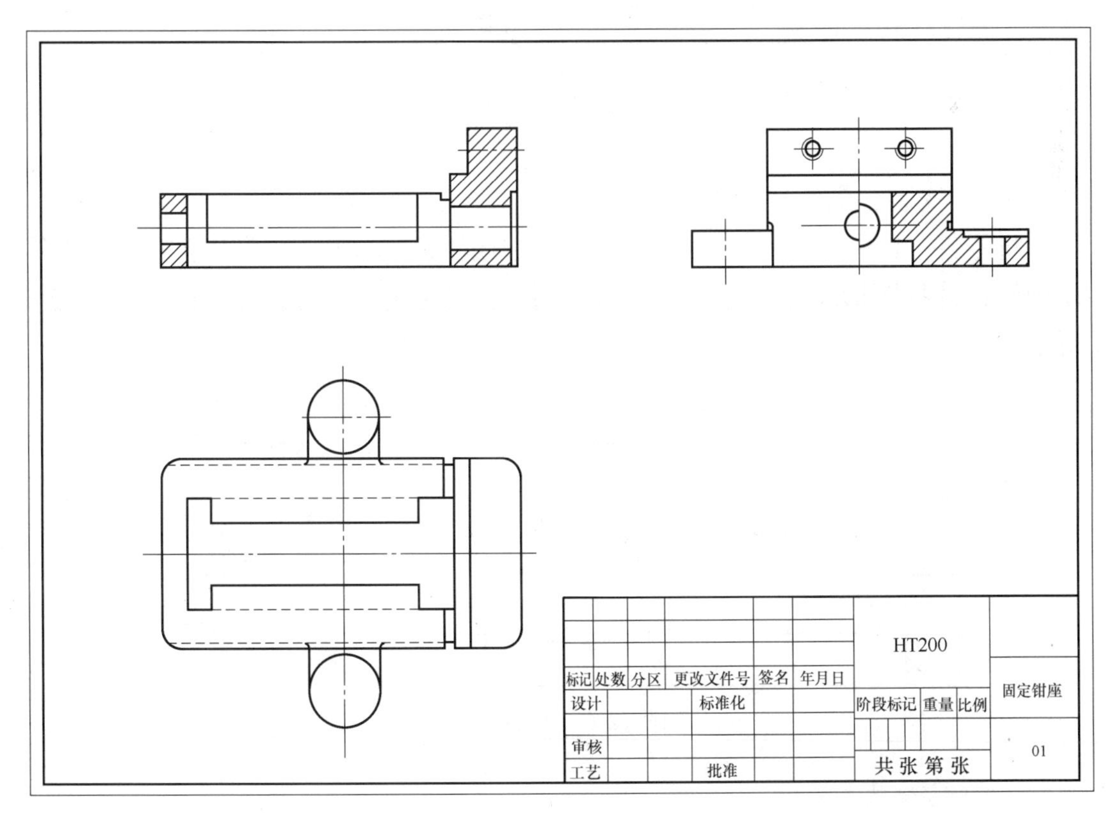

图 12-4　调整零件

④ 单击“修改”菜单中的“分解”命令，或“修改”工具栏中的按钮，将所有的零件图进行分解，关闭“标注层”，将多余的线全部删除，并对相应的图形作必要的修整，其结果如图 12-4 所示。

12.1.3 绘制主视图

（1）安装螺母

将零件 10——螺母移动到零件 1——固定钳身主视图的适当位置，利用移动操作，选择中心线的交点作为基点，对齐到固定钳身主、俯视图中心线的交点，如图 12-5 所示。

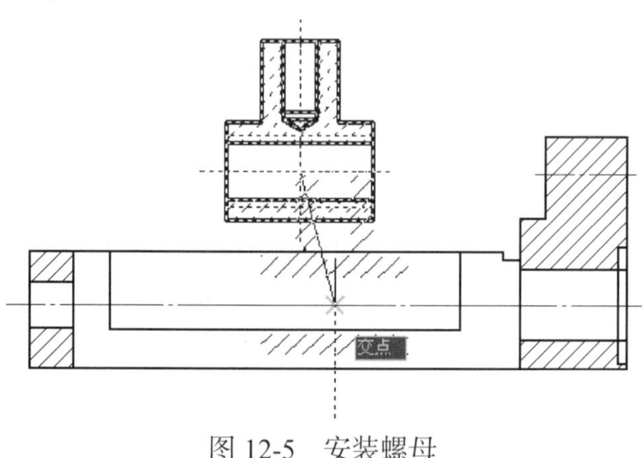

图 12-5 安装螺母

（2）安装垫圈

将零件 11——垫圈移动到零件 1——固定钳身主视图的适当位置，利用移动操作，选择图形左侧中点作为基点，对齐到固定钳身的相应位置，如图 12-6 所示。

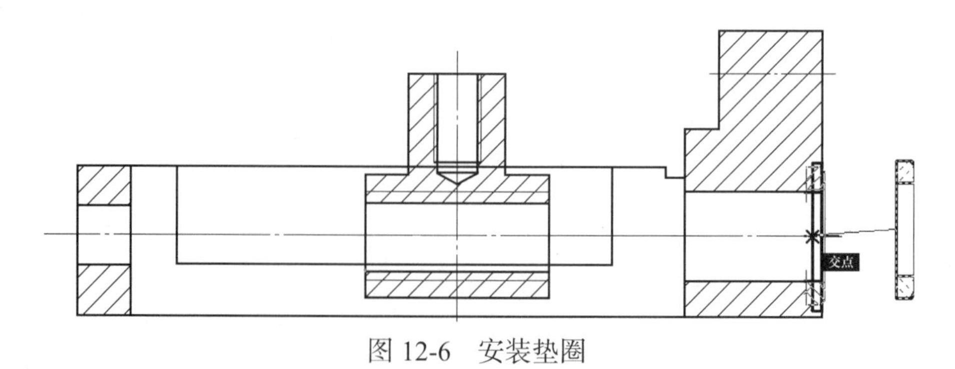

图 12-6 安装垫圈

（3）安装螺杆

将零件 9——螺杆移动到零件 1——固定钳身主视图的适当位置，利用移动操作，选择相应的点作为基点，对齐到垫圈 11 右侧边的中点，如图 12-7 所示。

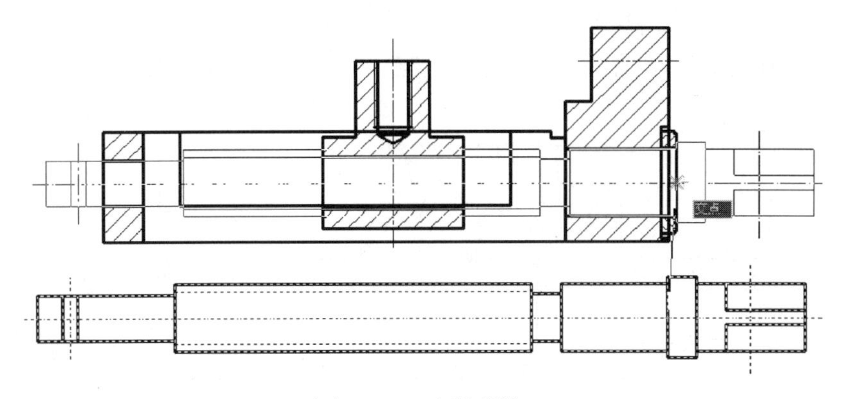

图 12-7　安装螺杆

（4）图形修整

对安装螺杆后的图形进行必要的修整，如图 12-8 所示。

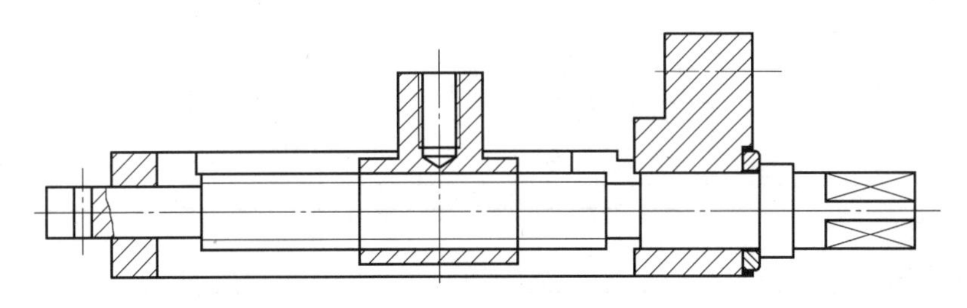

图 12-8　修整图形

（5）安装活动钳身

将零件 5——活动钳身移动到零件 1——固定钳身主视图的适当位置，利用移动操作，选择相应的点作为基点，对齐到固定钳身的相应位置，如图 12-9 所示。

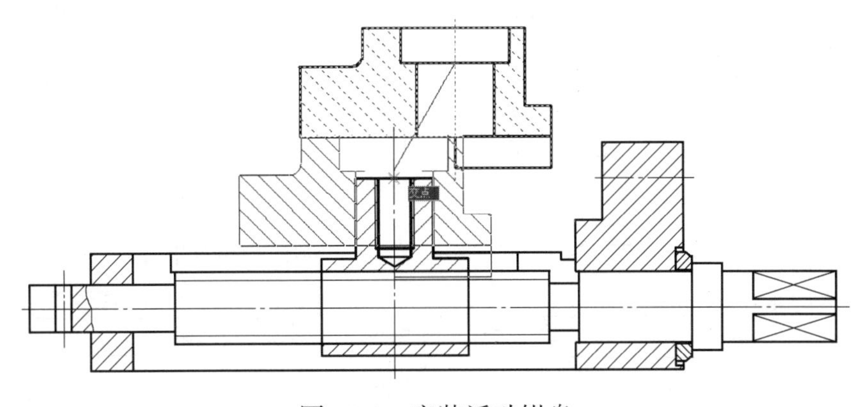

图 12-9　安装活动钳身

（6）安装螺钉

将零件 4——螺钉移动到零件 1——固定钳身主视图的适当位置，利用移动操作，选择相应的点作为基点，对齐到固定钳身的相应位置，如图 12-10 所示。

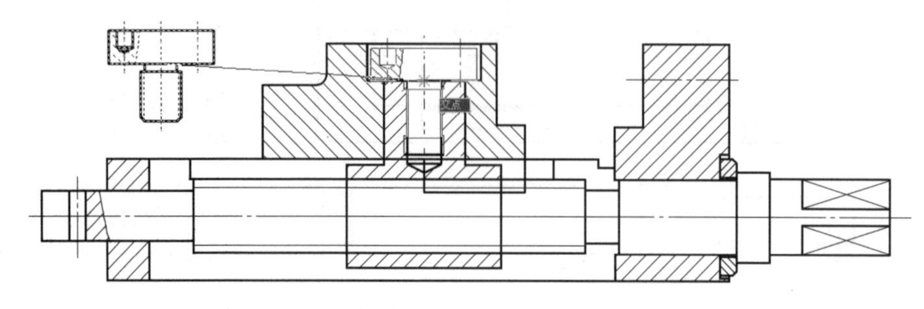

图 12-10 安装螺钉

（7）图形修整

对安装螺钉后的图形进行必要的修整，如图 12-11 所示。

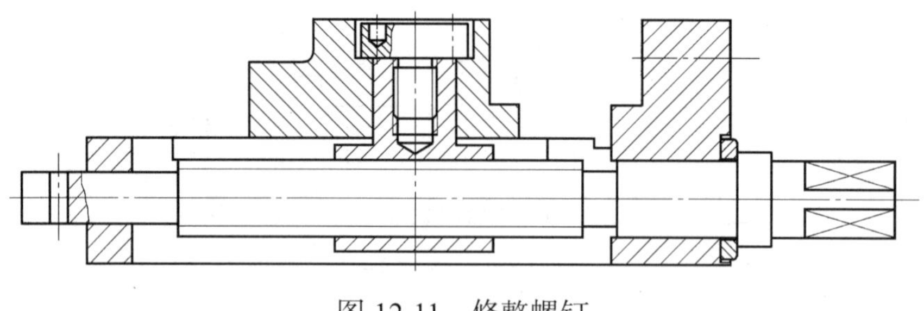

图 12-11 修整螺钉

（8）安装钳口板

将零件 2——钳口板移动到零件 1——固定钳身主视图的适当位置，在附近再复制一个，利用移动操作，选择钳口板的左下角点作为基点，对齐到活动钳身的相应位置，将另一个钳口板对齐到固定钳身的相应位置，并用螺钉 3 固定钳口板，如图 12-12 所示。

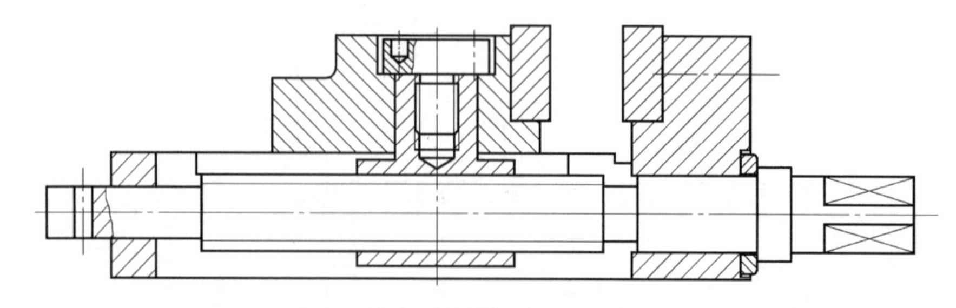

图 12-12 安装钳口板和螺钉

（9）安装垫圈 8、圆环 7 和销 6

按照上述方法按顺序安装零件 8、零件 7 和零件 6 到指定位置，如图 12-13 所示。

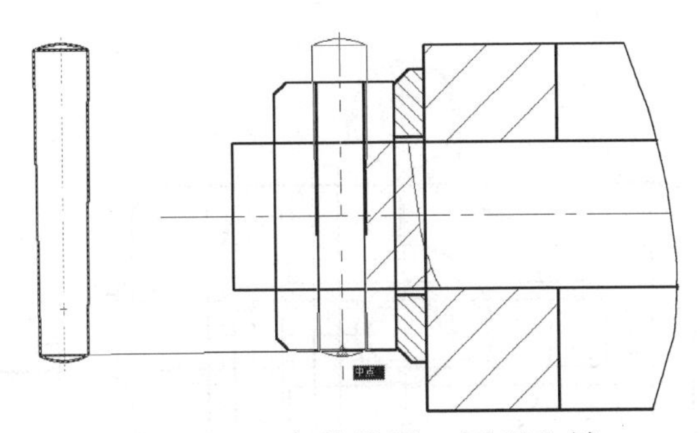

图 12-13　安装垫圈、圆环和销

（10）图形修整

对安装后的图形进行必要的修整，完成主视图，如图 12-14 所示。

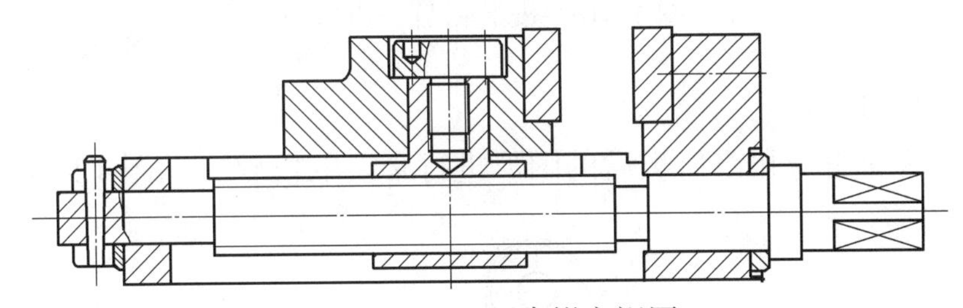

图 12-14　机用虎钳主视图

12.1.4　绘制俯视图

（1）安装垫圈 11 和螺杆 9

顺序安装垫圈 11 和螺杆 9 到固定钳身 1 的相应位置，如图 12-15 所示。

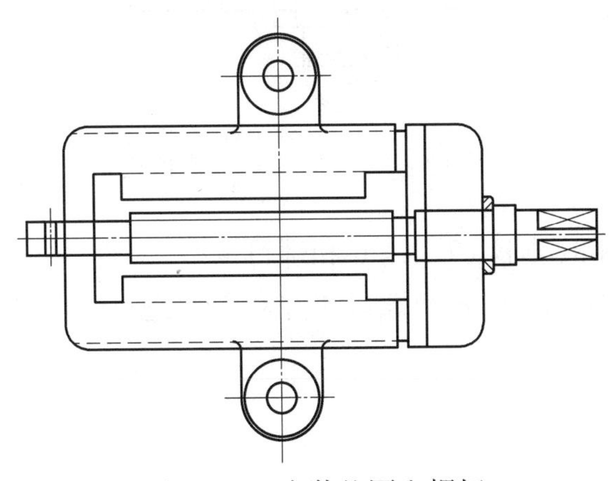

图 12-15　安装垫圈和螺杆

（2）安装活动钳身 5 和钳口板 2

安装活动钳身到固定钳身 1 的相应位置，安装钳口板到活动钳身的相应位置处，如图 12-16 所示。

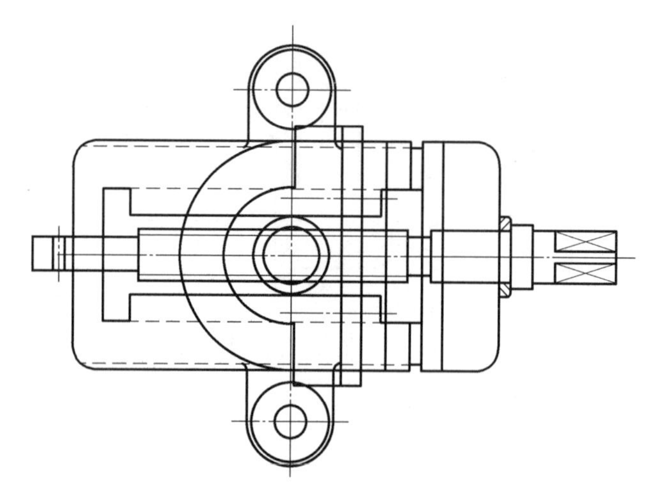

图 12-16　安装钳身、钳口板

（3）图形修整

对安装活动钳身和钳口板后的图形进行必要的修整，如图 12-17 所示。

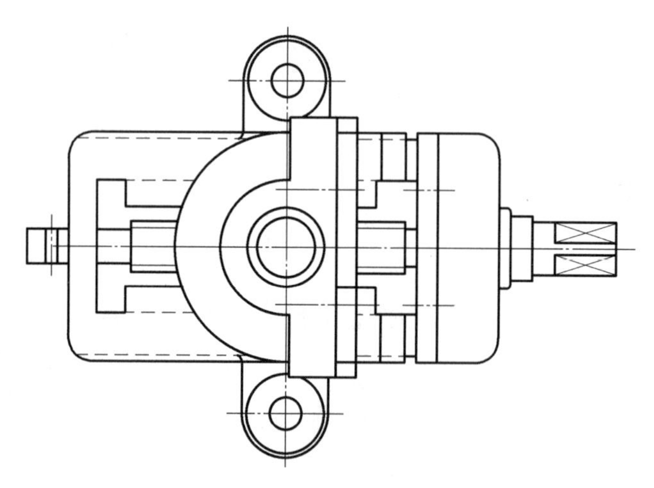

图 12-17　修整钳身、钳口板

（4）安装垫圈 8、圆环 7、销 6 和螺钉 4

安装垫圈 8、圆环 7、销 6 和螺钉 4 并对图形进行必要的修整，完成俯视图，如图 12-18 所示。

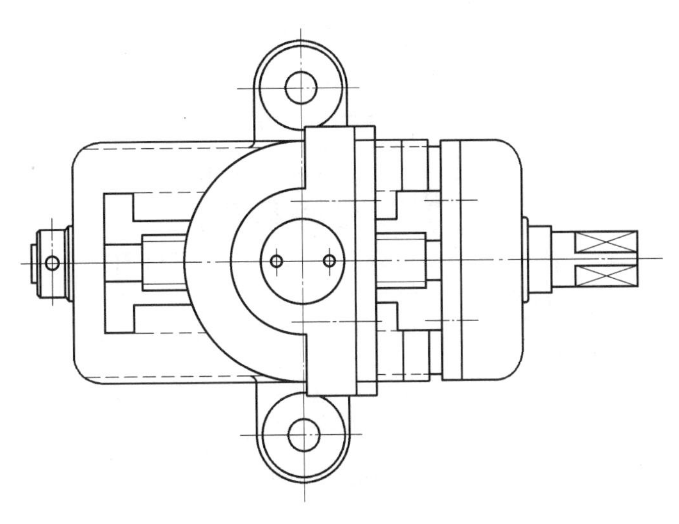

图 12-18　机用虎钳俯视图

12.1.5　绘制左视图

按照装配体各零件的安装顺序，安装零件 9 螺杆、零件 10 螺母、零件 5 活动钳身，完成左视图的装配，如图 12-19 所示。

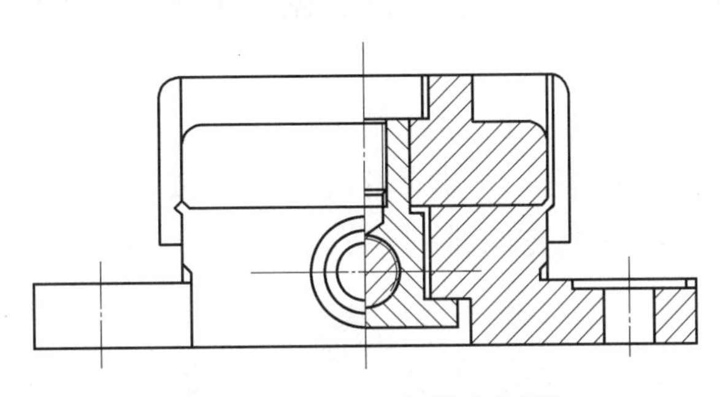

图 12-19　机用虎钳左视图

12.2　尺寸标注

装配图上的尺寸有外形尺寸、安装尺寸、装配尺寸和其他尺寸等，标注方法与零件图上尺寸标注的方法基本相同，以机用虎钳左视图的尺寸标注为例，其结果如图 12-20 所示。

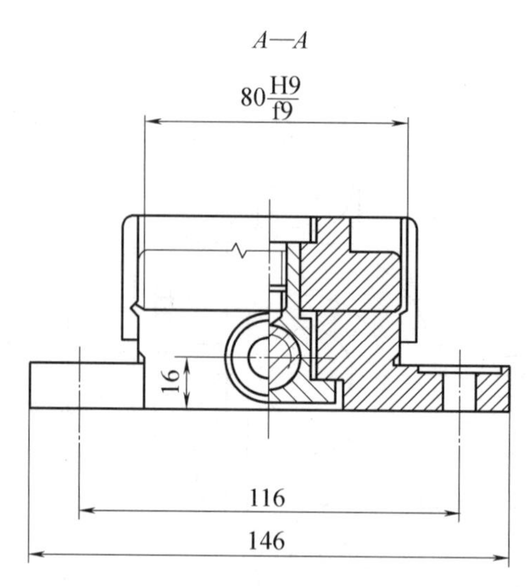

图 12-20 机用虎钳左视图尺寸标注

12.3 零件序号、技术要求、标题栏和明细表

12.3.1 编制零件序号

在绘制好装配图后，为了方便查阅，做好生产准备工作和图样管理，应对装配图中每种零件编写序号。

零件序号由指引线和数字两部分组成，遵循一定的原则。

数字的高度比尺寸数字大一号或者两号，并按顺时针或逆时针的方向进行标注，且序号按水平或垂直方向排列整齐。

注意：

指引线不能相交；通过剖面区域时不能与剖面线平行，必要时允许曲折一次；同一装配图中，尺寸规格完全相同的零件，应编写相同的序号。

（1）设置多重引线样式

① 单击“样式”工具栏中的“多重引线样式”按钮，或单击“格式”菜单中的“多重引线样式”选项，弹出“多重引线样式管理器”对话框（图 12-21）。

② 单击“修改”按钮，则弹出“修改多重引线样式”对话框（图 12-22），其设置如图 12-22 所示。

③ 单击“内容”选项卡，设置默认文字为 1，文字高度为 8，连接位置下拉菜单中选择“第一行加下划线”，其设置如图 12-23 所示。

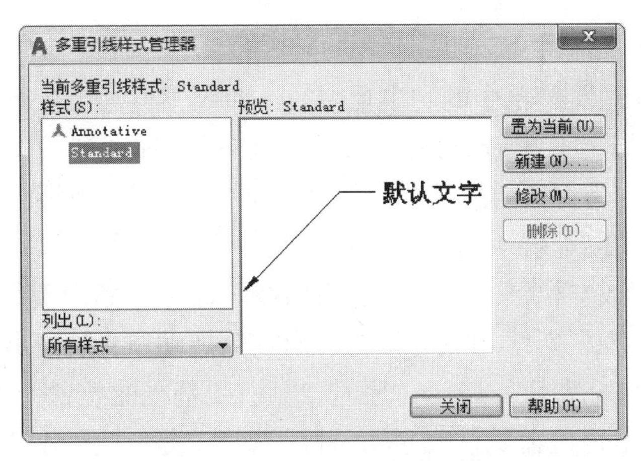

图 12-21　“多重引线样式管理器”对话框

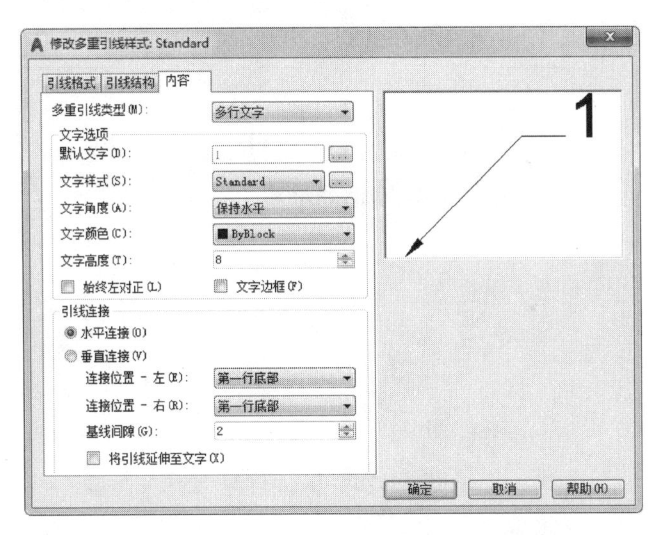

图 12-22　“修改多重引线样式”对话框

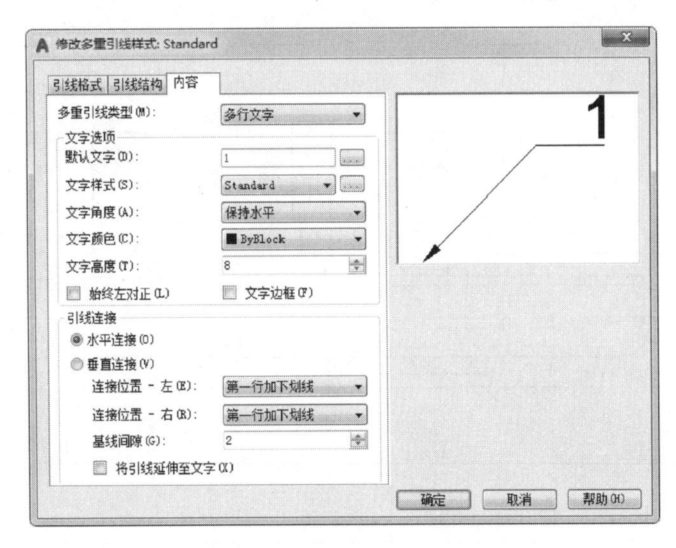

图 12-23　“内容”选项卡

（2）按顺序标注件号

① 单击“标注”菜单中的“多重引线”命令，根据命令行提示，在零件的适当位置单击，指定引线箭头的位置，然后将鼠标拖动到适当位置指定指引线的位置，当出现“是否覆盖默认文字”时，选择“否”（因为标注零件的序号是1），其结果如图 12-24（a）所示。

② 按回车键或空格键，重复“多重引线”命令，确定引线箭头的位置后，将光标置于“序号 1”引线端点的位置后向左侧拖动鼠标，当出现追踪线时，在适当的位置单击鼠标左键，确定“序号 2”引线基线的位置，如图 12-24（b）所示。在弹出“是否覆盖默认文字”，此时选择“是”，弹出“多行文字”对话框，输入“2”，此时单击“文字编辑器”选项卡中的“关闭文字编辑器”按钮，完成“序号 2”的标注，如图 12-24（c）所示。

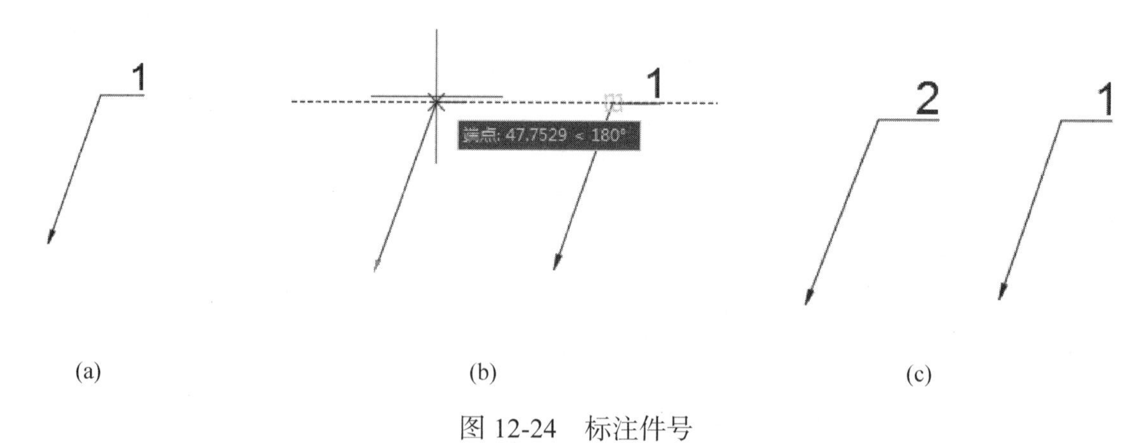

图 12-24　标注件号

③ 重复操作②，完成所有序号的标注，其结果如图 12-25 所示。

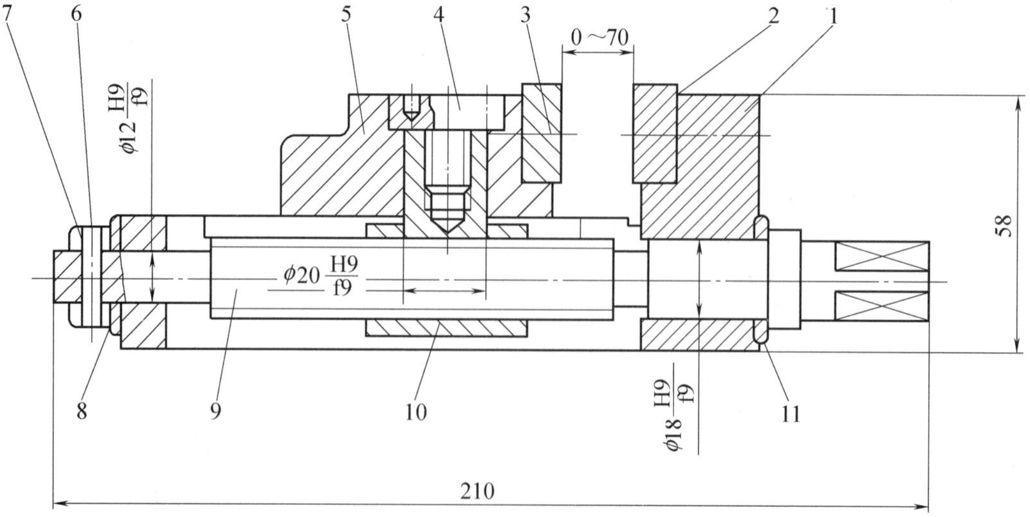

图 12-25　机用虎钳完整的主视图

12.3.2　添加技术要求

在装配图中，若有不能用图形来表达的信息，可以使用文字在技术要求中进行必要的说明。装配图中的技术要求，包含装配要求、检验要求、使用要求等。一般编写在明细表的上方或图纸下方的空白处，如果内容很多，也可另外编写成技术文件作为图纸的附件。

（1）设置文字样式

① 单击“格式”菜单⇨“文字样式”命令，弹出“文字样式”对话框（图 12-26）。单击“新建”按钮，打开“新建文字样式”对话框，在“样式名”文本框中输入新样式名字，如“文字说明”，单击“确定”按钮。

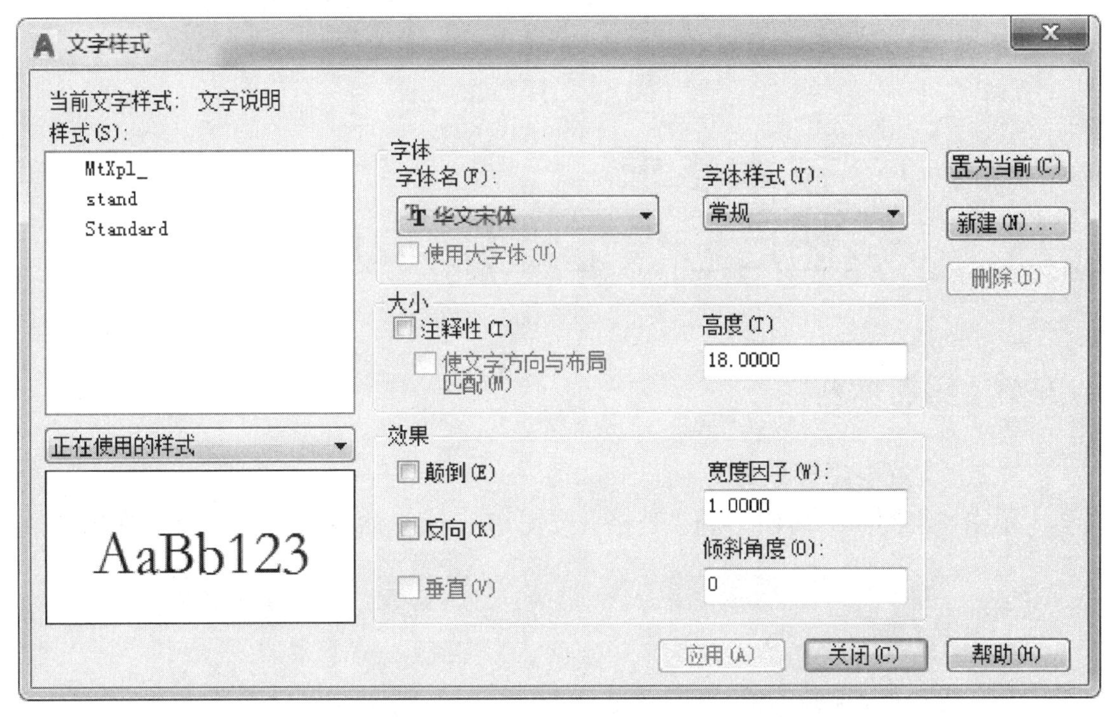

图 12-26　“文字样式”对话框

② 设置“字体名”为“宋体”、“高度”为 12，其他设置默认（如图 12-27 所示）。

③ 将“文字说明”图层设置为当前图层，单击“应用”按钮。

（2）插入文字

单击“注释”面板中的“多行文字”按钮，在绘图区要插入文字的位置，单击鼠标左键进行拖动，为图形添加技术要求，如图 12-28 所示。

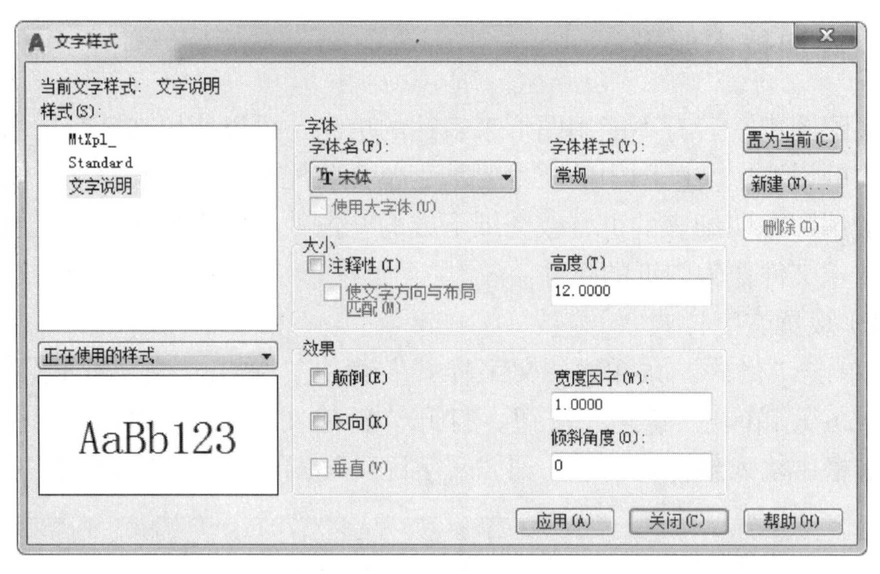

图 12-27　文字样式的设置

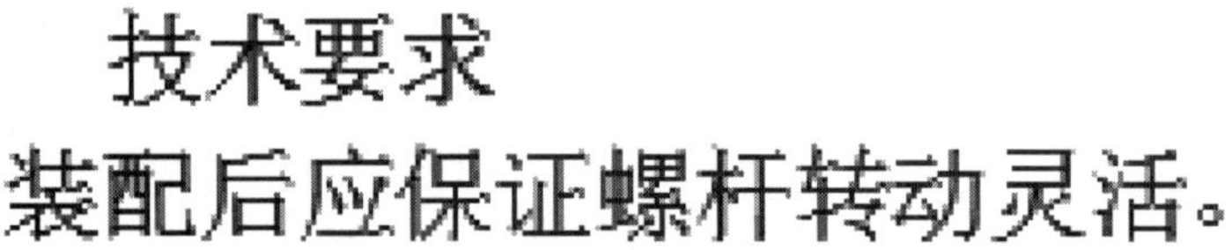

技术要求

装配后应保证螺杆转动灵活。

图 12-28　技术要求

12.3.3　添加标题栏

（1）设置表格样式

单击“绘图”工具栏中的“表格”按钮，或在命令行中输入 tb，弹出“插

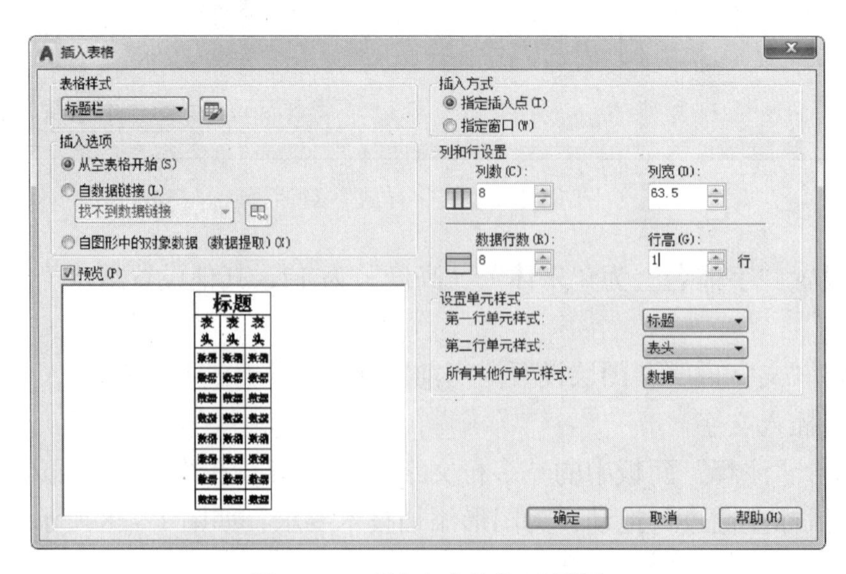

图 12-29　“插入表格”对话框

入表格”对话框，如图 12-29 所示，在“表格样式”下拉列表中选择“标题栏”；在“列和行设置”中分别输入列数、行数；在“设置单元样式”中，选择第一行、第二行、所有其他行单元样式，单击“确定”按钮。

（2）插入及修改表格

在绘图区中，指定插入点，此时表格插入完成。单击表格中的任意位置，出现“表格单元”面板(图 12-30)，在此面板中可以对表格的列、行、单元格进行删除和添加，设置单元格中数据的格式，公式的插入等操作。

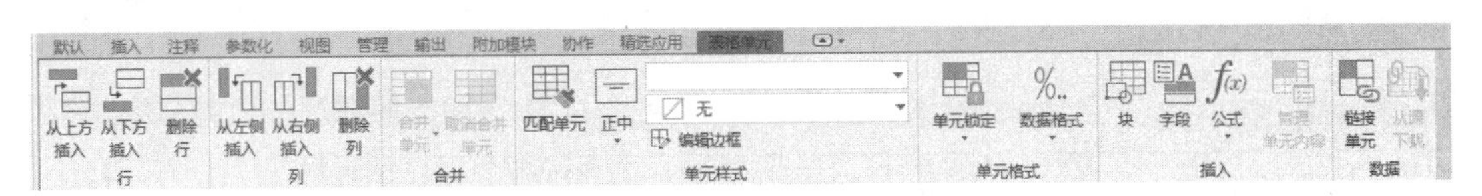

图 12-30　“表格单元”面板

为图形添加表 12-1 所示标题栏。

表 12-1　标题栏

<table>
<tr><td></td><td></td><td></td><td></td><td></td><td></td><td colspan="6" rowspan="4"></td><td rowspan="3"></td></tr>
<tr><td></td><td></td><td></td><td></td><td></td><td></td></tr>
<tr><td></td><td></td><td></td><td></td><td></td><td></td></tr>
<tr><td>标记</td><td>处数</td><td>分区</td><td>更改文件号</td><td>签名</td><td>年 月 日</td><td rowspan="2">机用虎钳</td></tr>
<tr><td>设计</td><td></td><td></td><td>标准化</td><td></td><td></td><td colspan="4">阶段标记</td><td>重量</td><td>比例</td></tr>
<tr><td></td><td></td><td></td><td></td><td></td><td></td><td rowspan="2"></td><td rowspan="2"></td><td rowspan="2"></td><td rowspan="2"></td><td rowspan="2"></td><td rowspan="2"></td><td rowspan="3">01</td></tr>
<tr><td>审核</td><td></td><td></td><td></td><td></td><td></td></tr>
<tr><td>工艺</td><td></td><td></td><td>批准</td><td></td><td></td><td colspan="6">共 张 第 张</td></tr>
</table>

12.3.4　添加明细表

明细表是机器或部件中全部零件的详细目录，内容包括零件的序号、代号、名称、材料、数量及备注等项目。

通常情况下，明细表在标题栏的上方。明细表中的序号要与零件序号保持一致，且零件序号由下往上填写。对于标准件，要填写国际代号。对于常用件的重要参数要填写在备注栏内，如齿轮的齿数、模数等。为图形添加表 12-2 所示明细表。

表 12-2　明细表

<table>
<tr><td>11</td><td></td><td>垫圈</td><td>1</td><td>Q215-A</td><td></td><td></td><td></td></tr>
<tr><td>10</td><td></td><td>螺母</td><td>1</td><td>35</td><td></td><td></td><td></td></tr>
<tr><td>9</td><td></td><td>螺杆</td><td>1</td><td>45</td><td></td><td></td><td></td></tr>
<tr><td>8</td><td>GB/T 97.2—1985</td><td>垫圈 12-140</td><td>1</td><td>Q215-A</td><td></td><td></td><td></td></tr>
<tr><td>7</td><td></td><td>圆环</td><td>1</td><td>Q215-A</td><td></td><td></td><td></td></tr>
<tr><td>6</td><td>GB/T 117—2000</td><td>销 A4×26</td><td>1</td><td>45</td><td></td><td></td><td></td></tr>
<tr><td>5</td><td></td><td>活动钳身</td><td>1</td><td>HT200</td><td></td><td></td><td></td></tr>
<tr><td>4</td><td></td><td>螺钉</td><td>1</td><td>Q215-A</td><td></td><td></td><td></td></tr>
<tr><td>3</td><td>GB/T 68—1986</td><td>螺钉 M8×16</td><td>4</td><td>Q215-A</td><td></td><td></td><td></td></tr>
<tr><td>2</td><td></td><td>钳口板</td><td>2</td><td>45</td><td></td><td></td><td></td></tr>
<tr><td>1</td><td></td><td>固定钳身</td><td>1</td><td>HT200</td><td></td><td></td><td></td></tr>
<tr><td rowspan="2">序号</td><td rowspan="2">代号</td><td rowspan="2">名称</td><td rowspan="2">数量</td><td rowspan="2">材料</td><td>单件</td><td>总计</td><td rowspan="2">备注</td></tr>
<tr><td colspan="2">重量</td></tr>
</table>

12.3.5　完善并保存图形

调整主视图、俯视图、左视图及标题栏和明细表及技术要求的位置，达到布局合理的目的，为图形添加边框。最终效果如图 12-1 所示。

将图 12-31~图 12-35 所示的千斤顶的零件图装配成图 12-36 装配图。

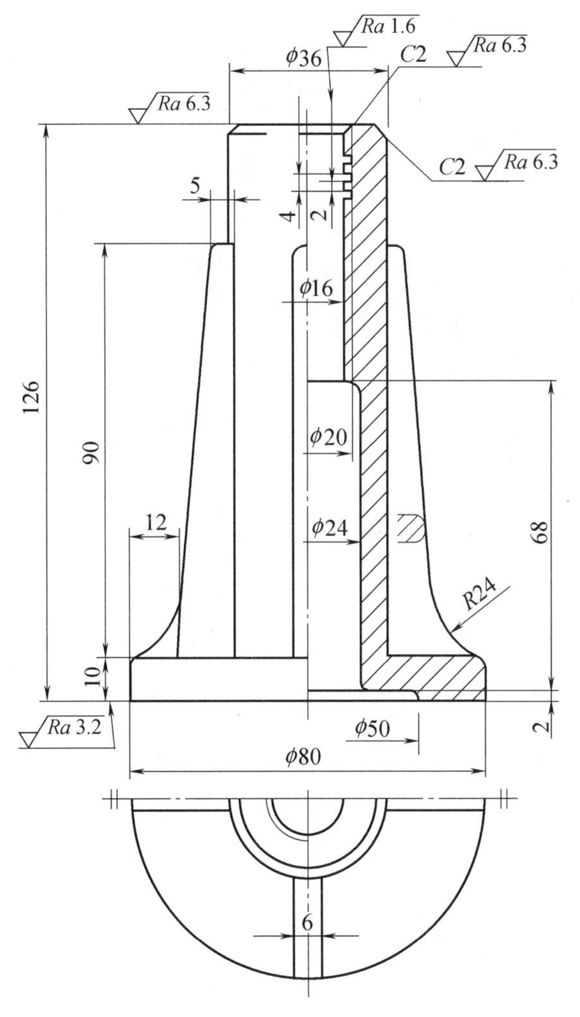

图 12-31　件 1 底座

M12-1　千斤顶的零件图装配过程讲解

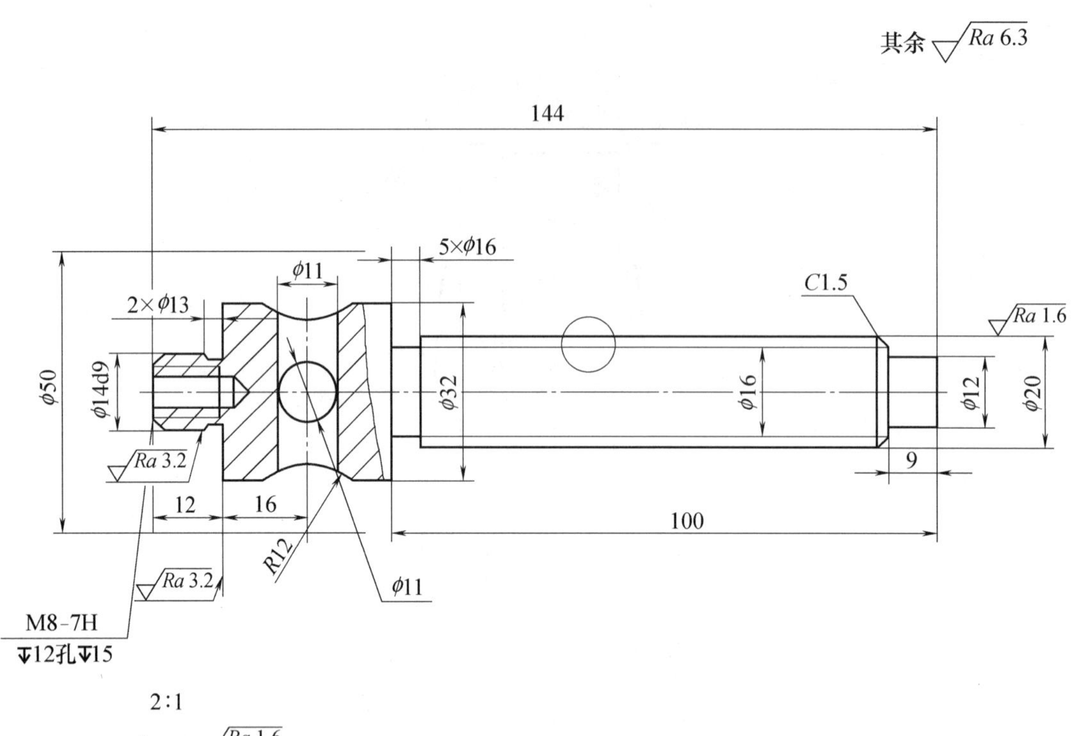

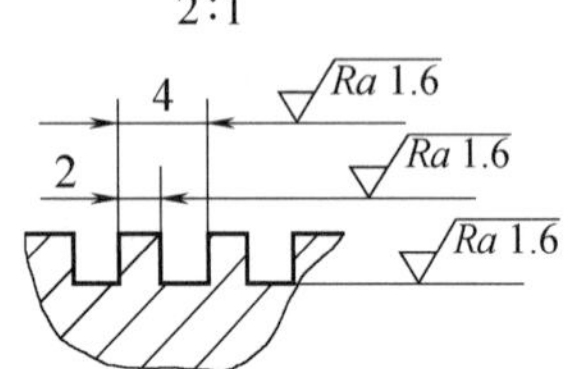

图 12-32 件 2 螺杆

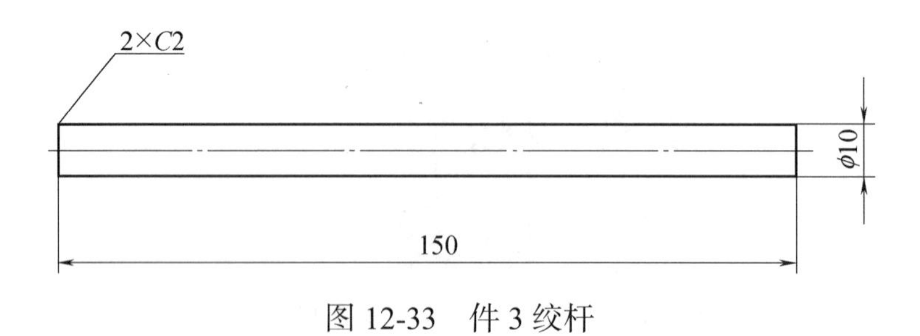

图 12-33 件 3 绞杆

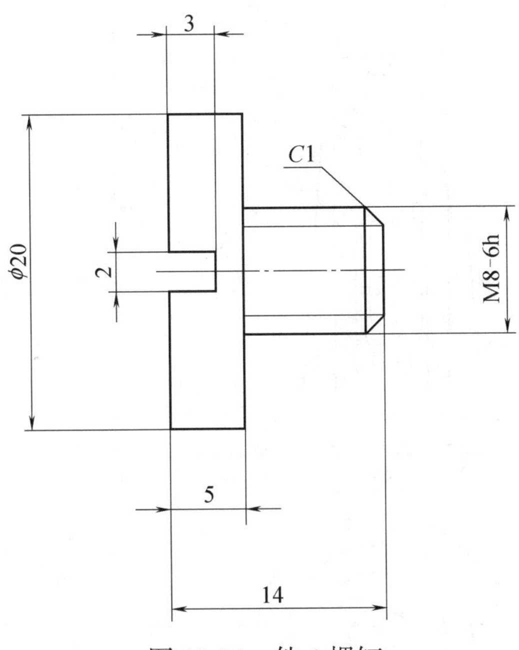

图 12-34　件 4 螺钉

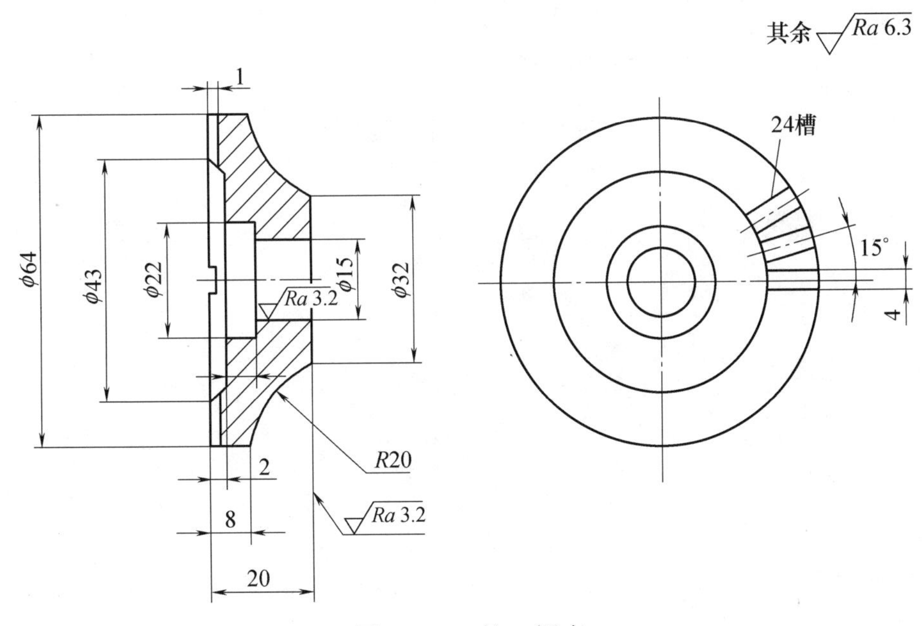

图 12-35　件 5 螺套

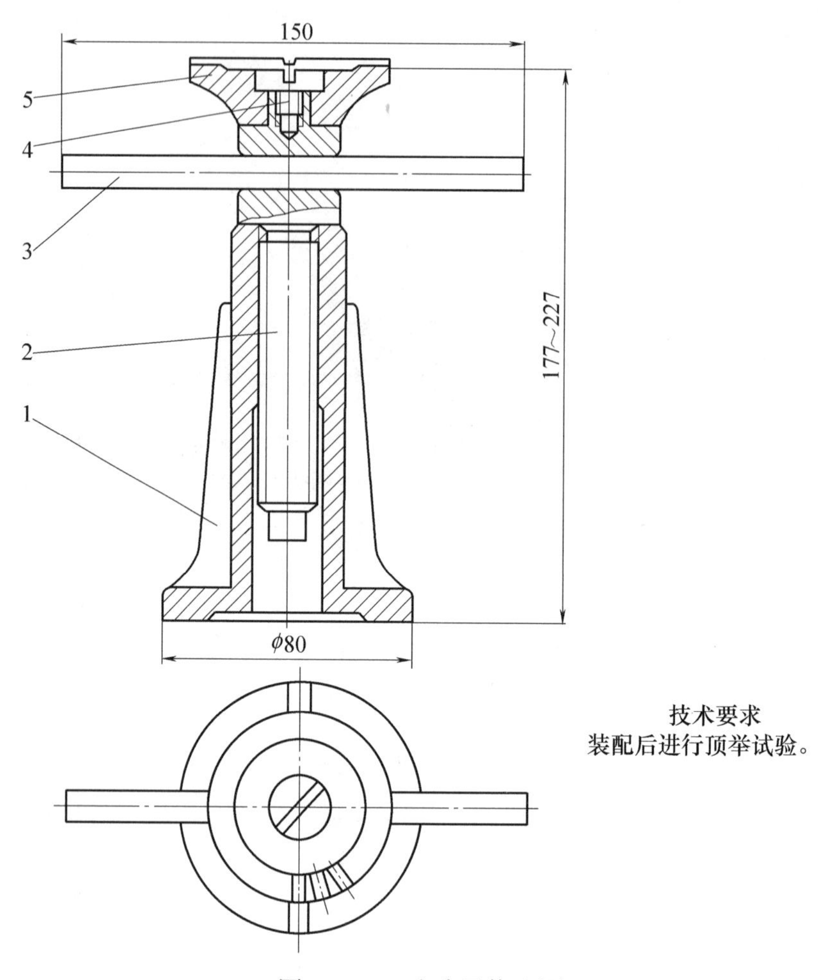

图 12-36　千斤顶装配图

第13章

绘制和编辑三维网格

三维绘图比二维绘图在机械设计过程中具有更大的优势，零件设计更加方便，装配零件更加直观，缩短了机械设计的周期。AutoCAD 2020 的三维建模工具能够满足基本的设计需求。本章主要介绍了三维建模的基础知识。

13.1 三维坐标系统

过空间定点 *O* 作三条互相垂直的数轴，它们都以 *O* 为原点，具有相同的单位长度。这三条数轴分别称为 *X* 轴（横轴）、*Y* 轴（纵轴）、*Z* 轴（竖轴），统称为坐标轴，点 *O* 为坐标系原点。

13.1.1 右手法则与坐标系

（1）右手法则

在三维坐标系中，*Z* 轴的正轴方向是根据右手定则确定的。右手定则也决定三维空间中任一坐标轴的正旋转方向。要标注 *X*、*Y* 和 *Z* 轴的正轴方向，需要将右手背对着屏幕放置，拇指即指向 *X* 轴的正方向。伸出食指和中指，如图 13-1 所示，食指指向 *Y* 轴的正方向，中指所指示的方向即是 *Z* 轴的正方向。

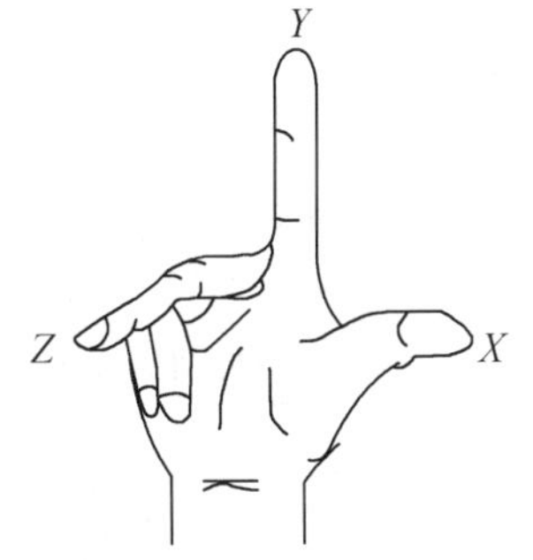

图 13-1 右手定则

（2）坐标系

在 AutoCAD 2020 中，“世界坐标系（WCS）”和“用户坐标系（UCS）”是常用的两大坐标系。“世界坐标系”是系统默认的二维图形坐标系，它的原点及各个坐标轴方向固定不变。但在三维建模过程中，需要频繁地定位对象，使用固定不变的坐标系十分不方便。因此，三维建模一般使用“用户坐标系”。“用户坐标系”是用户自定义的坐标系，可在建模过程中灵活创建。

13.1.2 创建坐标系和动态坐标系

（1）创建坐标系

UCS 表示当前坐标系的坐标轴方向和坐标原点位置，也表示了相对于当前 UCS 的 *XY* 平面的视图方向。在三维建模中，它可以根据不同的指定方向来创建模型特征。利用 UCS 命令可以方便地移动坐标系的原点，改变坐标轴的方向，建立用户坐标系。

在 AutoCAD 2020 中，创建 UCS 主要有以下几种常用方法：

功能区：单击“坐标”面板工具按钮，如图 13-2 所示。

菜单栏：选择“工具”⇨“新建 UCS”命令，如图 13-3 所示。

命令行：输入 UCS。

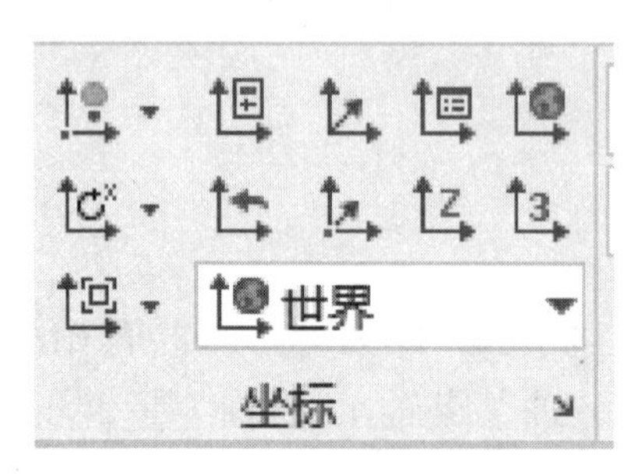

图 13-2 坐标面板

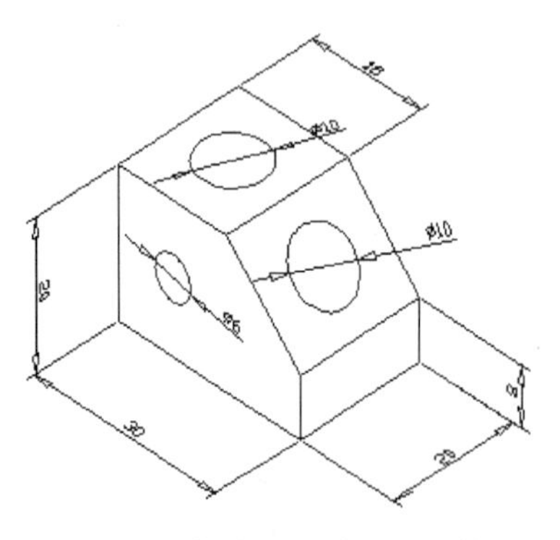

图 13-4 在用户坐标系下作图

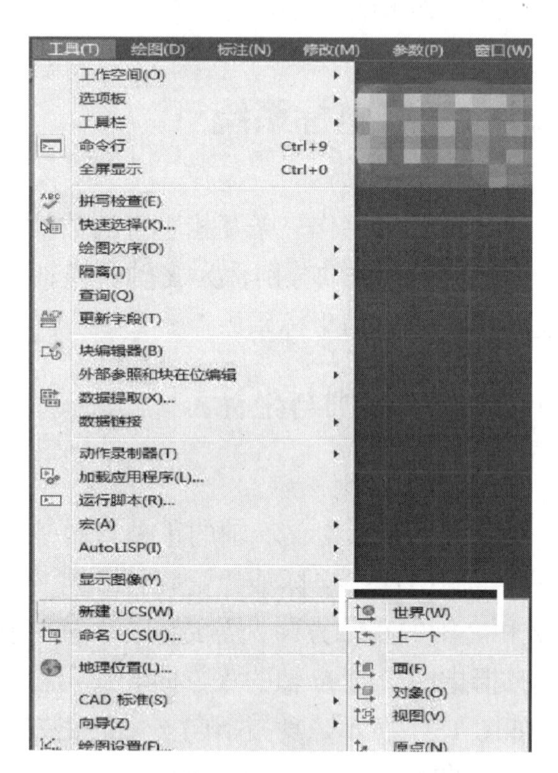

图 13-3 菜单栏中的“UCS”命令

（2）动态坐标系

世界坐标系是唯一的，固定不变的，缺省状态时，AutoCAD 的坐标系是世界坐标系。对于二维绘图，在大多数情况下，世界坐标系就能满足作图需要，但若是创建三维模型，就不太方便了，因为用户常常要在不同平面或是沿某个方向绘制结构。如绘制图 13-4 所示的图形，在世界坐标系下是不能完成的。此时需要以绘图的平面为 *XY* 坐标平面，创建新的坐标系，然后再调用绘图命令绘制图形。

动态坐标系的具体操作方法是单击状态栏上的 DUCS 按钮，或按键盘上的 F6 键。

可以使用动态坐标系在三维实体的平整面上创建对象，而无须手动更改 UCS 方向。

在执行命令的过程中，当将光标移动到面上方时，动态坐标系会临时将 UCS 的 *XY* 平面与三维实体的平整面对齐。

动态坐标系激活后，指定的点和绘图工具都将与动态 UCS 建立的临时 UCS 相关联。

（3）选项说明

在 UCS 命令中有许多选项:

[新建（N）/移动（M）/正交（G）/上一个（P）/恢复（R）/保存（S）/删除（D）/应用（A）/?/世界（W）]，各选项功能如下。

① 新建（N）：创建一个新的坐标系，选择该选项后，AutoCAD 继续提示：

指定新 UCS 的原点或 [Z 轴（ZA）/三点（3）/对象（OB）/面（F）/视图（V）/X/Y/Z] <0，0，0>:

指定新 UCS 的原点：将原坐标系平移到指定原点处，新坐标系的坐标轴与原坐标系的坐标轴方向相同。

Z 轴（ZA）：通过指定新坐标系的原点及 *Z* 轴正方向上的一点来建立坐标系。

三点（3）：用三点来建立坐标系，第一点为新坐标系的原点，第二点为 *X* 轴正方向上的一点，第三点为 *Y* 轴正方向上的一点。

对象（OB）：根据选定三维对象定义新的坐标系。此选项不能用于下列对象：三维实体、三维多段线、三维网格、视口、多线、面域、样条曲线、椭圆、射线、构造线、引线、多行文字。对于非三维面的对象，新 UCS 的 *XY* 平面与绘制该对象时生效的 *XY* 平面平行，但 *X* 轴和 *Y* 轴可作不同的旋转。如选择圆为对象，则圆的圆心成为新 UCS 的原点。*X* 轴通过选择点。

面（F）：将 UCS 与实体对象的选定面对齐。在选择面的边界内或面的边上单击，被选中的面将亮显，UCS 的 *X* 轴将与找到的第一个面上的最近的边对齐。

视图（V）：以垂直于观察方向的平面为 *XY* 平面，建立新的坐标系。UCS 原点保持不变。

X/Y/Z：将当前 UCS 绕指定轴旋转一定的角度。

② 移动（M）：通过平移当前 UCS 的原点重新定义 UCS，但保留其 *XY* 平面的方向不变。

③ 正交（G）：指定 AutoCAD 提供的六个正交 UCS 之一。这些 UCS 设置

通常用于查看和编辑三维模型。

④ 上一个（P）：恢复上一个 UCS。AutoCAD 保存创建的最后 10 个坐标系。重复“上一个”选项逐步返回上一个坐标系。

⑤ 恢复（R）：恢复已保存的 UCS 使它成为当前 UCS；恢复已保存的 UCS 并不重新建立在保存 UCS 时生效的观察方向。

⑥ 保存（S）：把当前 UCS 按指定名称保存。

⑦ 删除（D）：从已保存的用户坐标系列表中删除指定的 UCS。

⑧ 应用（A）：其他视口保存有不同的 UCS 时，将当前 UCS 设置应用到指定的视口或所有活动视口。

⑨ ?：列出用户定义坐标系的名称，并列出每个保存的 UCS 相对于当前 UCS 的原点以及 *X*、*Y* 和 *Z* 轴。

⑩ 世界（W）：将当前用户坐标系设置为世界坐标系。

13.2 观察模式

在绘制三维图形的过程中，常常要从不同方向观察图形，AutoCAD 默认视图是 *XY* 平面，方向为 *Z* 轴的正方向，看不到物体的高度。AutoCAD 提供了多种创建 3D 视图的方法，可以沿不同的方向观察模型，比较常用的是用标准视点观察模型和三维动态旋转方法。

13.2.1 标准视点观察

单击绘图区左上角的“视图控件”，如图 13-5 所示，可以运用标准视点观察实体。

13.2.2 动态观察

AutoCAD 2020 提供了具有交互控制功能的三维动态观测器，可以实时地控制和改变当前视图中创建的三维视图，以得到用户期望的效果。

（1）受约束的动态观察

① 执行方式：

功能区：单击“视图”选项卡“导航”面板中的“动态观察”按钮，如图 13-6 所示。

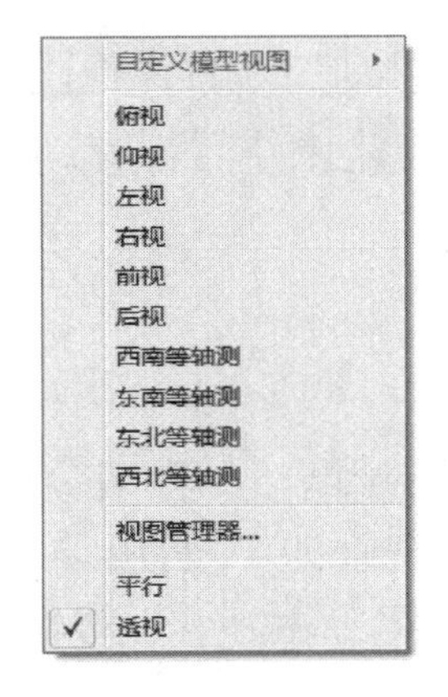

图 13-5　视图控件

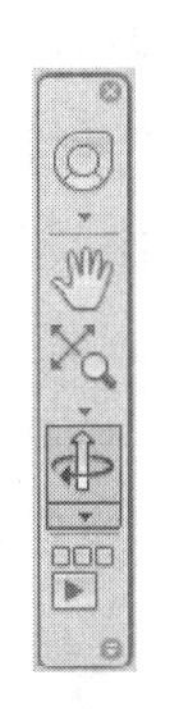
图 13-6　“导航”面板

菜单栏：执行菜单栏中的“视图”⇨“动态观察”⇨“受约束的动态观察”命令，如图 13-7 所示。

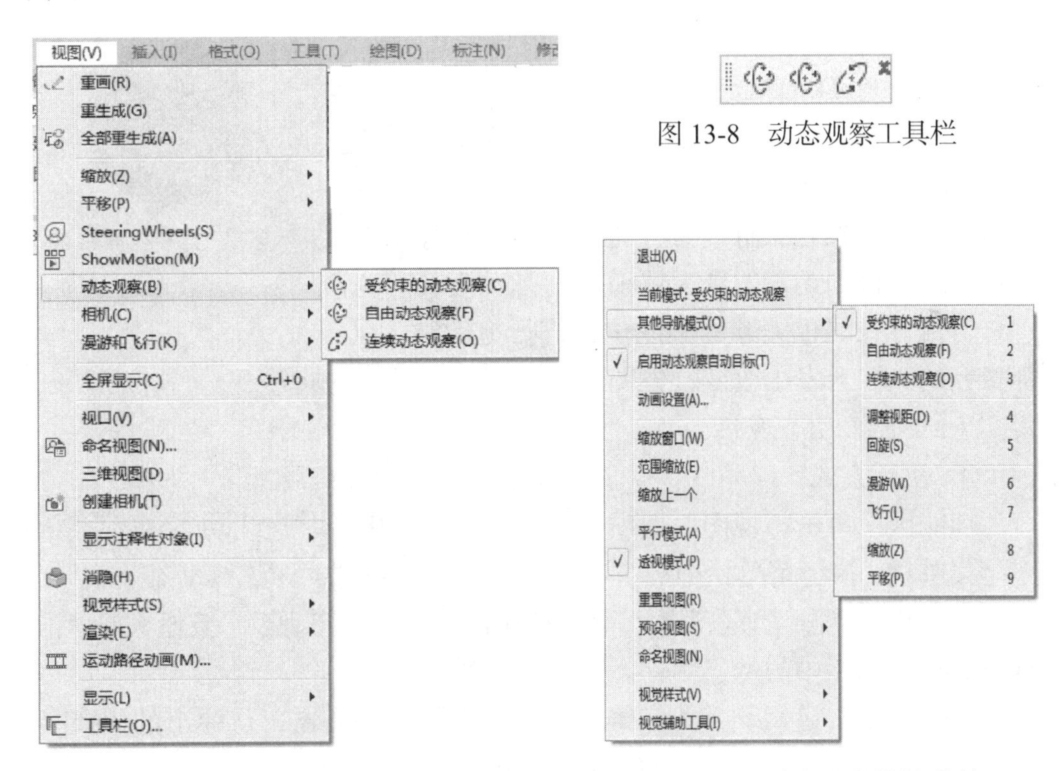

图 13-8　动态观察工具栏

图 13-7　受约束的动态观察

图 13-9　动态观察快捷菜单

工具栏：单击“动态观察”工具栏中的“受约束的动态观察”按钮，或单击“三维导航”工具栏中的“受约束的动态观察”按钮，如图 13-8 所示。

快捷菜单：启用交互式三维视图后，在视口中右击，从弹出的快捷菜单中选择“其他导航模式”⇨“受约束的动态观察”命令，如图 13-9 所示。

命令行：3DORBIT。

② 操作步骤：执行该命令后，界面显示三维动态观察光标图标，按住鼠标左键并移动鼠标，视图的目标保持静止，而视点将围绕目标移动。但从用户的视点看，就像三维模型随着光标旋转。

（2）自由动态观察

① 执行方式：

功能区：单击“视图”选项卡“导航”面板中的“自由动态观察”按钮。

菜单栏：执行菜单栏中的“视图”⇨“动态观察”⇨“自由动态观察”命令。

工具栏：单击“动态观察”工具栏中的“自由动态观察”按钮，或单击“三维导航”工具栏中的“自由动态观察”按钮。

快捷菜单：启用交互式三维视图后，在视口中右击，从弹出的快捷菜单中选择“其他导航模式”⇨“自由动态观察”命令。

命令行：3DFORBIT。

② 操作步骤：

命令行：3DFORBIT

执行该命令后，在当前视口出现一个绿色的大圆，在大圆的上下左右各有一个小圆，如图 13-10 所示。此时，按住鼠标左键并拖动鼠标，可以对视图进行旋转得到动态的观测效果。

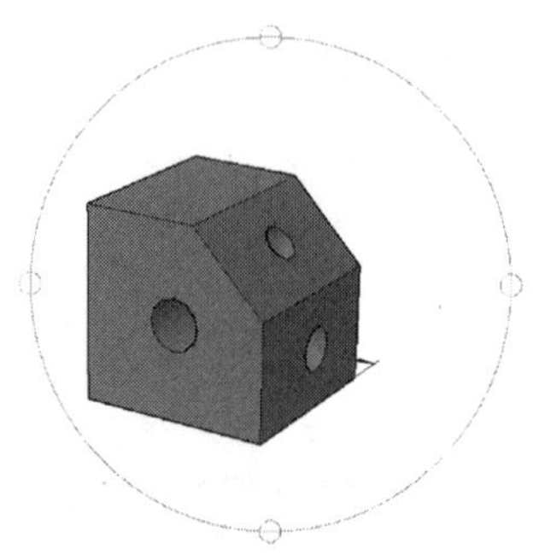

图 13-10　自由动态观察

当鼠标在绿色大圆的不同位置进行拖动时，鼠标指针的光标会发生改变，视图可以进行不同方向的旋转。

（3）连续动态观察

① 执行方式：

功能区：单击“视图”选项卡“导航”面板中的“连续动态观察”按钮。

菜单栏：执行菜单栏中的“视图”⇨“动态观察”⇨“连续动态观察”命令。

工具栏：单击“动态观察”工具栏中的“连续动态观察”按钮，或单击“三维导航”工具栏中的“连续动态观察”按钮。

快捷菜单：启用交互式三维视图后，在视口中右击，从弹出的快捷菜单中选择“其他导航模式”⇨“连续动态观察”命令。

命令行：3DCORBIT。

② 操作步骤：执行该命令后，按住鼠标左键并拖动鼠标，视图按照拖动鼠标的方向，以拖动鼠标的速度自动匀速旋转。

13.3　绘制基本三维网格

三维网格由使用多边形表示（包括三角形和四边形）来定义三维形状的顶点、边和面组成。与实体模型不同，网格没有质量特性。但是，与三维实体一样，也可以创建长方体（图 13-11）、圆锥体（图 13-12）和棱锥体等图元网格形状。

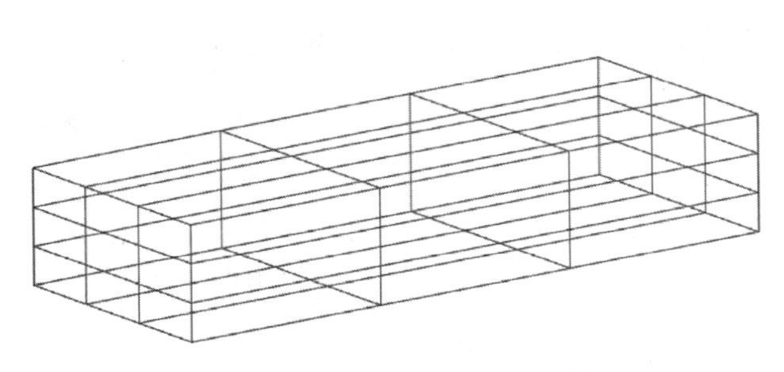

图 13-11　网格长方体

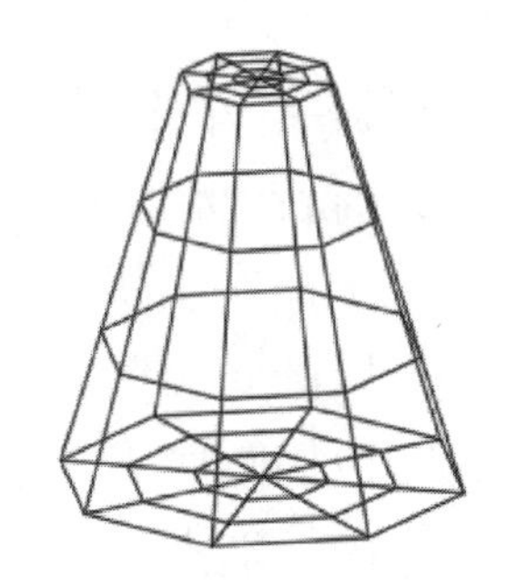

图 13-12　网格圆锥体

13.3.1　绘制网格长方体

基于对角线和高度创建网格长方体。

（1）执行方式

菜单栏：执行菜单栏中的“绘图”⇨“建模”⇨“网格”⇨“图元”⇨“长方体”命令。

工具栏：单击“图元”工具栏中的“网格长方体”按钮。

功能区：单击“三维工具”选项卡“建模”面板中的“网格长方体”按钮。

命令行：MESH。

（2）操作步骤

① 基于对角线和高度创建；

② 基于一个中心、底面角点和高度创建；

③ 基于长、宽、高度值创建。

命令：MESH

当前平滑度设置为：0

输入选项[长方体（B）/圆锥体（C）/圆柱体（CY）/棱锥体（P）/球体（S）/楔体（W）/圆环体（T）/设置（SE）]<长方体>:B

指定第一个角点或[中心（C）]:

指定其他角点或[立方体（C）/长度（L）]:

指定高度或[两点（2P）]<0.0001>:

13.3.2 绘制网格圆锥体

（1）执行方式

功能区：单击“三维工具”选项卡“建模”面板中的“网格圆锥体”按钮。

菜单栏：执行菜单栏中的“绘图”⇨“建模”⇨“网格”⇨“图元”⇨“圆锥体”命令。

工具栏：单击“图元”工具栏中的“网格圆锥体”按钮。

命令行：MESH。

（2）操作步骤

① 以圆底面创建；

② 以椭圆底面创建；

③ 由轴端点指定高度和方向创建；

④ 创建网格圆台。

命令：MESH

当前平滑度设置为：0

输入选项[长方体（B）/圆锥体（C）/圆柱体（CY）/棱锥体（P）/球体（S）/楔体（W）/圆环体（T）/设置（SE）]<长方体>:C

指定底面的中心点或[三点（3P）/两点（2P）/切点、切点、半径（T）/椭圆（E）]:

指定底面半径或[直径（D）]:

指定高度或[两点（2P）/轴端点（A）/顶面半径（T）]:

13.4 绘制三维网格曲面

通过填充其他对象（例如直线和圆弧）之间的空隙来创建网格。可以使用多种方法创建由其他对象定义的多种类型的网格对象。网格类型包括直纹网格、平移网格、旋转网格和边界定义的网格。

13.4.1 直纹网格

（1）执行方式

菜单栏：执行菜单栏中的“绘图”⇨“建模”⇨“网格”⇨“直纹网格”命令。

工具栏：单击“图元”工具栏中的“网格长方体”按钮。
命令行：RULESURF。
（2）操作步骤
直纹网格的绘制如图 13-13 所示。

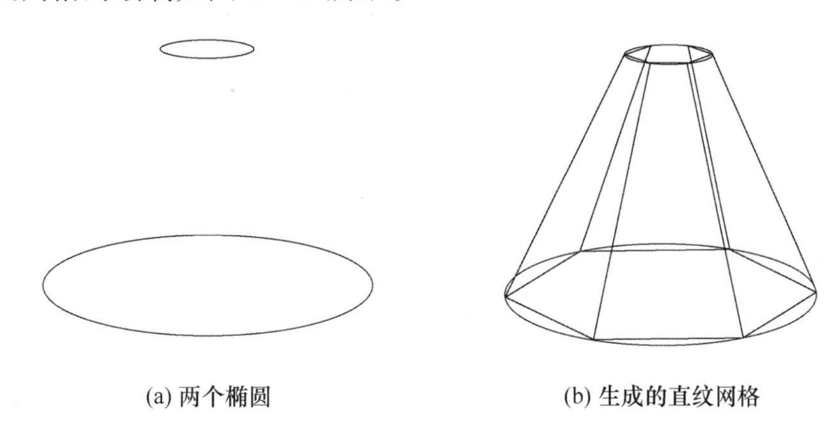

(a) 两个椭圆　　(b) 生成的直纹网格

图 13-13　直纹网格的绘制

命令：RULESURF
当前线框密度：SURFTAB1=6
选择第一条定义曲线：
选择第二条定义曲线：

13.4.2　平移网格

（1）执行方式
菜单栏：执行菜单栏中的“绘图”⇨“建模”⇨“网格”⇨“平移网格”命令。
工具栏：单击“图元”工具栏中的“平移网格”按钮。
命令行：TABSURF。
（2）操作步骤
平移网格的绘制如图 13-14 所示。
命令：TABSURF
当前线框密度：SURFTAB1=6
选择用作轮廓曲线的对象：
选择用作方向矢量的对象：

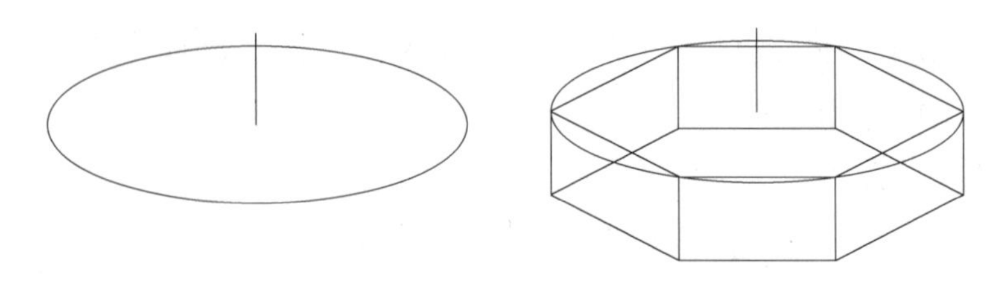

(a) 椭圆和方向线　　(b) 平移后的曲面

图 13-14　平移网格的绘制

13.4.3　边界网格

（1）执行方式

菜单栏：执行菜单栏中的“绘图”⇨“建模”⇨“网格”⇨“边界网格”命令。

工具栏：单击“图元”工具栏中的“边界网格”按钮。

命令行：EDGESURF。

（2）操作步骤

边界网格的绘制如图 13-15 所示。

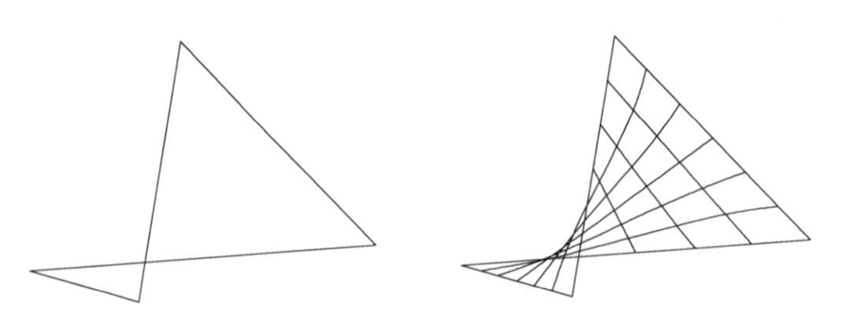

(a) 边界曲线　　(b) 生成的边界网格

图 13-15　边界网格的绘制

```
命令：EDGESURF
当前线框密度：SURFTAB1=6  SURFTAB2=6
选择用作曲面边界的对象 1:
选择用作曲面边界的对象 2:
选择用作曲面边界的对象 3:
选择用作曲面边界的对象 4:
```

13.4.4　旋转网格

REVSURF 命令可通过绕指定轴旋转轮廓来创建与旋转曲面近似的网格。轮廓可以包括直线、圆、圆弧、椭圆、椭圆弧、多段线、样条曲线、闭合多段线、多边形、闭合样条曲线和圆环。

（1）执行方式

菜单栏：执行菜单栏中的“绘图”⇨“建模”⇨“网格”⇨“旋转网格”命令。

工具栏：单击“图元”工具栏中的“旋转”按钮。

命令行：REVSURF。

（2）操作步骤

旋转网格的绘制如图 13-16 所示。

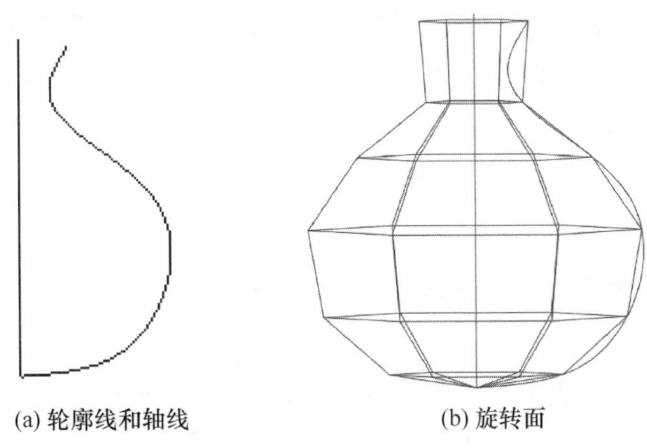

(a) 轮廓线和轴线　　(b) 旋转面

图 13-16　旋转网格的绘制

命令：REVSURF

当前线框密度：SURFTAB1=6　SURFTAB2=6

选择要旋转的对象：

选择定义旋转轴的对象：

指定起点角度<0>：0

指定夹角（+=逆时针，-=顺时针）<360>：60

习题

绘制和编辑三维网格的命令有哪些?

创建坐标系——	绘制网格长方体——
受约束的动态坐标——	绘制网格圆锥体——
自由动态坐标——	绘制直纹网格——
连续动态观察——	绘制平移网格——
绘制边界网格——	绘制旋转网格——

第 14 章

三维实体绘制

实体建模是 AutoCAD 三维建模中重要的部分。三维实体对象可以从基本图元开始，也可以从拉伸、扫掠、旋转或放样轮廓开始。可以使用布尔运算将它们组合起来。使用三维实体来创建实体模型，比使用三维线框、三维曲面更能表达实物，而且还可以分析实物的质量特性，如体积、重量等。

14.1 创建基本三维实体

本节主要介绍创建基本三维实体，如长方体、圆柱体等的绘制方法。

14.1.1 长方体

（1）执行方式

功能区：单击“常用”选项卡⇨“建模”面板⇨“长方体”按钮。

菜单栏：选择“绘图”菜单⇨“建模”⇨“长方体”命令。

工具栏：单击“建模”工具栏中的“长方体”按钮。

命令行：BOX。

（2）操作步骤

```
命令：_box
指定第一个角点或[中心（C）]：C
指定中心：0，0，0
指定角点或[立方体（C）/长度（L）]：L
指定长度：
指定宽度：
指定高度或[两点（2P）]：
```

（3）选项含义

第一角点：通过设置第一角点开始长方体的绘制，该选项是创建长方体的默认选项。

另一角点：设置长方体底面的对角点和高度。

中心点：指定中心点创建长方体。

立方体：创建一个长、宽、高相同的正方体。

长度：指定长度、宽度、高度来创建长方体。在 *X* 轴方向上指定长度，*Y* 轴方向上指定宽度，*Z* 轴方向上指定高度。高度可输入正值和负值，输入正值将沿当前 UCS 的 *Z* 轴正方向绘制高度；输入负值将沿 *Z* 轴负方向绘制高度。

两点：长方体的高度为两个指定点之间的距离。

［**例题 14-1**］　绘制如图 14-1 所示的长方体。

命令：BOX

指定第一个角点或[中心（C）]：

指定其他角点或[立方体（C）/长度（L）]:L

指定长度:50

指定宽度:40

指定高度或[两点（2P）]:30

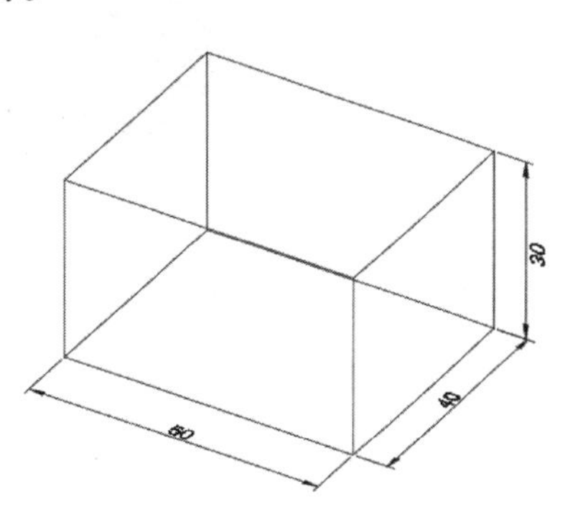

图 14-1　绘制长方体

14.1.2　圆柱体

（1）执行方式

功能区：单击“常用”选项卡⇨“建模”面板⇨“圆柱体”按钮。

菜单栏：选择“绘图”菜单⇨“建模”⇨“圆柱体”命令。

工具栏：单击“建模”工具栏中的“圆柱体”按钮。

命令行：CYLINDER。

（2）操作步骤

命令：_CYLINDER

指定底面的中心点或[三点（3P）/两点（2P）/切点、切点、半径（T）/椭圆（E）]：

指定底面半径或[直径（D）]：

（3）选项含义

椭圆：此选项绘制的是椭圆柱体。绘制端面椭圆的方法与绘制平面椭圆相同。

［**例题 14-2**］绘制圆柱体，如图 14-2 所示。

操作步骤：

命令：CYLINDER

指定底面的中心点或[三点（3P）/两点（2P）/切点、切点、半径（T）/椭圆（E）]:

指定底面半径或[直径（D）]:20

指定高度或[两点（2P）/轴端点（A）]: 50

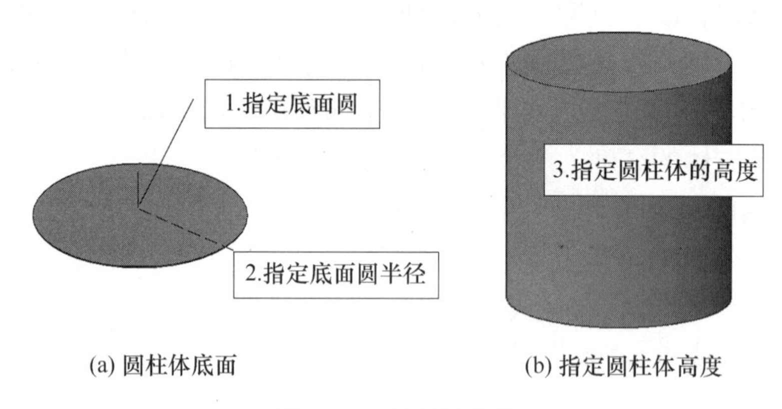

(a) 圆柱体底面　　(b) 指定圆柱体高度

图 14-2　绘制圆柱体

其他基本三维实体（如圆锥体、球体、棱锥体、楔体、圆环体等）的绘制方法与长方体和圆柱体类似。

14.2 布尔运算

在 AutoCAD 中，可以对三维实体进行布尔运算，来创建新的复合实体。用户可以对两个或两个以上的三维实体进行并集、差集、交集的运算，即通过布尔运算创建新的单独复合实体。

14.2.1 并集运算

对三维实体进行并集运算，就是将两个或两个以上实体组合成一个新的实体。

（1）执行方式

功能区：单击“三维工具”选项卡⇨“实体编辑”面板⇨“并集”按钮。

菜单栏：选择“修改”菜单⇨“实体编辑”⇨“并集”命令。

命令行：UNION。

（2）操作步骤

命令：UNION

选择对象：找到 1 个

选择对象：找到 1 个，总计 2 个

选择对象：

14.2.2　差集运算

对三维实体进行差集运算，就是将一个实体减去另一个实体组合成一个新的实体。

（1）执行方式

功能区：单击“三维工具”选项卡⇨“实体编辑”面板⇨“差集”按钮。

菜单栏：选择“修改”菜单⇨“实体编辑”⇨“差集”命令。

命令行：SUBTRACT。

（2）操作步骤

命令：SUBTRACT 选择要从中减去的实体、曲面和面域…

选择对象：找到 1 个

选择对象：

选择要减去的实体、曲面和面域…

选择对象：找到 1 个

选择对象：

14.2.3　交集运算

对三维实体进行交集运算，就是计算两个或多个相交实体的公共部分，从而获得新的实体。该运算是差集运算的逆运算。

（1）执行方式

功能区：单击“三维工具”选项卡⇨“实体编辑”面板⇨“交集”按钮。

菜单栏：选择“修改”菜单⇨“实体编辑”⇨“交集”命令。

命令行：INTERSECT。

（2）操作步骤

命令：INTERESECT

选择对象：找到 1 个

选择对象：找到 1 个，总计 2 个

选择对象：

结果如图 14-3 所示。

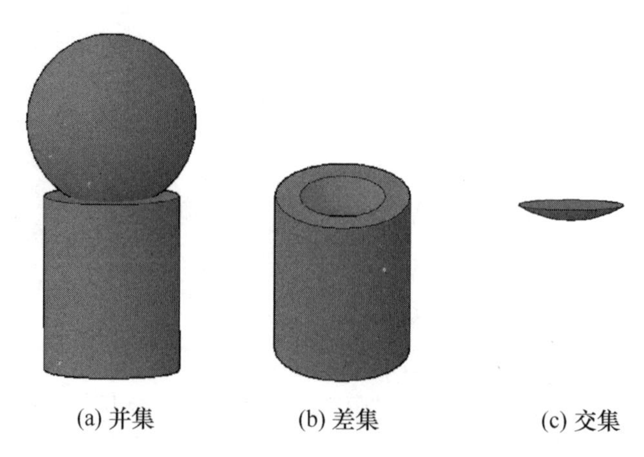

图 14-3　2 个三维实体进行布尔运算后的实体图

14.3　特征操作

可以通过特征操作，用闭合的二维对象来创建三维实体。

14.3.1　拉伸

拉伸是在平面上画出三维实体的剖面视图，通过拉伸工具，将闭合的二维轮廓创建成三维实体。

（1）执行方式

功能区：单击“三维工具”选项卡⇨“建模”面板⇨“拉伸”按钮。

菜单栏：选择“绘图”菜单⇨“建模”⇨“拉伸”命令。

命令行：EXTRUDE。

工具栏：单击“建模”工具栏中的“拉伸”按钮。

（2）操作步骤

命令：EXTRUDE

当前线框密度：ISOLINES=4，闭合轮廓创建模式=实体

选择要拉伸的对象或[模式（MO）]：

选择要拉伸的对象或[模式（MO）]：//可继续选择对象或按 Enter 键结束选择

指定拉伸的高度或[方向（D）/路径（P）/倾斜角（T）/表达式（E）]：

结果如图 14-4 所示。

（3）选项说明

方向：使用“方向”选项，可以通过指定两个点来指定拉伸的长度和方向。方向不能与拉伸创建的扫掠曲线所在的平面平行。

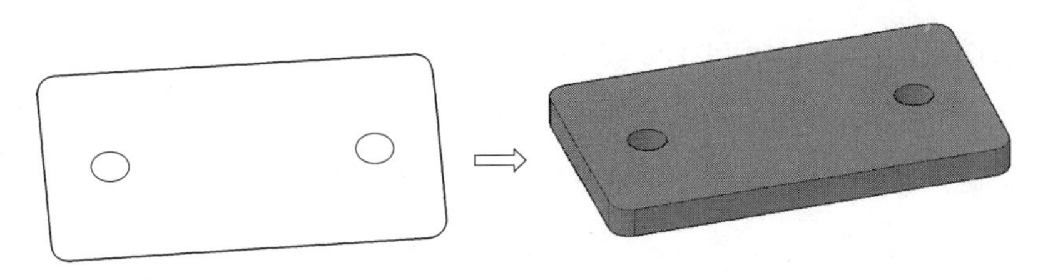

图 14-4　创建拉伸实体

路径：使用“路径”选项，拉伸实体从剖面视图所在的平面开始，到路径端点结束，端面与路径线的端点处垂直。拉伸路径可以指定一条线或边，建议将路径先放到拉伸界面对象的边界上或边界内，并且路径不能与所选对象处于同一平面。

倾斜角：对于侧面成一定角度的零件来说，可以设置一定的倾斜角。

表达式：通过输入一个数学表达式来限制拉伸的高度。

14.3.2　旋转

旋转是将二维对象绕指定旋转轴线，旋转指定角度而形成三维实体。

（1）执行方式

菜单栏：选择“绘图”菜单⇨“建模”⇨“旋转”命令。

命令行：REVOLVE。

功能区：单击“三维工具”选项卡⇨“建模”面板⇨“旋转”按钮。

工具栏：单击“建模”工具栏中的“旋转”按钮。

（2）操作步骤

命令：REVOLVE

当前线框宽度：ISOLINES=4，闭合轮廓创建模式=实体

选择要旋转的对象或[模式（MO）]：

指定轴起点或根据以下选项之一定义轴[对象（O）/X/Y/Z]<对象>：

指定旋转角度或[起点角度（ST）/反转（R）/表达式（EX）]<360>：

（3）选项说明

模式（MO）：指定闭合轮廓创建模式是实体（SO）还是曲面（SU）。

指定轴起点：可以直接单击或输入坐标来确定旋转轴的起点，然后确定轴的第二点。旋转轴通过两个点来定义。

对象（O）：选择已经绘制好的图形作为旋转轴。

X/Y/Z：以当前坐标系的 *X*、*Y* 或 *Z* 轴作为旋转轴。

［**例题 14-3**］ 绘制旋转体。

操作步骤：

① 绘制平面图形，如图 14-5 所示；

② 执行“旋转”命令，根据命令行的提示，选择闭合的平面图（图 14-5）作为旋转对象，创建旋转实体（图 14-6），具体操作如下：

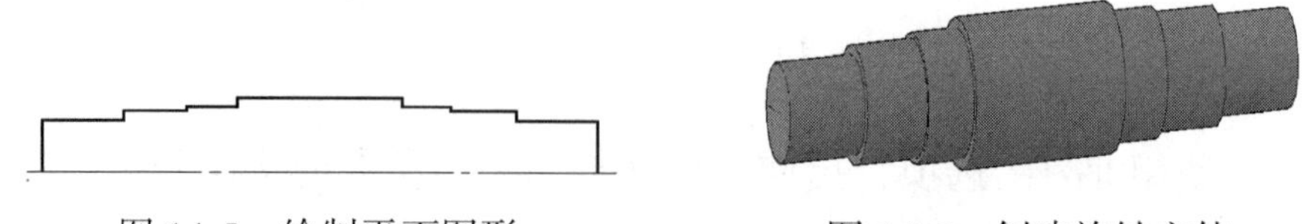

图 14-5　绘制平面图形　　　　图 14-6　创建旋转实体

命令：REVOLVE

当前线框密度：ISOLINES=4，闭合轮廓创建模式＝实体

选择要旋转的对象或[模式(MO)]：MO 闭合轮廓创建模式[实体(SO)/曲面(SU)]:SO

窗口(W)套索 按空格键可循环浏览选项找到 15 个

选择要旋转的对象或[模式(MO)]：

指定轴起点或根据以下选项之一定义轴[对象（O）/X/Y/Z]:

指定轴端点：

指定旋转角度或[起点角度（ST）/反转（R）/表达式（EX）]:0

14.3.3　扫掠

扫掠命令用于沿指定路径以指定扫掠对象创建实体或曲面。可以扫掠多个对象，但这些对象必须在同一平面内。

（1）执行方式

菜单栏：选择“绘图”菜单⇨“建模”⇨“扫掠”命令。

命令行：SWEEP。

功能区：单击“三维工具”选项卡⇨“建模”面板⇨“扫掠”按钮。

工具栏：单击“建模”工具栏中的“扫掠”按钮。

（2）操作步骤

命令：SWEEP

当前线框宽度：ISOLINES=4，闭合轮廓创建模式=实体

选择要扫掠的对象或[模式（MO）]:

指定扫掠路径或[对齐（A）/基点（B）/比例（S）/扭曲（T）]:

结果如图 14-7 所示。

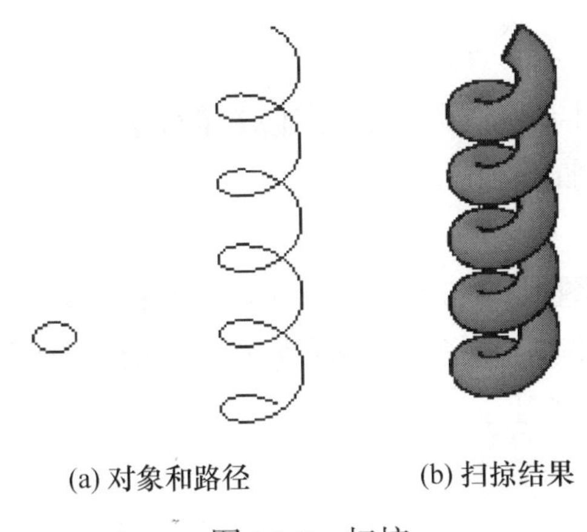

(a) 对象和路径　　(b) 扫掠结果

图 14-7　扫掠

（3）选项说明

对齐：指定是否对齐轮廓，使其作为扫掠路径切向的法向。

基点：指定要扫描对象的基点。

比例：根据比例因子进行扫掠。从扫掠路径开始到结束，应用的比例因子是统一的。

扭曲：设置扫掠对象的扭曲角度，即沿扫掠路径全部长度的旋转量。

14.3.4　放样

（1）执行方式

菜单栏：选择“绘图”菜单⇨“建模”⇨“放样”命令。

命令行：LOFT。

功能区：单击“三维工具”选项卡⇨“建模”面板⇨“放样”按钮。

工具栏：单击“建模”工具栏中的“放样”按钮。

（2）操作步骤

命令：LOFT

当前线框宽度：ISOLINES=4，闭合轮廓创建模式=实体

按放样次序选择横截面或[点（PO）/合并多条边（J）/模式（MO）]：

输入选项[导向（G）/路径（P）/仅横截面（C）/设置（S）/连线性(CO)/凸度幅值（B）]<仅模截面>

（3）选项说明

导向：导向曲线是直线或曲线，可以通过将其他线框信息添加至对象来进一步定义建模或曲面的形状。

路径：指定放样实体或曲面的单一路径。路径曲线必须与横截面的所有平

面相交。

仅横截面：不使用导向或路径，创建放样对象。

［**例题 14-4**］ 绘制花瓶。

操作步骤：

① 绘制 4 个截面图形，如图 14-8（a）所示；

② 按放样次序，依次选择 4 个横截面，沿指定路径生成花瓶实体，如图 14-8（b），命令行提示如下：

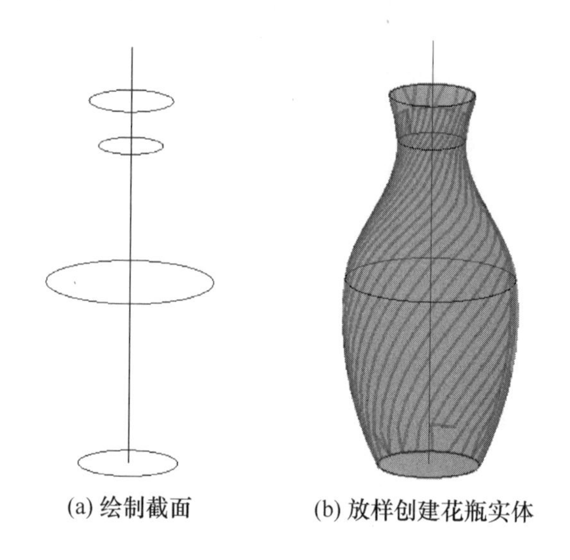

(a) 绘制截面　　(b) 放样创建花瓶实体

图 14-8　绘制花瓶

命令：LOFT

当前线框密度：ISOLINES=4，闭合轮廓创建模式＝实体

按放样次序选择横截面或[点（PO）/合并多条边（J）/模式（MO）]：MO

闭合轮廓创建模式[实体（SO）/曲面（SU）]:SU

按放样次序选择横截面或[点（PO）/合并多条边（J）/模式（MO）]：找到 1 个

按放样次序选择横截面或[点（PO）/合并多条边（J）/模式（MO）]：找到 1 个，总计 2 个

按放样次序选择横截面或[点（PO）/合并多条边（J）/模式（MO）]：找到 1 个，总计 3 个

按放样次序选择横截面或[点（PO）/合并多条边（J）/模式（MO）]：找到 1 个，总计 4 个

按放样次序选择横截面或[点（PO）/合并多条边（J）/模式（MO）]：选中了 4 个横截面

输入选项[导向 (G) /路径 (P) /仅横截面 (C) /设置 (S)]:

14.3.5 拖拽

（1）执行方式

命令行：PRESSPULL。

工具栏：单击“建模”工具栏中的“按住并拖动”按钮。

（2）操作步骤

命令：PRESSPULL

单击有限区域以进行按住或拖动操作

结果如图 14-9 所示。

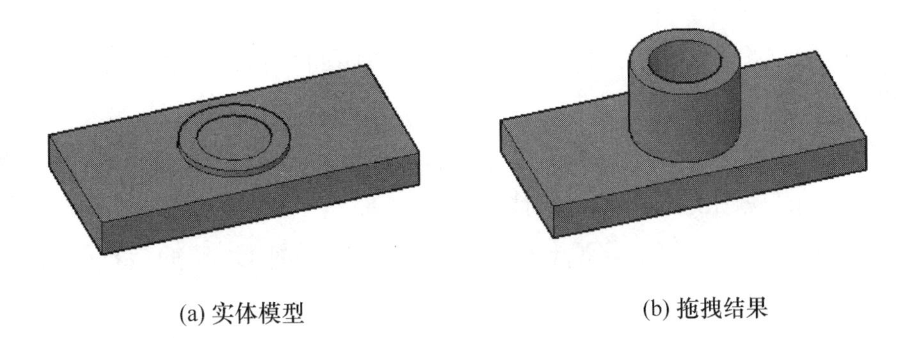

(a) 实体模型　　(b) 拖拽结果

图 14-9　按住并拖动

14.4 特殊视图

14.4.1 剖切

（1）执行方式

菜单栏：选择“修改”菜单⇨“三维操作”⇨“剖切”命令。

命令行：SLICE。

功能区：单击“三维工具”选项卡⇨“实体编辑”面板⇨“剖切”按钮。

（2）操作步骤

命令：SLICE

选择要剖切的对象：选择要剖切的实体

选择要剖切的对象：继续选择或按 Enter 键结束选择

指定切面的起点或[平面对象 (O) /曲面 (S) /Z 轴 (Z) /视图 (V) /XY (XY) /YZ (YZ) /ZX (ZX) /三点 (3)] 〈三点〉:

结果如图 14-10 所示。

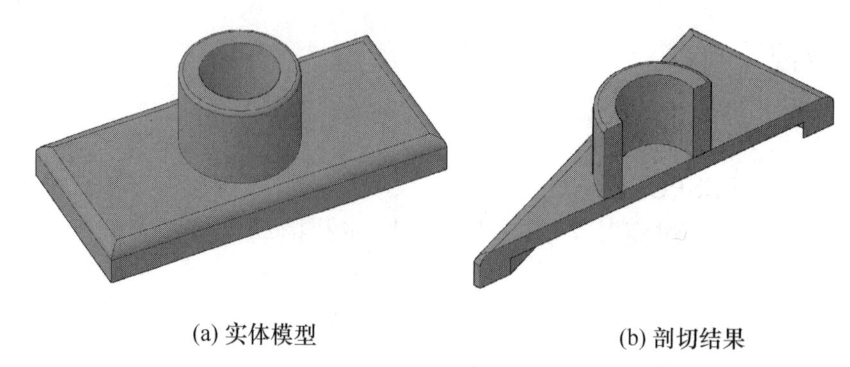

(a) 实体模型　　(b) 剖切结果

图 14-10　剖切

（3）选项说明

平面对象：将所选对象的所在平面作为剖切面。

曲面：将切面与曲面对齐。

Z 轴：剖切面为通过平面指定一点与该平面的 *Z* 轴上指定另一点来定义。

视图：当前视图的平行面为剖切面。

XY（XY）/YZ（YZ）/ZX（ZX）：剖切面与当前 UCS 的 *XY* 平面/*YZ* 平面/*ZX* 平面对齐。

三点：根据 3 个点确定的平面作为剖切面。

14.4.2　抽壳

（1）执行方式

菜单栏：选择“修改”菜单⇨“实体编辑”⇨“抽壳”命令。

命令行：SOLIDEDIT。

功能区：单击“实体”选项卡⇨“实体编辑”面板⇨“抽壳”按钮。

（2）操作步骤

```
命令：SOLIDEDIT
输入实体编辑选项[面(F)边(E)体(B)放弃(U)退出(X)]<退出>：B
输入体编辑选项：S
选择三维实体：
删除面或[放弃(U)添加(A)全部(ALL)]：
输入抽壳偏移距离：
```

结果如图 14-11 所示。

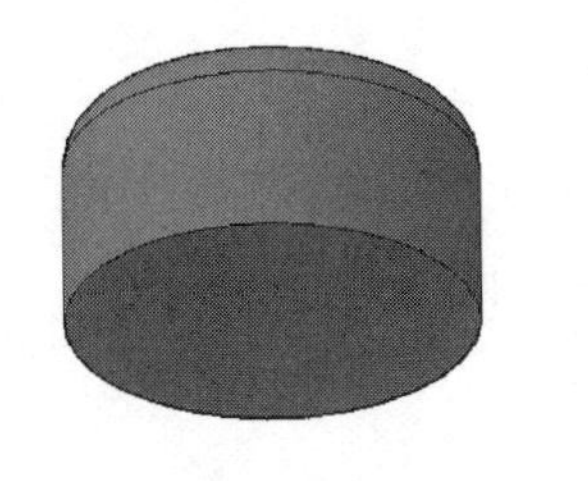

(a) 实体模型　　(b) 抽壳结果

图 14-11　抽壳

14.5　建模三维操作

14.5.1　倒角

（1）执行方式

菜单栏：选择“修改”菜单⇨“倒角”命令。

命令行：CHAMFER。

功能区：单击“默认”选项卡⇨“修改”面板⇨“倒角”按钮。

工具栏：单击“修改”工具栏中的“倒角”按钮。

（2）操作步骤

命令：CHAMFER

（“修剪”模式）当前倒角距离 1=0.0000，距离 2=0.0000

选择第一条直线或[放弃（U）/多段线（P）/距离（D）/角度（A）/修剪（T）/方式（E）/多个（M）]：

结果如图 14-12 所示。

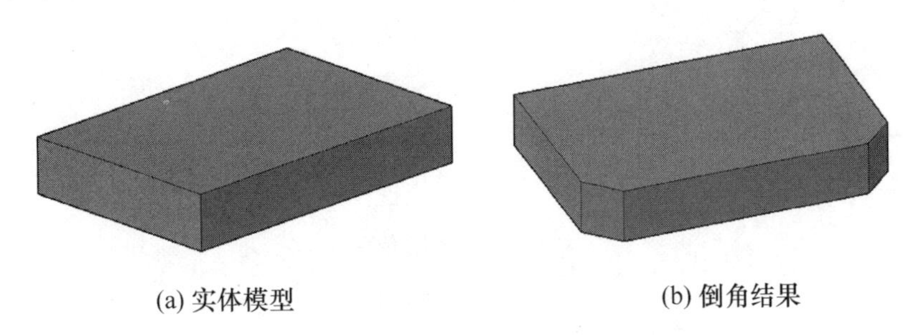

(a) 实体模型　　(b) 倒角结果

图 14-12　倒角

14.5.2　圆角

（1）执行方式

菜单栏：选择“修改”菜单⇨“圆角”命令。

命令行：FILLET。

功能区：单击“默认”选项卡⇨“修改”面板⇨“圆角”按钮。

工具栏：单击“修改”工具栏中的“圆角”按钮。

（2）操作步骤

命令：FILLET

当前设置：模式=修剪，半径=0.0000

选择第一个对象或[放弃（U）/多段线（P）/半径（R）/修剪（T）/多个（M）]：

输入圆角半径或[表达式（E）]：（输入圆角半径）

选择边或[链（C）/环（L）/半径（R）]：

结果如图 14-13 所示。

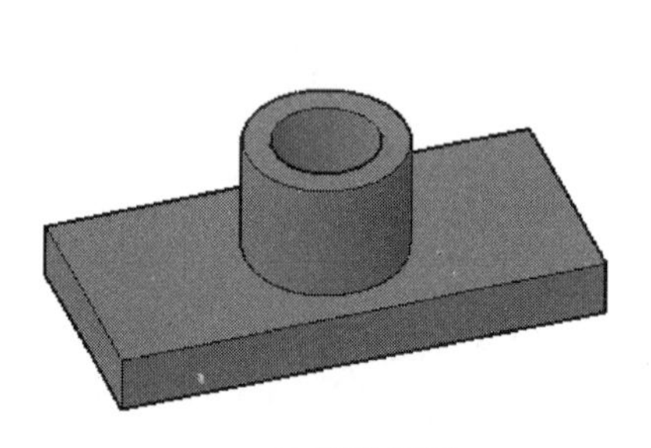

(a) 实体模型

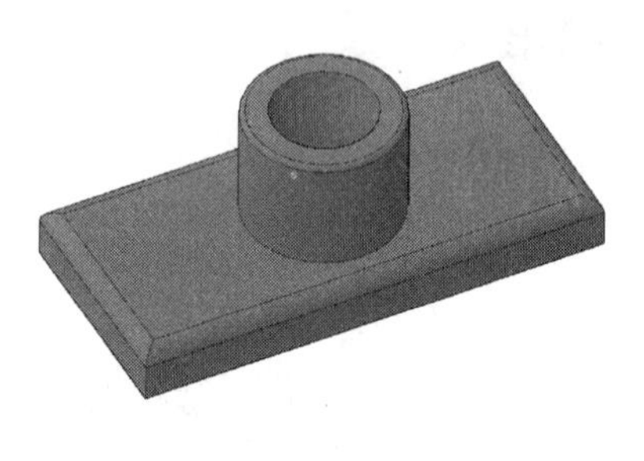

(b) 圆角结果

图 14-13　圆角

习题

绘制三维实体的命令有哪些?

长方体——

圆柱体——

拉伸——

旋转——

扫掠——

剖切——

抽壳——

并集运算——

差集运算——

交集运算——

放样——

拖拽——

倒角——

圆角——

第15章

三维实体编辑

利用 AutoCAD 绘制完基本的三维造型后，还要对实体进行相应的编辑，才能完成复杂的操作。本章主要介绍实体的显示形式、渲染、编辑三维曲面和编辑实体等内容。

15.1 实体显示形式

在不同的视觉样式下，三维模型会呈现出不同的视觉效果。如果要形象地展示模型效果，可以设置为概念样式；要表达模型的内部结构，可以设置为线框样式。在 AutoCAD 2020 中，三维模型的视觉样式有：二维线框、概念、隐藏、真实、着色、带边缘着色、灰度、勾画、线框、X 射线，如图 15-1 所示。

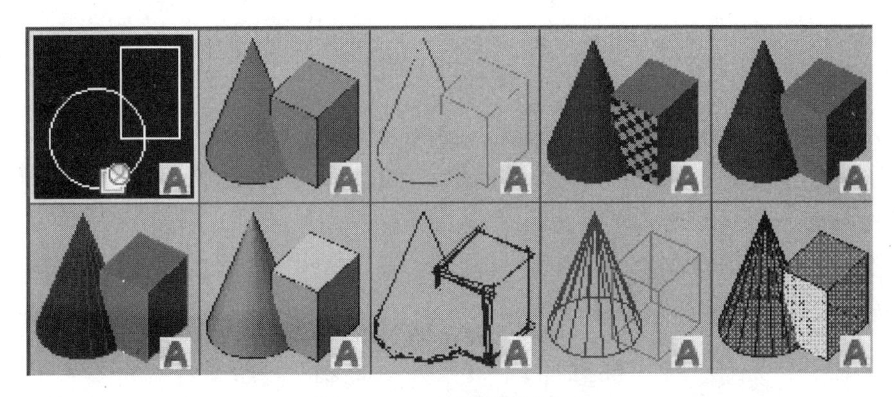

图 15-1 十种视觉样式

15.1.1 隐藏显示

功能区：“常用”选项卡⇨“视图”面板⇨“视觉样式”中的“隐藏”按钮。

功能区：“视图”选项卡⇨“选项板”面板⇨“视觉样式管理器”中的“隐藏”按钮。

功能区：“可视化”选项卡⇨“视觉样式”面板⇨“视觉样式”中的“隐藏”

按钮。

菜单栏："视图" ⇨ "消隐" 命令。

工具栏："渲染" 工具栏⇨ "隐藏" 按钮。

控　件："视觉样式控件" 中的 "隐藏" 按钮。

命令行：HIDE。

执行该命令后，对象挡住的图线会被隐藏起来，增加实体的三维效果，如图 15-2 所示。

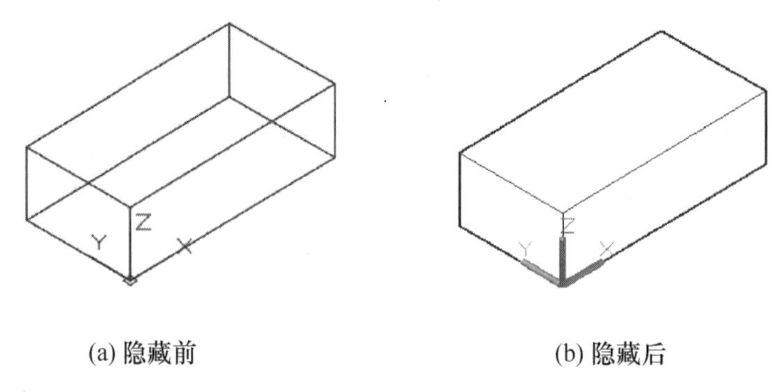

(a) 隐藏前　　　　(b) 隐藏后

图 15-2　隐藏显示效果

15.1.2　视觉样式

在 AutoCAD 中为了三维模型的最佳效果，往往需要不断地切换视觉样式。这样不仅可以方便观察，而且在一定程度上还可以辅助创建模型。

功能区："常用" 选项卡⇨ "视图" 面板⇨ "视觉样式" 中 "二维线框" 按钮。

功能区："视图" 选项卡⇨ "选项板" 面板⇨ "视觉样式管理器" 中 "二维线框" 按钮。

功能区："可视化" 选项卡⇨ "视觉样式" 面板⇨ "视觉样式" 中 "二维线框" 按钮。

菜单栏："视图" ⇨ "视觉样式" ⇨ "二维线框" 命令。

工具栏："视觉样式" 工具栏中 "二维线框" 按钮。

命令行：VSCURRENT，选择 "二维线框"。

选项说明：

二维线框：用直线和曲线表示对象的边界，其中光栅、OLE 对象、线型和线宽均可见，且线与线之间是重复地叠加。图 15-3 所示为抽屉的二维线框显示。

线框：用直线和曲线作为边界来显示对象，并且显示一个已着色的三维 UCS 图标，但光栅、OLE 对象、线型和线宽均不可见。图 15-4 所示为抽屉的线框显示。

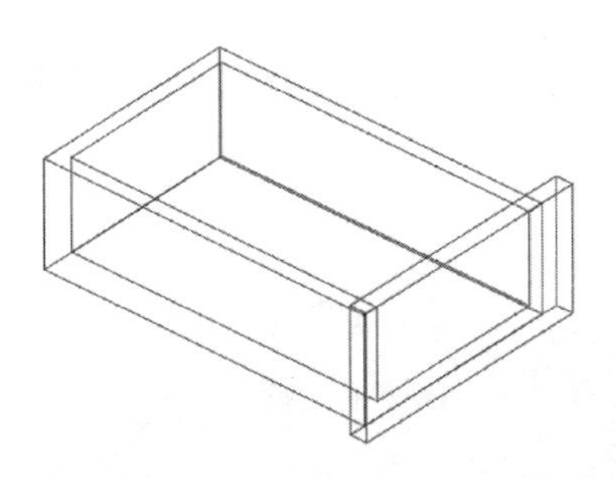

图 15-3　抽屉的二维线框显示

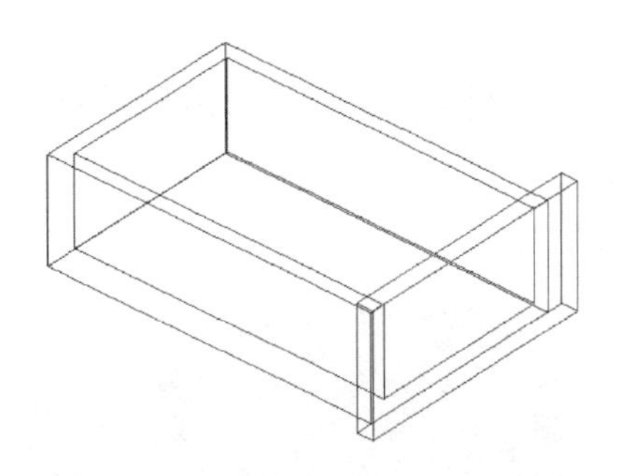

图 15-4　抽屉的线框显示

隐藏：用三维线框来表示对象，隐藏显示对象后面的各个面的直线。图 15-5 所示为抽屉的隐藏显示。

真实：着色多边形平面间的对象，使对象的边平滑化，并显示已附着到对象的材质。图 15-6 所示为抽屉的真实显示。

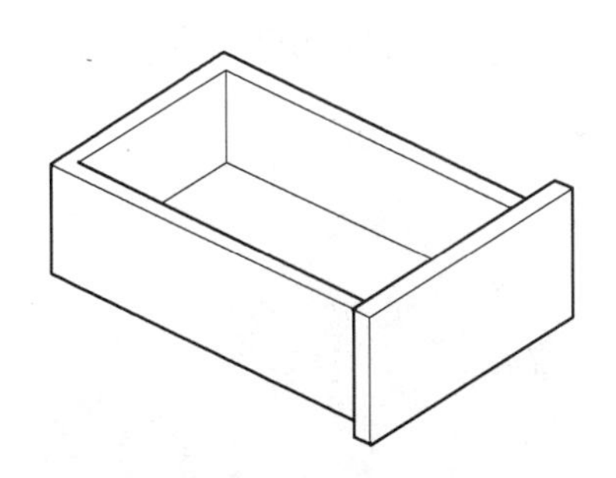

图 15-5　抽屉的隐藏显示

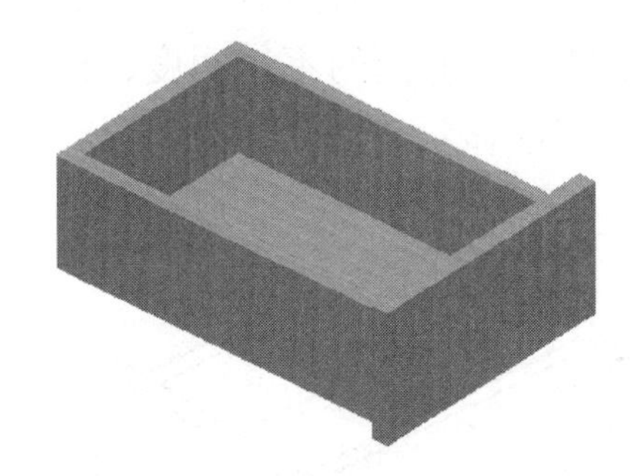

图 15-6　抽屉的真实显示

概念：着色多边形平面间的对象，并使对象的边平滑化。着色使用冷色和暖色之间的过渡，效果缺乏真实感，但可以更方便地查看模型的细节。图 15-7 所示为抽屉的概念显示。

着色：模型仅仅以着色显示，并显示已附着到对象的材质。图 15-8 所示为抽屉的着色显示。

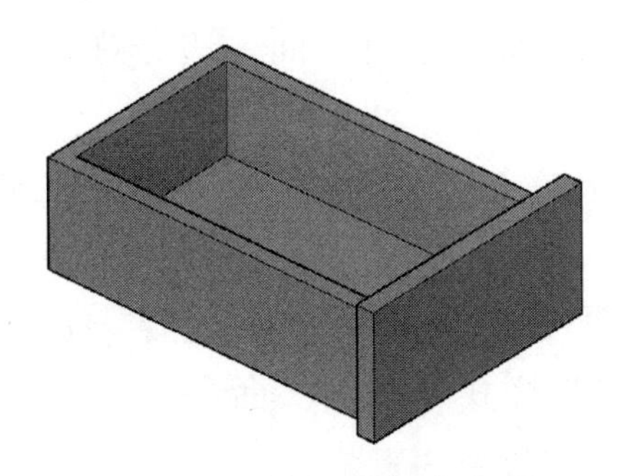

图 15-7　抽屉的概念显示

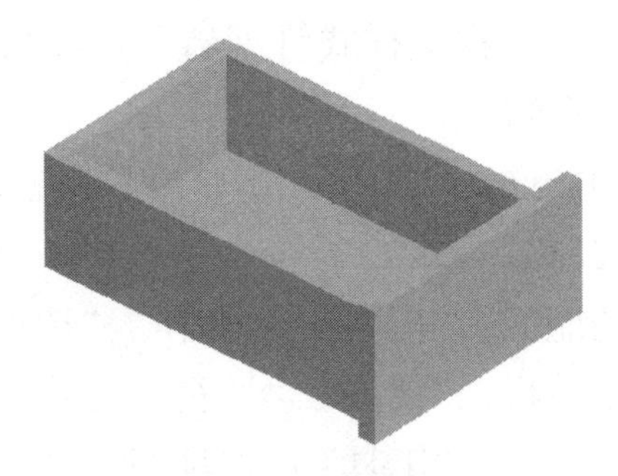

图 15-8　抽屉的着色显示

带边缘着色：产生平滑、带有可见边的着色模型。图 15-9 所示为抽屉的带边缘着色显示。

灰度：使用单色面颜色模式可以产生灰色效果。图 15-10 所示为抽屉的灰度显示。

图 15-9　抽屉的带边缘着色显示

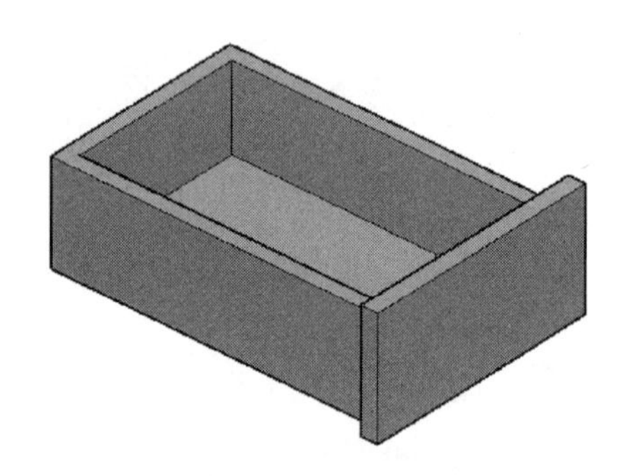

图 15-10　抽屉的灰度显示

勾画：使用外伸和抖动产生手绘效果。图 15-11 所示为抽屉的勾画显示。

X 射线：更改面的不透明度，使整个场景变成部分透明。图 15-12 所示为抽屉的 X 射线显示。

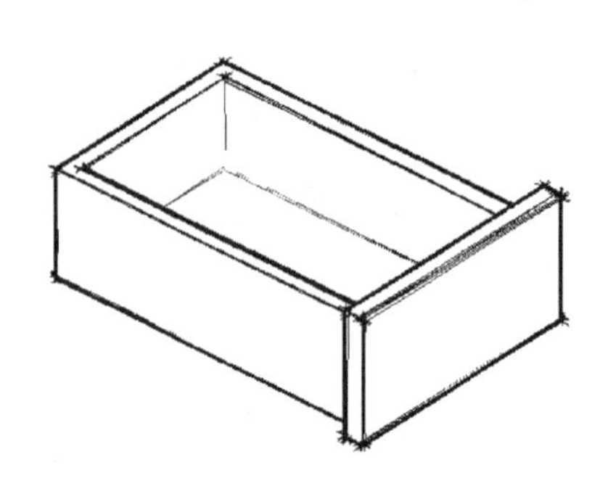

图 15-11　抽屉的勾画显示

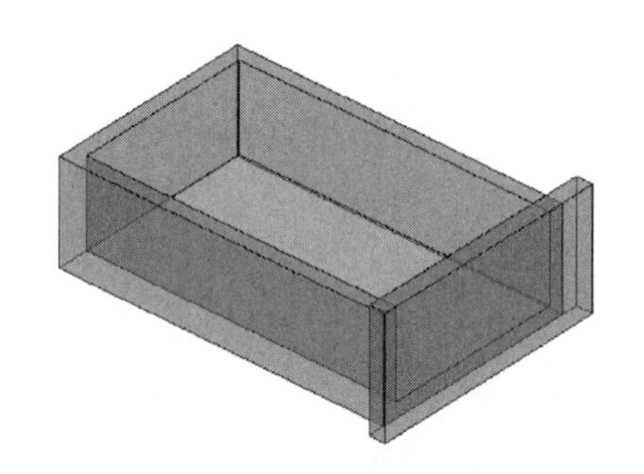

图 15-12　抽屉的 X 射线显示

15.1.3　视觉样式管理器

用户可以修改已有的视觉样式或者创建新的视觉样式。在实际建模过程中，可以通过“视觉样式管理器”选项板来控制线型、颜色、面、边、背景、材质和纹理等特性。

功能区：“常用”选项卡⇨“视图”面板⇨“视觉样式”⇨“视觉样式管理器”按钮。

功能区：“视图”选项卡⇨“选项板”面板⇨“视觉样式管理器”按钮。

菜单栏：“视图”⇨“视觉样式”⇨“视觉样式管理器”命令。

“工具”⇨选项板⇨“视觉样式”命令。

工具栏：“视觉样式”工具栏中“管理视觉样式”按钮。

控　件：“视觉样式控件”中的“视觉样式管理器”按钮。

命令行：VISUALSTYLES。

执行任一操作后，弹出“视觉样式管理器”对话框（如图 15-13 所示）。

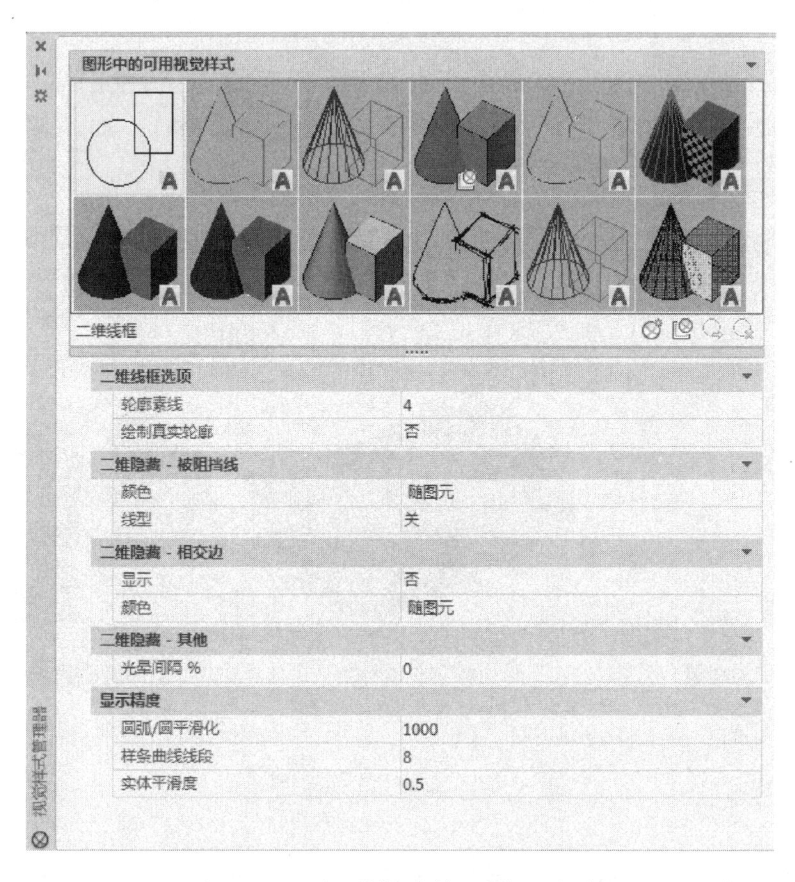

图 15-13　“视觉样式管理器”对话框

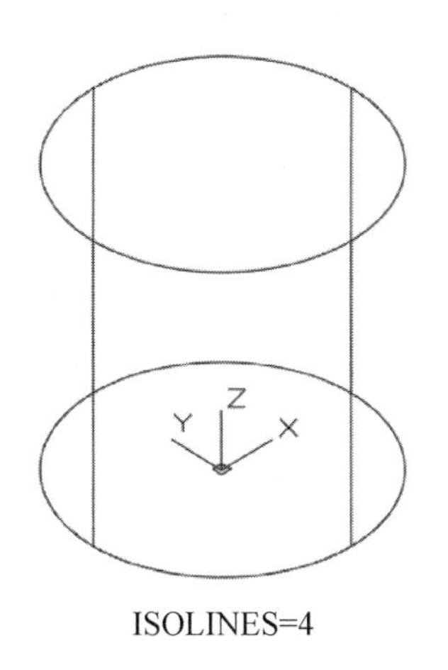

ISOLINES=4

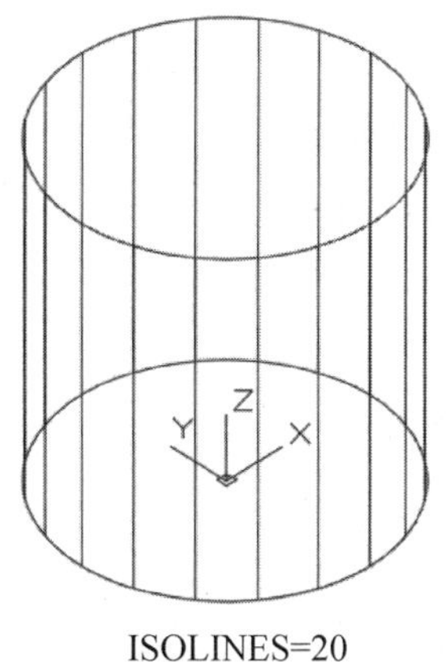

ISOLINES=20

图 15-14　ISOLINES 对图形显示的影响

（1）二维线框特性

二维线框的特性面板主要用于控制轮廓素线的显示、线型的颜色、光晕间隔百分比以及线条的显示精度。它的设置直接影响线框的显示效果。如图 15-14 所示为轮廓素线分别为 4 和 20 时的对比效果。

小技巧

改变三维图形曲面轮廓素线。系统变量“ISOLINES”用于控制显示曲面线框弯曲部分的素线数目，有效整数值为 0~2047，初始值为 4。

（2）线框特性

线框特性面板包括面、环境以及边等特性的设置，具体包括面样式、背景、边颜色等特性。其中常用的面样式是指控制面的着色模式；背景是指控制绘图背景的显示。如图 15-15 所示将线框设置为 3 种不同的面样式。

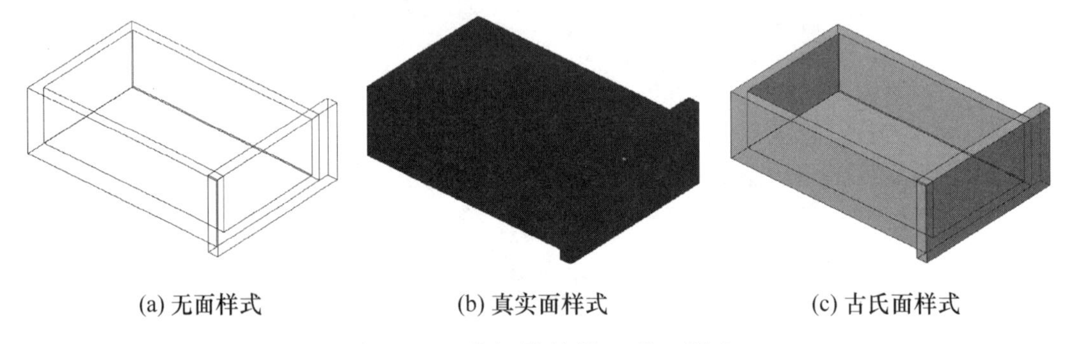

(a) 无面样式　　(b) 真实面样式　　(c) 古氏面样式

图 15-15　线框特性的三种面样式

注意：

真实样式表现出物体面非常接近于面在现实中的表现方式；古氏样式使用冷色和暖色而不是暗色和亮色增强面的显示效果。这些面可以附加阴影并且很难在真实显示中看到。

（3）隐藏特性

隐藏的特性面板与线框基本相同，区别在于隐藏是将边线镶嵌于面，以显示出面的效果。因此多出了折缝角度和光晕间隔等特性。其中折缝角度主要用于创建更光滑的镶嵌表面，折缝角越大，表面越光滑；而光晕间隔是镶嵌面与边交替隐藏的间隔。例如分别将折缝角变小、将光晕间隔增大时，其表面变换效果如图 15-16 所示。

（4）概念特性

概念特性面板和隐藏基本相同，区别在于概念视觉样式是通过着色显示面的效果，而隐藏则是无面样式显示。此外可以通过亮显强度、不透明度以及材质和颜色等特性对此显示较强的模型效果。在“面设置”面板中单击“不透明度”按钮，将“不透明度”分别设置成 100 和 30 的显示效果，如图 15-17 所示。

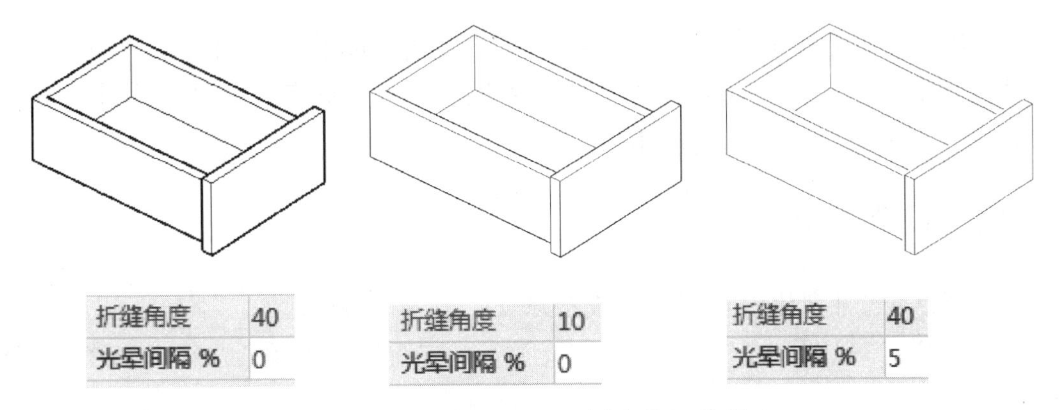

图 15-16　隐藏特性的不同参数视觉样式

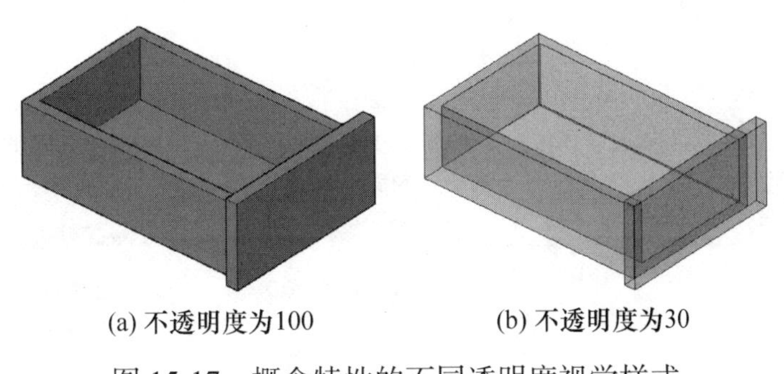

图 15-17　概念特性的不同透明度视觉样式

（5）真实特性

真实特性面板和概念基本相同，它真实地显示模型的构成，每一条轮廓线都清晰可见。由于真实着色显示出模型结构，因此相对于概念显示来说，不存在折痕角、光晕间隔等特性，但是赋予材质特性后，效果清晰可见，如图 15-18 所示。

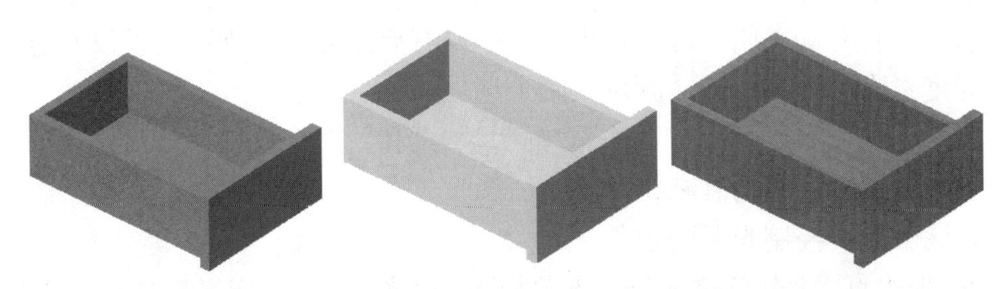

图 15-18　真实特性的关闭与打开材质和纹理视觉样式

15.2 渲染实体

三维实体绘制完成后，为了更加真实地表达实体的外观和纹理，一般会对其进行渲染操作。渲染是对三维实体对象添加灯光、颜色、材质、背景和场景等因素，是图形输出前的关键步骤。

15.2.1 设置光源

功能区：“可视化”选项卡⇨“光源”面板⇨“创建光源”下拉按钮。

菜单栏：“视图”⇨“渲染”⇨“光源”⇨“新建点光源”命令（如图 15-19 所示）。

工具栏：“渲染”工具栏中“新建点光源”按钮。

命令行：LIGHT。

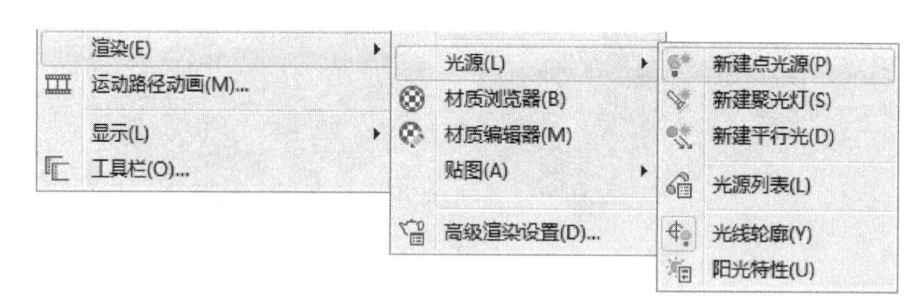

图 15-19 视图菜单新建点光源

选项说明：

① 点光源：

名称：指定光源的名称。可以在名称中使用大写字母和小写字母、数字空格、连字符（—）和下划线（_），最大长度为 256。

强度因子：设置光源的强度或亮度，取值范围为 0.00 到系统支持的最大值。

状态：打开和关闭光源。如果图形中没有启用光源，则该设置没有意义。

光度：有“强度”和“颜色”两个选项。

阴影：使光源投影，有“关”“鲜明”“柔和”三个选项。

衰减：设置系统的衰减特性。

过滤颜色：控制光源的颜色。

② 聚光灯：大部分选项与点光源相同。聚光角：指定定义最高光锥的角度，也称为光束角，取值范围为 0°~160°或基于别的角度单位的等价值。照射角：指定定义完整光锥的角度，也称为现场角，取值范围为 0°~160°，默认值为 45°或

基于别的角度单位的等价值。注意：照射角度必须大于或等于聚光角角度。

③ 平行光：创建平行光。有关点光源的命令，还有光源列表、地理位置、阳光特性等。

15.2.2　渲染环境

功能区："可视化"选项卡⇨"渲染"面板⇨"渲染环境和曝光"按钮。

命令行：RENDERENVIRONMENT。

执行任一操作后，弹出"渲染环境和曝光"对话框（如图 15-20 所示），可以设置相关参数。

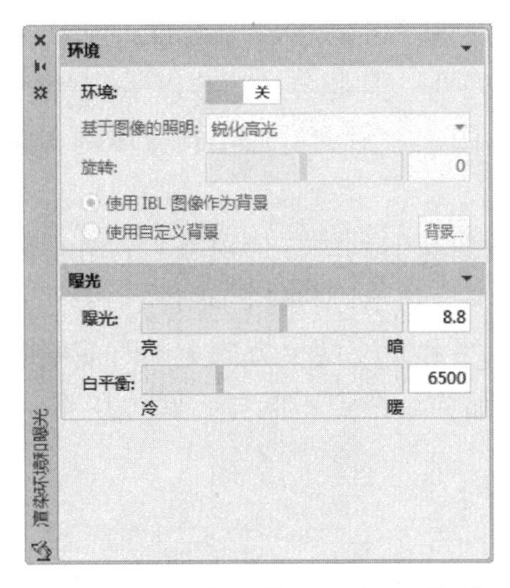

图 15-20　"渲染环境和曝光"对话框

15.2.3　贴图

功能区："可视化"选项卡⇨"材质"面板⇨"材质与贴图"下拉按钮。

菜单栏："视图"⇨"渲染"⇨"贴图"命令（如图 15-21 所示）。

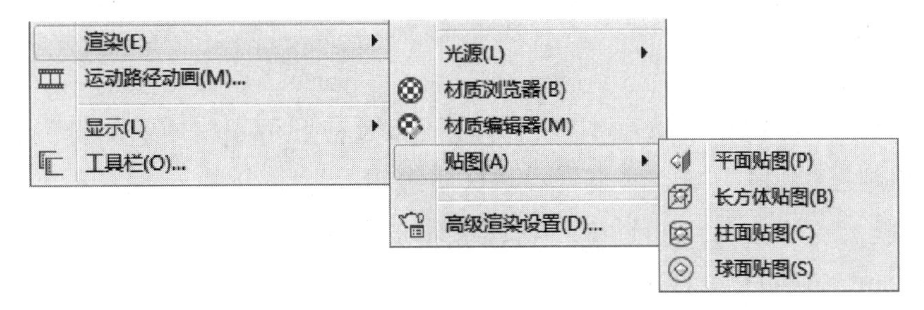

图 15-21　视图菜单贴图命令

工具栏：“渲染”工具栏中“贴图”按钮（如图 15-22 所示）。

工具栏：“贴图”工具栏（如图 15-23 所示）。

命令行：MATERIALMAP。

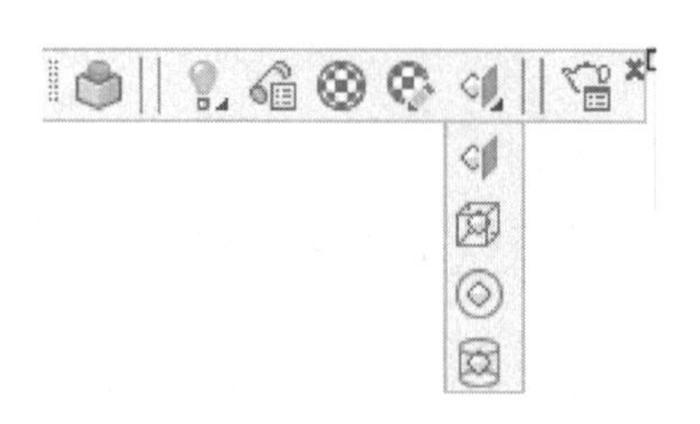

图 15-22 “渲染”工具栏贴图命令

图 15-23 “贴图”工具栏

① 平面贴图：将图像映射到对象上，就像将其从幻灯片投影器投影到二维曲面上一样。图像不会失真，但是会被缩放以适应对象。该贴图最常用于面。

② 长方体贴图：将图像映射到类似于长方体的实体上。该图像将在对象的每个面上重复使用。

③ 柱面贴图：将图像映射到圆柱形对象上；水平边将一起弯曲，但顶边和底边不会弯曲。图像的高度将沿圆柱体的轴进行缩放。

④ 球面贴图：在水平和垂直两个方向上同时使用图像弯曲。纹理贴图的顶边在球体的“北极”压缩为一个点；同样，底边在“南极”压缩为一个点。

15.2.4 材质

（1）材质浏览器

功能区：“可视化”选项卡⇨“材质”面板⇨“材质浏览器”按钮。

菜单栏：“视图”⇨“渲染”⇨“材质浏览器”命令。

工具栏：“渲染”工具栏中“材质浏览器”按钮。

命令行：MATBROWSER。

执行任一操作后，弹出“材质浏览器”对话框（如图 15-24 所示），可以设置相关参数。

（2）材质编辑器

功能区：“可视化”选项卡⇨“材质”面板右下角“材质编辑器”按钮。

菜单栏：“视图”⇨“渲染”⇨“材质编辑器”命令。

工具栏：“渲染”工具栏中“材质编辑器”按钮。

命令行：MATEDITOR。

执行任一操作后，弹出“材质编辑器”对话框（如图 15-25 所示），可以设置相关参数。

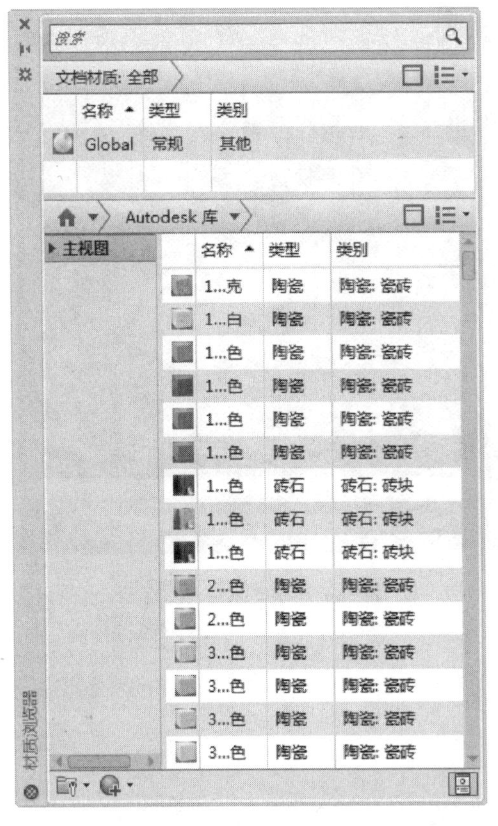

图 15-24　“材质浏览器”对话框

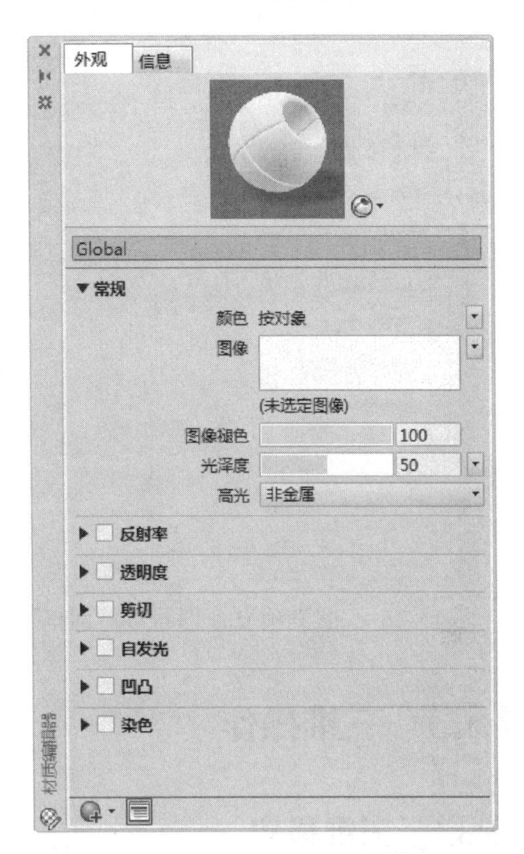

图 15-25　“材质编辑器”对话框

15.2.5　渲染

（1）高级渲染设置

功能区：“视图”选项卡⇨“选项板”面板⇨“高级渲染设置”按钮。

菜单栏：“视图”⇨“渲染”⇨“高级渲染设置”命令。

工具栏：“渲染”工具栏中“高级渲染设置”按钮。

命令行：RPREF。

执行任一操作后，弹出“渲染预设管理器”对话框（如图 15-26 所示），可以设置相关参数。

（2）渲染设置

功能区：“可视化”选项卡⇨“渲染”面板⇨“渲染到尺寸”按钮。

命令行：RENDER（缩写为 RR）。

执行该操作后，打开如图 15-27 所示的“渲染”对话框，显示最终渲染效果和相关参数。

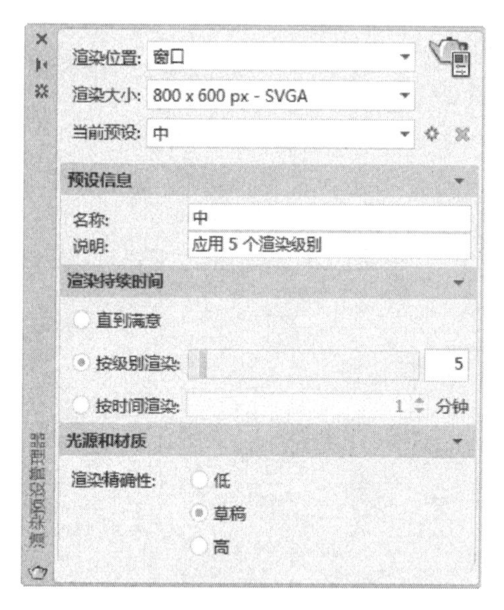

图 15-26 “渲染预设管理器”对话框

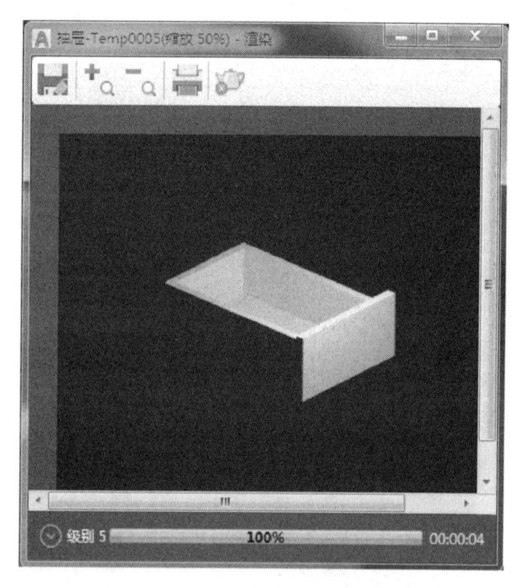

图 15-27 “渲染”对话框

15.3 三维操作

15.3.1 三维移动

功能区：“常用”选项卡⇨“修改”面板⇨“三维移动”按钮。

菜单栏：“修改”⇨“三维操作”⇨“三维移动”命令。

工具栏：“建模”工具栏中“三维移动”按钮。

命令行：3DMOVE（缩写为 3M）。

三维移动有两种方式，一个是距离法，一个是基点目标点法。

① 距离法：图 15-28 所示是将长方体沿着 *X* 轴正方向移动 100。命令行提示如下：

```
命令：_3dmove
选择对象：找到 1 个                 //选择长方体
选择对象：                          //继续选择对象直到右键或者回车确认
指定基点或 [位移(D)] <位移>：       //绘图区任意点
指定第二个点或 <使用第一个点作为位移>：100
                                    //打开正交，键盘输入 100，回车确认
```

② 基点目标点法：图 15-29 所示是将楔体的 *A* 点移动到长方体的 *B* 点。命令行提示如下：

```
命令：_3dmove
```

选择对象:找到 1 个　　　　　　//选择楔体
选择对象:　　　　　　　　　　//继续选择对象直到右键或者回车确认
指定基点或 [位移(D)] <位移>:　　　　　　//单击 A 点
指定第二个点或 <使用第一个点作为位移>:　//单击 B 点

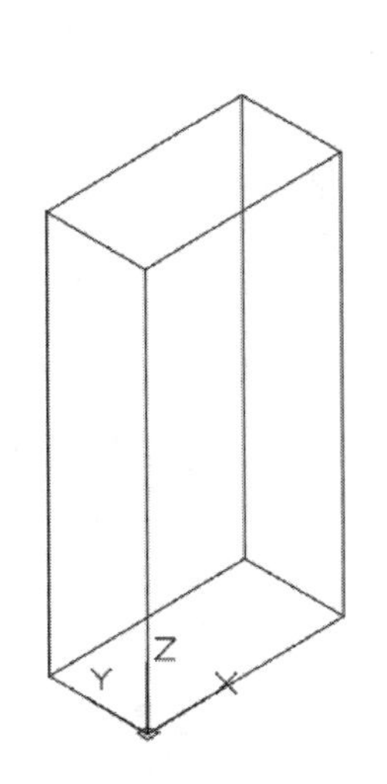

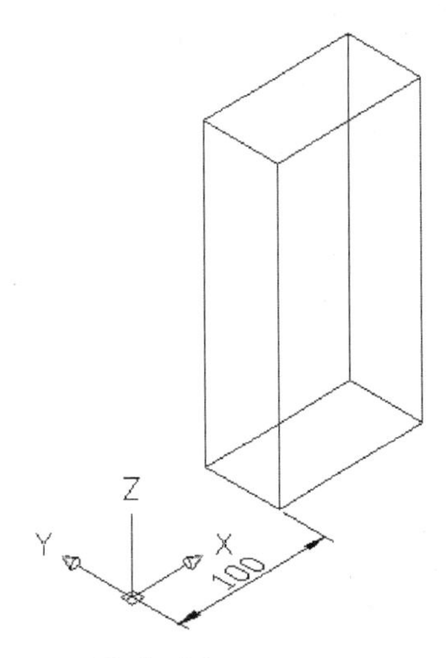

图 15-28　距离法实现“三维移动”

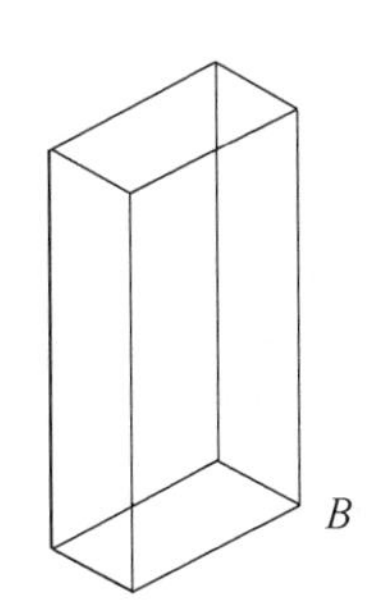

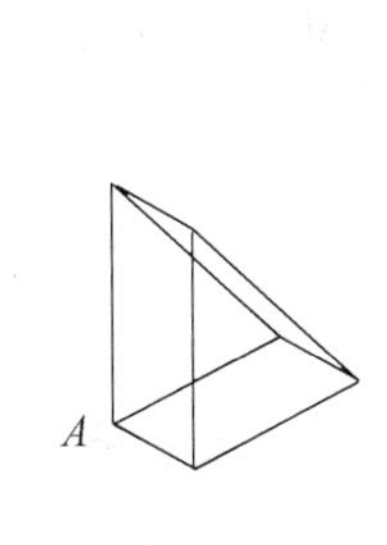

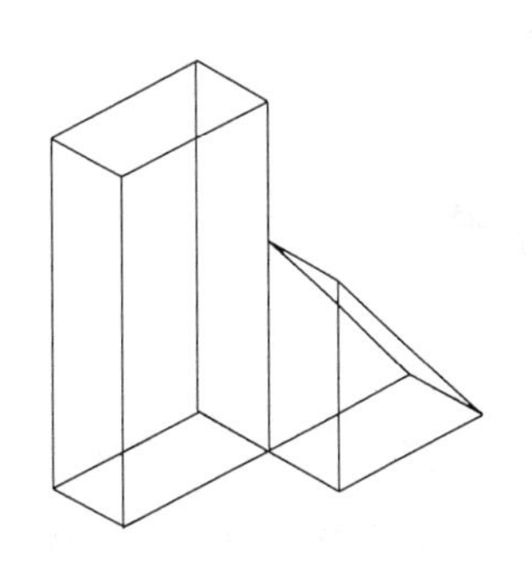

图 15-29　基点目标点法实现“三维移动”

15.3.2　三维对齐

功能区:“常用”选项卡⇨“修改”面板⇨“三维对齐”按钮。
菜单栏:“修改”⇨“三维操作”⇨“三维对齐”命令。
工具栏:“建模”工具栏中“三维对齐”按钮。
命令行:3DALIGN(缩写为 3AL)。
将楔体与长方体三维对齐,如图 15-30 所示。命令行提示如下:
命令: _3dalign
选择对象: 找到 1 个　　　　　//选择楔体
选择对象:　　　　　　　　　　//继续选择对象直到右键或者回车确认

指定源平面和方向 ...
指定基点或 [复制(C)]: //单击 A 点
指定第二个点或 [继续(C)] <C>: //单击 B 点
指定第三个点或 [继续(C)] <C>: //单击 C 点
指定目标平面和方向 ...
指定第一个目标点: //单击 A1 点
指定第二个目标点或 [退出(X)] <X>: //单击 B1 点
指定第三个目标点或 [退出(X)] <X>: //单击 C1 点

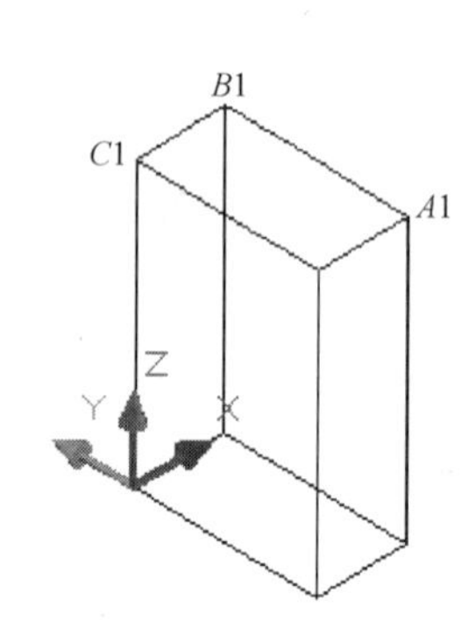

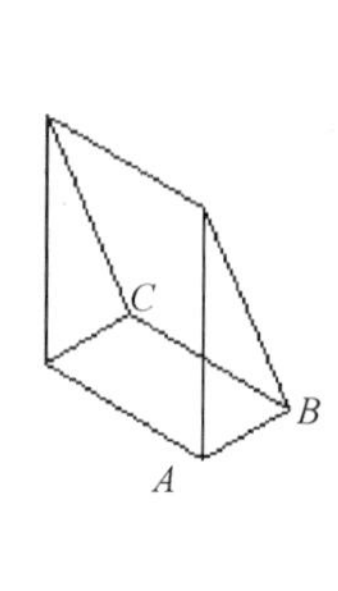

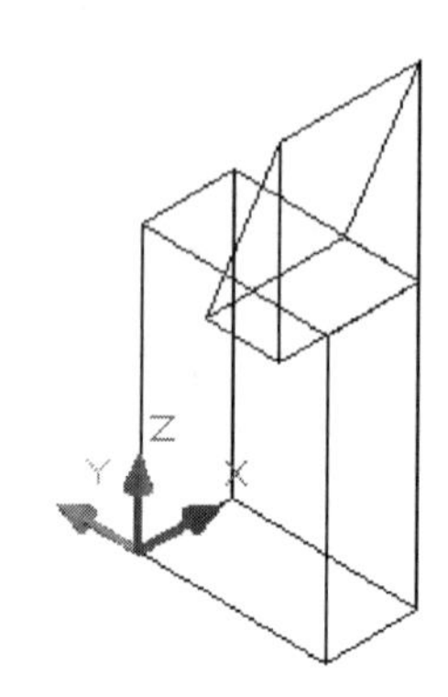

图 15-30 三维对齐

15.3.3 对齐

功能区："常用"选项卡⇨"修改"面板⇨"对齐"按钮
菜单栏："修改"⇨"三维操作"⇨"对齐"命令。
命令行：ALIGN（缩写为 AL）。
用"对齐"命令完成图 15-30 所示的操作，命令行提示如下：
命令:ALIGN
选择对象:指定对角点:找到 1 个 //选择楔体
选择对象: //继续选择对象直到右键或者回车确认
指定第一个源点: //单击 A 点
指定第一个目标点: //单击 A1 点
指定第二个源点: //单击 B 点
指定第二个目标点: //单击 B1 点
指定第三个源点或 <继续>: //单击 C 点
指定第三个目标点: //单击 C1 点

注意：

三维对齐与对齐的区别在于，三维对齐是先选择三个基点，再选择三个目标点，而对齐的源点和目标点是一一对应的。

小技巧

使用对齐命令的“一点对齐”时，和三维移动有同样的操作效果。三维对齐使用“复制”选项还可以在对齐后保留原对象。

15.3.4　三维旋转

功能区：“常用”选项卡⇨“修改”面板⇨“三维旋转”按钮。

菜单栏：“修改”⇨“三维操作”⇨“三维旋转”命令。

工具栏：“建模”工具栏中“三维旋转”按钮。

命令行：3DROTATE（或 ROTATE3D）（缩写为 3R）。

绘制四个长方体，视图方向设置为左视图。用“三维旋转”命令完成图 15-31 所示的操作，命令行提示如下：

```
命令: _3drotate
UCS 当前的正角方向:  ANGDIR=逆时针   ANGBASE=0
选择对象:指定对角点:找到 3 个     //选择上面的三个长方体
选择对象:                         //继续选择对象直到右键或者回车确认
指定基点:                         //单击 A 点
指定旋转角度, 或 [复制(C)/参照(R)] <0>:  30
命令:
3DROTATE
UCS 当前的正角方向:ANGDIR=逆时针   ANGBASE=0
选择对象:指定对角点:找到 2 个     //选择上面的两个长方体
选择对象:                         //继续选择对象直到右键或者回车确认
指定基点:                         //单击 B 点
指定旋转角度, 或 [复制(C)/参照(R)] <30>:  60
命令:
3DROTATE
UCS 当前的正角方向:ANGDIR=逆时针   ANGBASE=0
选择对象:指定对角点:找到 1 个     //选择最上面的长方体
选择对象:                         //继续选择对象直到右键或者回车确认
指定基点:                         //单击 C 点
```

指定旋转角度，或 [复制(C)/参照(R)] <60>： 90

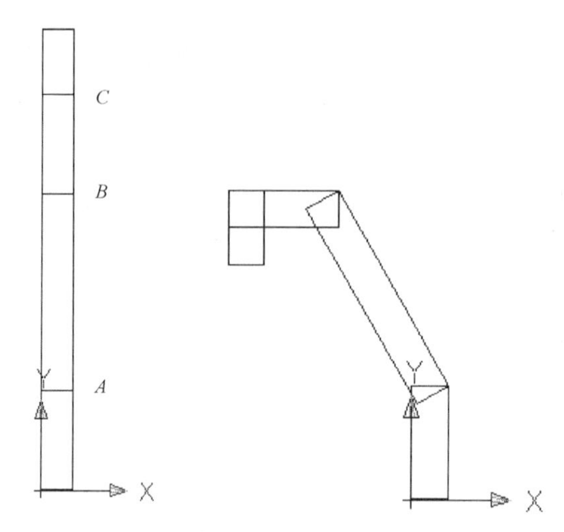

图 15-31　三维旋转

15.3.5　三维阵列

菜单栏：“修改”⇨“三维操作”⇨“三维阵列”命令。

工具栏：“建模”工具栏中“三维阵列”按钮。

命令行：3DARRAY（缩写为 3A）。

用三维阵列命令完成图 15-32 所示的操作，具体步骤如下：

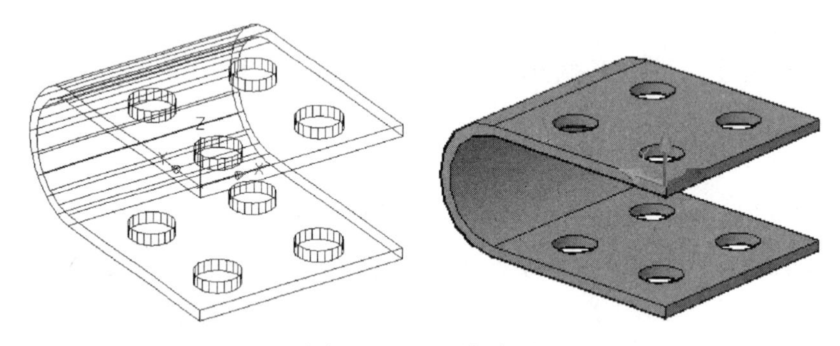

图 15-32　三维阵列

（1）创建“U”形面域

① 将视图方向调整为主视图，绘制如图 15-33 所示的截面图形。

② 创建面域，拉伸长度为 200 的实体。如图 15-34 所示。

（2）三维阵列对象

① 绘制表面圆。调整 UCS 坐标系到上表面，如图 15-35 所示，绘制（50，50）为圆心，半径为 20 的圆。

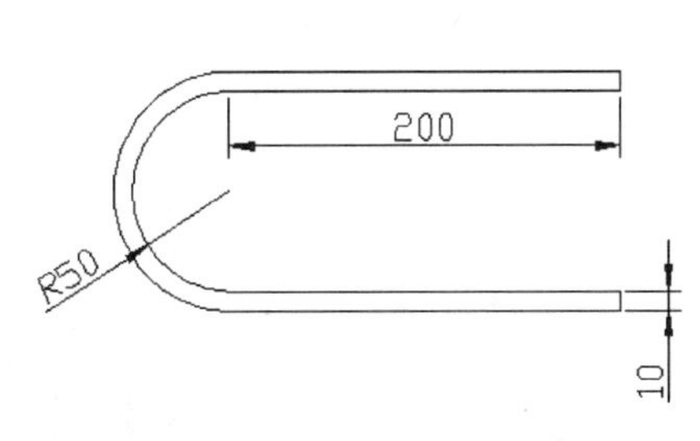

图 15-33　U 形板截面图形

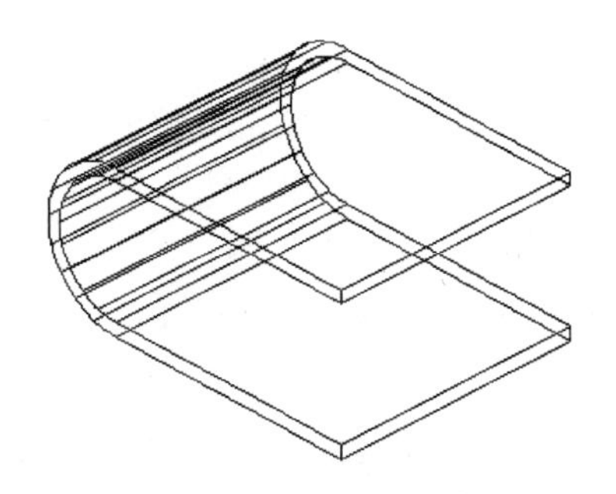

图 15-34　拉伸 U 形板实体

② 矩形阵列圆。矩形阵列同平面图形的阵列一样，行表示沿 *Y* 轴方向，列表示沿 *X* 轴方向，层表示沿 *Z* 轴方向，结果如图 15-36 所示，命令行提示如下：

```
命令: _3darray
选择对象:找到 1 个//选择圆
选择对象:                        //继续选择对象直到右键或者回车确认
输入阵列类型 [矩形(R)/环形(P)] <矩形>:R
输入行数 (---) <1>: 2
输入列数 (|||) <1>: 2
输入层数 (...) <1>: 2
指定行间距 (---): 100
指定列间距 (|||): 100
指定层间距 (...): -110
```

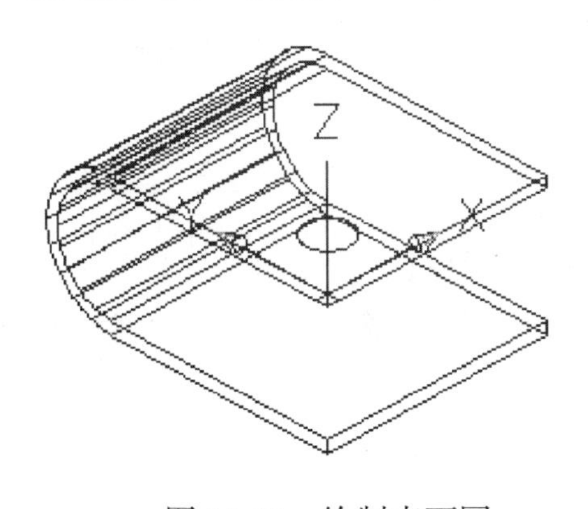

图 15-35　绘制表面圆

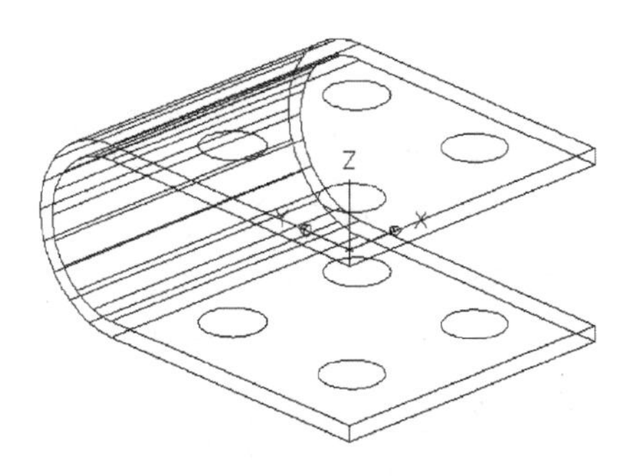

图 15-36　矩形阵列圆

（3）拉伸

将 8 个圆做拉伸操作，结果如图 15-37 所示。

（4）布尔运算做差集

最终结果如图 15-32 所示。

除了矩形阵列，三维阵列还包含环形阵列，如图 15-38 所示，具体步骤如下：

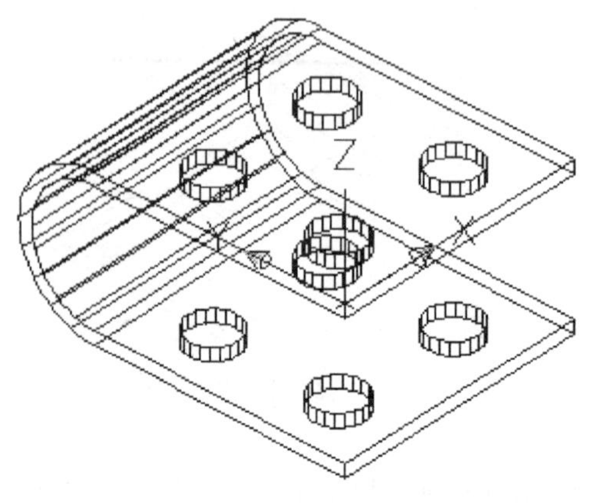

图 15-37　拉伸 8 个圆

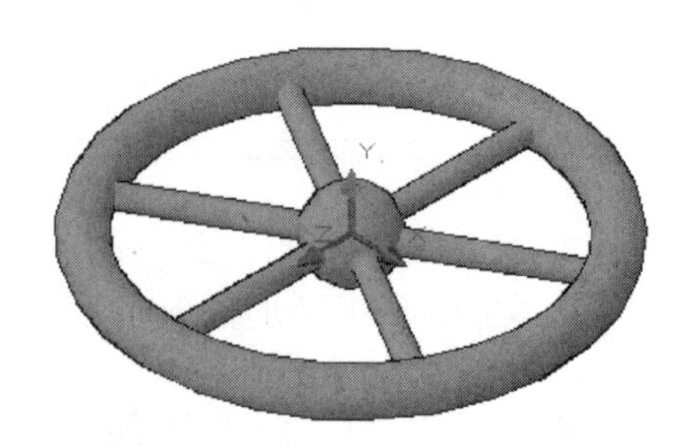

图 15-38　环形阵列

① 创建圆环。中心点为（0，0，0），半径为 100，圆管半径为 10。

② 创建球体。中心点为（0，0，0），半径为 20，如图 15-39 所示。

③ 创建圆柱。调整 UCS 坐标系的 *XY* 平面。绘制半径为 7.5 的圆，拉伸高度为 100，如图 15-40 所示。

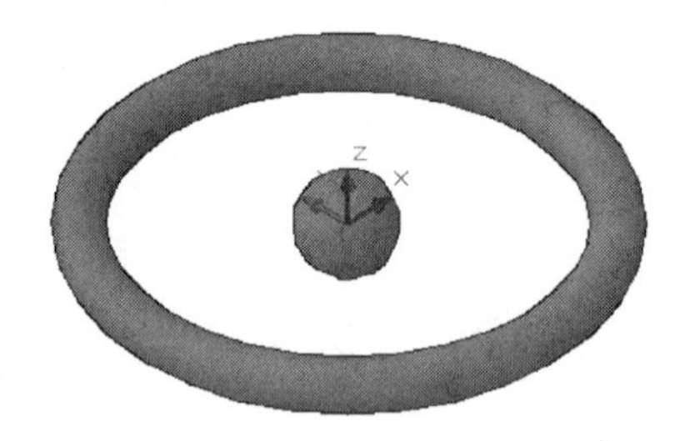

图 15-39　创建圆环和球体

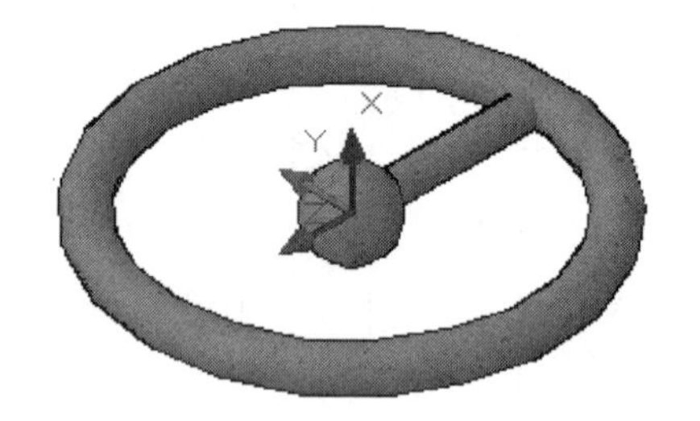

图 15-40　创建圆柱体

④ 环形阵列。命令行提示如下：

```
命令：_3darray
选择对象:找到 1 个                //选择圆柱体
选择对象:                        //继续选择对象直到右键或者回车确认
输入阵列类型 [矩形(R)/环形(P)] <矩形>:P
输入阵列中的项目数目：6
指定要填充的角度 (+=逆时针，-=顺时针) <360>:
旋转阵列对象？ [是(Y)/否(N)] <Y>：Y
指定阵列的中心点:                  //选择（0，0，0）点
指定旋转轴上的第二点:              //正交状态下向上或者向下选一点
```

15.3.6　三维镜像

功能区："常用"选项卡⇨"修改"面板⇨"三维镜像"按钮。

菜单栏："修改"⇨"三维操作"⇨"三维镜像"命令。

命令行：3D MIRROR（或 MIRROR3D）。

将图 15-32 进行镜像操作，结果如图 15-41 所示。命令行提示如下：

命令：_mirror3d

选择对象：找到 1 个　　　　　　　//选择 U 形板

选择对象：　　　　　　　　　　　//继续选择对象直到右键或者回车确认

指定镜像平面(三点)的第一个点或

[对象(O)/最近的(L)/Z 轴(Z)/视图(V)/XY 平面(XY)/YZ 平面(YZ)/ZX 平面(ZX)/三点(3)] <三点>:ZX　　　　　　//选择 ZX 平面

指定 ZX 平面上的点 <0,0,0>：//单击（0，0，0）点

是否删除源对象？[是(Y)/否(N)] <否>：N

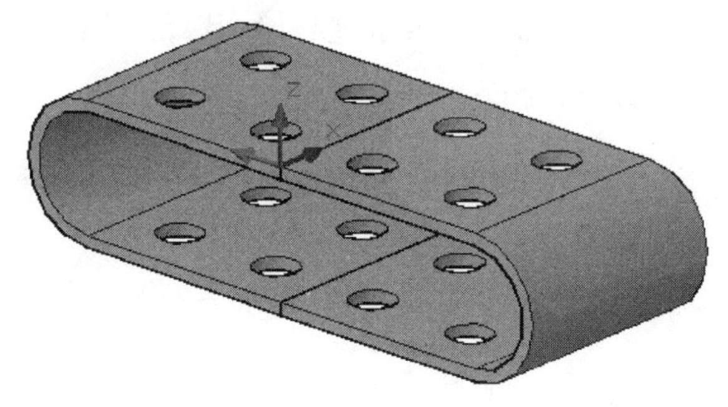

图 15-41　三维镜像

15.3.7　干涉检查

功能区："常用"选项卡⇨"实体编辑"面板⇨"干涉"按钮。

菜单栏："修改"⇨"三维操作"⇨"干涉检查"命令。

命令行：INTERFERE。

检查图 15-42 的长方体和楔体之间是否存在干涉，图 15-42（a）命令行提示如下：

命令：_interfere

选择第一组对象或 [嵌套选择(N)/设置(S)]：找到 1 个　//选择长方体

选择第一组对象或 [嵌套选择(N)/设置(S)]：

//继续选择对象直到右键或者回车确认

选择第二组对象或 [嵌套选择(N)/检查第一组(K)] <检查>：找到 1 个

//选择楔体

选择第二组对象或[嵌套选择(N)/检查第一组(K)] <检查>:

//继续选择对象直到右键或者回车确认

对象未干涉

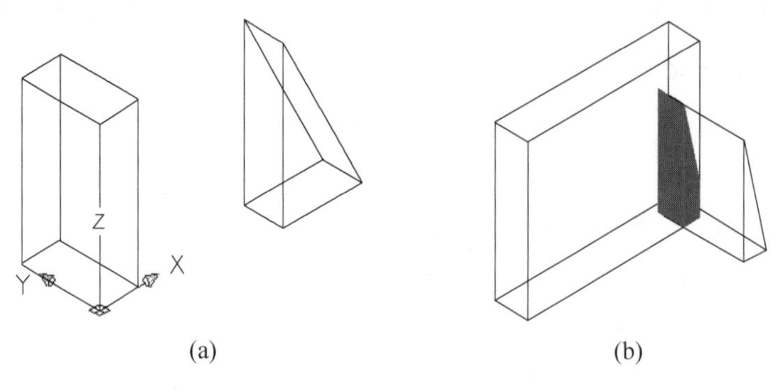

图 15-42　干涉检查

当如图 15-42（b）所示出现干涉的时候，弹出“干涉检查”对话框（图 15-43 所示），干涉部分会红色高亮显示。

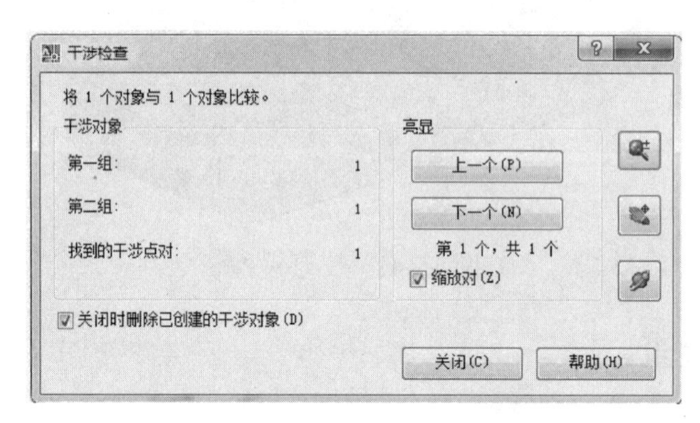

图 15-43　“干涉检查”对话框

15.3.8　剖切

功能区：“常用”选项卡⇨“实体编辑”面板⇨“剖切”按钮。

菜单栏：“修改”⇨“三维操作”⇨“剖切”命令。

命令行：SLICE（缩写为 SL）。

将图 15-44（a）剖切成图 15-44（b）和图 15-44（c）两部分，命令行提示如下：

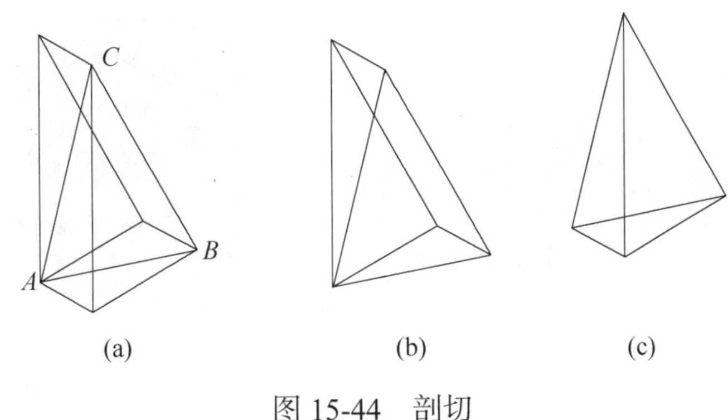

图 15-44　剖切

命令: SL

SLICE

选择要剖切的对象:找到 1 个　　//选择楔体

选择要剖切的对象:　　　　　　//继续选择对象直到右键或者回车确认

指定切面的起点或[平面对象(O)/曲面(S)/Z 轴(Z)/视图(V)/ XY(XY)/ YZ(YZ)/ ZX(ZX)/三点(3)] <三点>: 3

指定平面上的第一个点:　　　　//单击 A 点

指定平面上的第二个点:　　　　//单击 B 点

指定平面上的第三个点:　　　　//单击 C 点

在所需的侧面上指定点或 [保留两个侧面(B)] <保留两个侧面>: B

15.3.9　加厚

功能区:"常用"选项卡⇨"实体编辑"面板⇨"加厚"按钮。

菜单栏:"修改"⇨"三维操作"⇨"加厚"命令。

命令行:THICKEN。

将一个半径为 20 的圆转换成曲面,如图 15-45(a)所示,通过"加厚"命令,创建成一个圆柱体,结果如图 15-45(b)所示,命令行提示如下:

命令: _Thicken

选择要加厚的曲面:找到 1 个　　//选择圆创建的曲面

选择要加厚的曲面:　　　　　　//继续选择曲面直到右键或者回车确认

指定厚度 <8.0000>: 40

注意:

在使用"加厚"命令前,要通过"修改"菜单中"三维操作"下级菜单中"转换为曲面"命令,将圆转换为曲面才能完成操作。

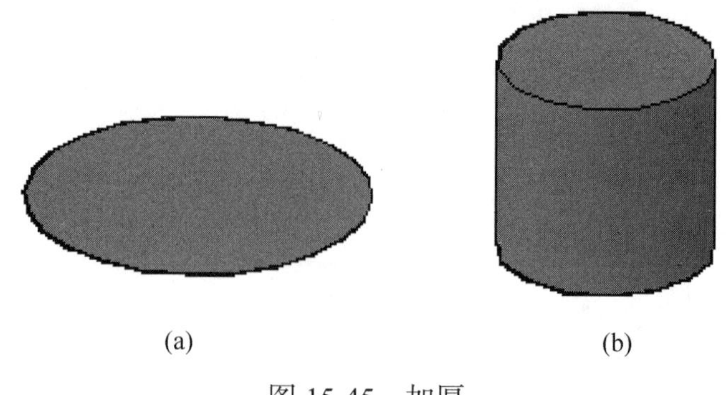

(a) (b)

图 15-45 加厚

15.3.10 提取边

功能区："常用"选项卡⇨"实体编辑"面板⇨"提取边"按钮。

菜单栏："修改"⇨"三维操作"⇨"提取边"命令。

命令行：XEDGES。

如图 15-46（a）所示的实体提取边后，所有的棱边将以直线或者曲线的形式提取出来，结果如图 15-46（b）所示，命令行提示如下：

```
命令: _xedges
选择对象:找到 1 个
```

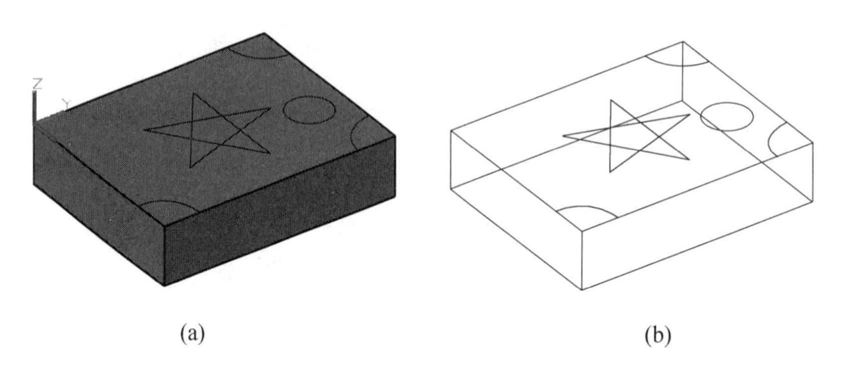

(a) (b)

图 15-46 提取边

15.4 实体编辑

15.4.1 拉伸面

功能区："常用"选项卡⇨"实体编辑"面板⇨"拉伸面"按钮。

菜单栏："修改"⇨"实体编辑"⇨"拉伸面"命令。

工具栏："实体编辑"工具栏中"拉伸面"按钮。

命令行：SOLIDEDIT，单击“面”，选择“拉伸”。

利用“拉伸面”命令，由图 15-47 的工字钢，修改成图 15-48 的造型。

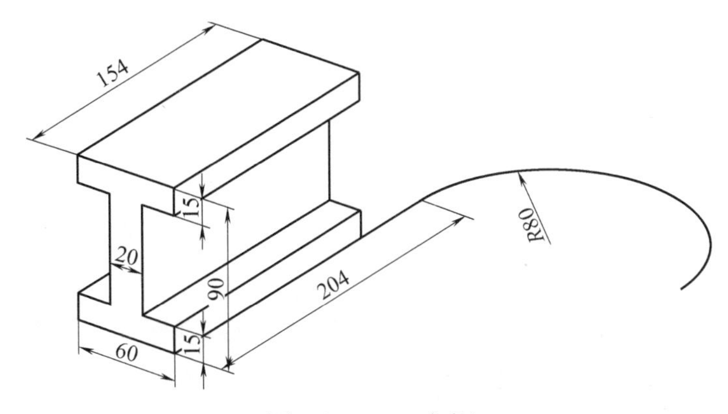

图 15-47　工字钢

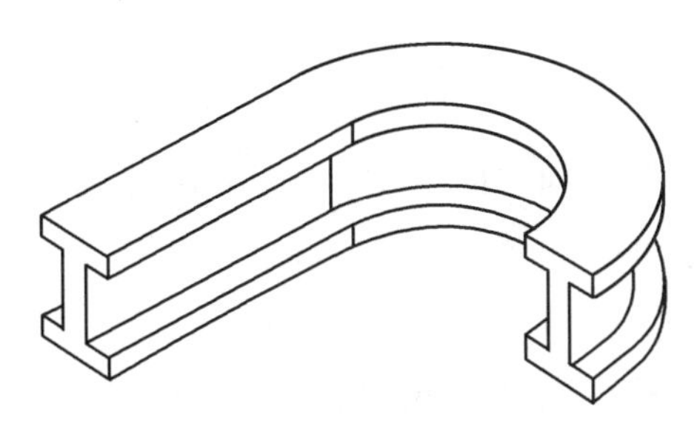

图 15-48　拉伸面

（1）创建实体

调整视图方向为左视图，用多段线按尺寸绘制如图 15-47 所示的工字钢截面。调整视图方向为西南等轴测，用“拉伸”命令创建工字钢实体。用多段线按尺寸绘制拉伸面的路径，如图 15-47 所示。

（2）拉伸面

命令行提示如下：

命令：_solidedit

实体编辑自动检查： SOLIDCHECK=1

输入实体编辑选项 [面(F)/边(E)/体(B)/放弃(U)/退出(X)] <退出>: _face

输入面编辑选项

[拉伸(E)/移动(M)/旋转(R)/偏移(O)/倾斜(T)/删除(D)/复制(C)/颜色(L)/材质(A)/放弃(U)/退出(X)] <退出>:

_extrude

选择面或 [放弃(U)/删除(R)]：找到一个面　　　//选择工字钢的端面

选择面或 [放弃(U)/删除(R)/全部(ALL)]:

//继续选择面直到右键或者回车确认

指定拉伸高度或 [路径(P)]: p

选择拉伸路径: //选择多段线

已开始实体校验

已完成实体校验

15.4.2 移动面

功能区:“常用”选项卡⇨“实体编辑”面板⇨“移动面”按钮。

菜单栏:“修改”⇨“实体编辑”⇨“移动面”命令。

工具栏:“实体编辑”工具栏中“移动面”按钮。

命令行:SOLIDEDIT,单击“面”,选择“移动”。

(1)创建“L”形实体

用多段线命令按尺寸绘制“L”形实体的端面,生成面域后,用“拉伸”命令创建实体,并在上表面捕捉棱边中点绘制辅助线 *AB*,如图 15-49(a)所示。

(2)绘制腰圆形立体

在俯视图面,用多段线命令按尺寸绘制腰圆形端面,生成面域后,用“拉伸”命令创建实体,并在上表面绘制辅助线 *CD*,如图 15-49(b)所示。

(3)布尔运算

用“移动”命令将腰圆形立体,以 *CD* 的中点为基点,移到 *AB* 的中点处,布尔运算将“L”形实体送去腰圆形实体,结果如图 15-50(a)所示。

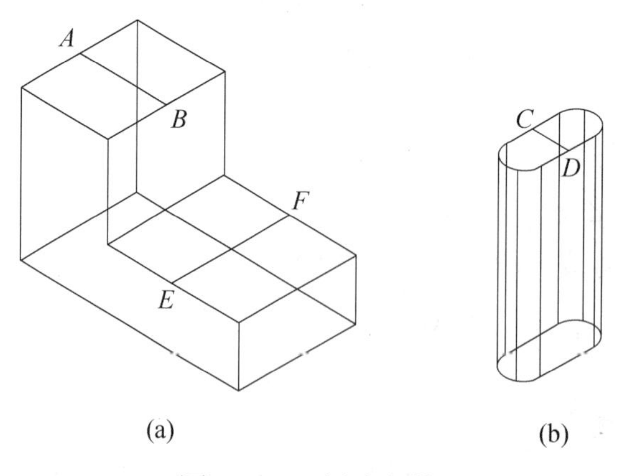

图 15-49 创建实体

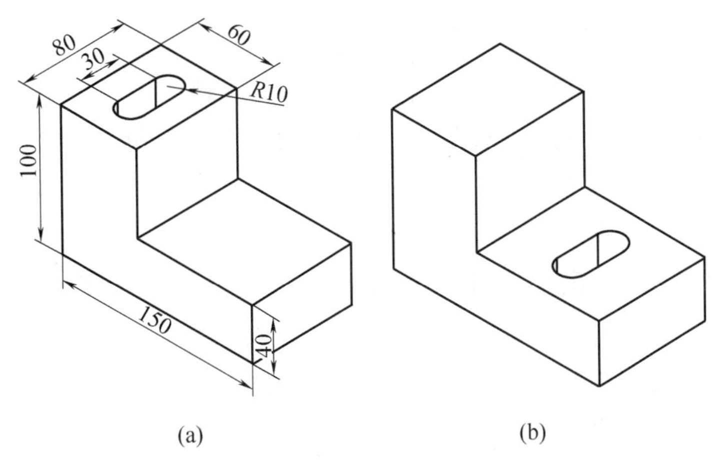

(a)　　(b)

图 15-50　移动面

（4）移动面

绘制如图 15-49（a）所示辅助线 *EF*。将腰圆形立体移动到 *EF* 中点，结果如图 15-50（b）所示，命令行提示如下：

命令：_solidedit

实体编辑自动检查：　SOLIDCHECK=1

输入实体编辑选项 [面(F)/边(E)/体(B)/放弃(U)/退出(X)] <退出>: _face

输入面编辑选项

[拉伸(E)/移动(M)/旋转(R)/偏移(O)/倾斜(T)/删除(D)/复制(C)/颜色(L)/材质(A)/放弃(U)/退出(X)] <退出>: _move

选择面或 [放弃(U)/删除(R)]:　　//找到一个面

选择面或 [放弃(U)/删除(R)/全部(ALL)]:　　//找到一个面

选择面或 [放弃(U)/删除(R)/全部(ALL)]:　　//找到一个面

选择面或 [放弃(U)/删除(R)/全部(ALL)]:　　//找到一个面

选择面或 [放弃(U)/删除(R)/全部(ALL)]:

指定基点或位移:　　//选择 AB 中点

指定位移的第二点:　　//选择 EF 中点

已开始实体检验

已完成实体检验

15.4.3　旋转面

功能区：“常用”选项卡⇨“实体编辑”面板⇨“旋转面”按钮。

菜单栏：“修改”⇨“实体编辑”⇨“旋转面”命令。

工具栏："实体编辑"工具栏中"旋转面"按钮。

命令行：SOLIDEDIT，单击"面"，选择"旋转"。

对图 15-49（b）进行旋转面操作，结果如图 15-51 所示，命令行的提示如下：

命令：_solidedit

实体编辑自动检查： SOLIDCHECK=1

输入实体编辑选项 [面(F)/边(E)/体(B)/放弃(U)/退出(X)] <退出>:
_face

输入面编辑选项

[拉伸(E)/移动(M)/旋转(R)/偏移(O)/倾斜(T)/删除(D)/复制(C)/颜色(L)/材质(A)/放弃(U)/退出(X)] <退出>: _rotate

选择面或 [放弃(U)/删除(R)]：找到 4 个面

选择面或 [放弃(U)/删除(R)/全部(ALL)]：

指定轴点或 [经过对象的轴(A)/视图(V)/x 轴(X)/y 轴(Y)/z 轴(Z)] <两点>: Z

指定旋转原点 <0,0,0>: //选择 EF 的中点

指定旋转角度或 [参照(R)]: 90

已开始实体校验

已完成实体校验

15.4.4 偏移面

功能区："常用"选项卡⇨"实体编辑"面板⇨"偏移面"按钮。

菜单栏："修改"⇨"实体编辑"⇨"偏移面"命令。

工具栏："实体编辑"工具栏中"偏移面"按钮。

命令行：SOLIDEDIT，单击"面"，选择"偏移"。

将图 15-51 的端面，沿 *X* 轴正方向偏移 20，结果如图 15-52 所示，命令行的提示如下：

命令：_solidedit

实体编辑自动检查： SOLIDCHECK=1

输入实体编辑选项 [面(F)/边(E)/体(B)/放弃(U)/退出(X)] <退出>:
_face

输入面编辑选项

[拉伸(E)/移动(M)/旋转(R)/偏移(O)/倾斜(T)/删除(D)/复制(C)/颜色(L)/材质(A)/放弃(U)/退出(X)] <退出>: _offset

选择面或 [放弃(U)/删除(R)]：找到一个面　　　　　　//选择前面的端面

选择面或 [放弃(U)/删除(R)/全部(ALL)]：

//继续选择面直到右键或者回车确认

指定偏移距离：20

已开始实体校验

已完成实体校验

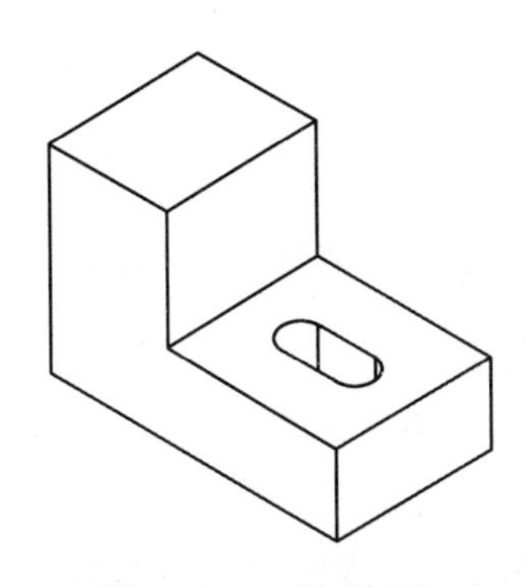

图 15-51　旋转面

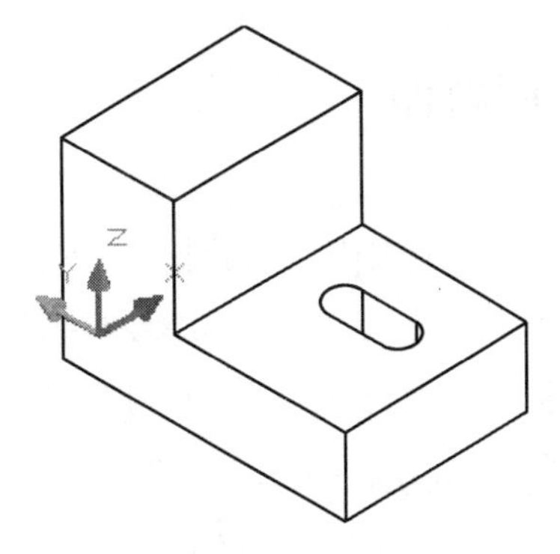

图 15-52　偏移面

用“拉伸面”命令同样可以完成本次操作，读者可自行尝试完成。

“偏移面”命令不仅可以偏移平面，还可以偏移曲面，如图 15-53 所示。命令行提示如下：

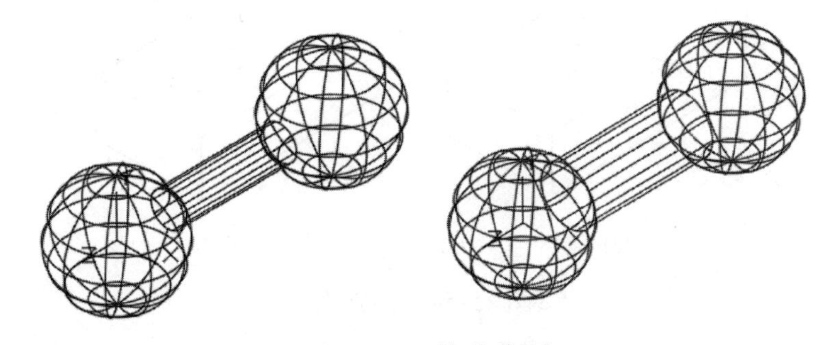

图 15-53　偏移曲面

命令：_solidedit

实体编辑自动检查：　SOLIDCHECK=1

输入实体编辑选项 [面(F)/边(E)/体(B)/放弃(U)/退出(X)] <退出>：_face

输入面编辑选项

[拉伸(E)/移动(M)/旋转(R)/偏移(O)/倾斜(T)/删除(D)/复制(C)/颜色(L)/材质(A)/放弃(U)/退出(X)] <退出>：_offset

选择面或 [放弃(U)/删除(R)]: 找到一个面　　　　//选择圆柱的表面

选择面或 [放弃(U)/删除(R)/全部(ALL)]:

//继续选择面直到右键或者回车确认

指定偏移距离: 10

已开始实体校验

已完成实体校验

15.4.5　倾斜面

功能区:"常用"选项卡⇨"实体编辑"面板⇨"倾斜面"按钮。

菜单栏:"修改"⇨"实体编辑"⇨"倾斜面"命令。

工具栏:"实体编辑"工具栏中"倾斜面"按钮。

命令行:SOLIDEDIT,单击"面",选择"倾斜"。

对图 15-54(a)的 *GHIJ* 平面进行倾斜面操作,结果如图 15-54(b)所示,命令行的提示如下:

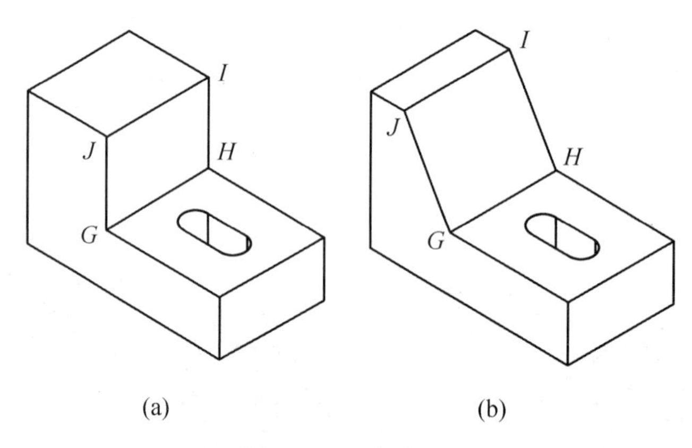

图 15-54　倾斜面

命令: _solidedit

实体编辑自动检查: SOLIDCHECK=1

输入实体编辑选项 [面(F)/边(E)/体(B)/放弃(U)/退出(X)] <退出>: _face

输入面编辑选项

[拉伸(E)/移动(M)/旋转(R)/偏移(O)/倾斜(T)/删除(D)/复制(C)/颜色(L)/材质(A)/放弃(U)/退出(X)] <退出>: _taper

选择面或 [放弃(U)/删除(R)]: 找到一个面　　　　//选择 GHIJ 面

选择面或 [放弃(U)/删除(R)/全部(ALL)]:

//继续选择面直到右键或者回车确认

指定基点:　　　　　　　　　　//选择 G 点

指定沿倾斜轴的另一个点:　　　　//选择 J 点

指定倾斜角度:30

已开始实体校验

已完成实体校验

用“旋转面”命令同样可以完成本次操作，读者可自行尝试完成。

15.4.6　删除面

功能区：“常用”选项卡⇨“实体编辑”面板⇨“删除面”按钮。

菜单栏：“修改”⇨“实体编辑”⇨“删除面”命令。

工具栏：“实体编辑”工具栏中“删除面”按钮。

命令行：SOLIDEDIT，单击“面”，选择“删除”。

对图 15-54（b）的 *GHIJ* 面做“删除面”操作，结果如图 15-55 所示，命令行提示如下：

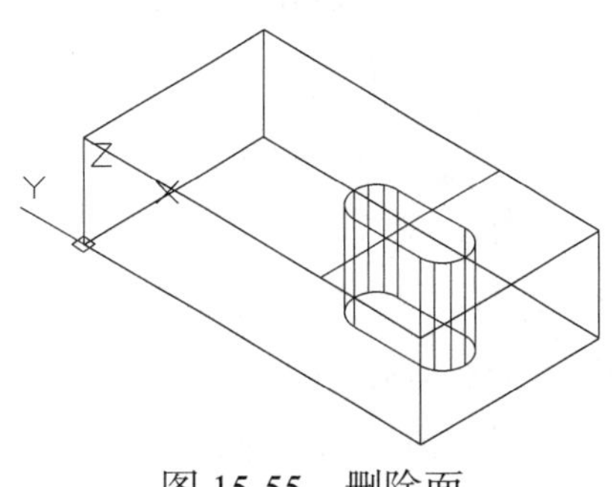

图 15-55　删除面

命令: _solidedit

实体编辑自动检查:　SOLIDCHECK=1

输入实体编辑选项 [面(F)/边(E)/体(B)/放弃(U)/退出(X)] <退出>: _face

输入面编辑选项

[拉伸(E)/移动(M)/旋转(R)/偏移(O)/倾斜(T)/删除(D)/复制(C)/颜色(L)/材质(A)/放弃(U)/退出(X)] <退出>: _delete

选择面或 [放弃(U)/删除(R)]: 找到一个面

//选择 15-54（b）中的 GHIL 面

选择面或 [放弃(U)/删除(R)/全部(ALL)]:

//继续选择面直到右键或者回车确认

已开始实体校验

已完成实体校验

15.4.7 着色面

功能区："常用"选项卡⇨"实体编辑"面板⇨"着色面"按钮。

菜单栏："修改"⇨"实体编辑"⇨"着色面"命令。

工具栏："实体编辑"工具栏中"着色面"按钮。

命令行：SOLIDEDIT，单击"面"，选择"颜色"。

15.4.8 复制面

功能区："常用"选项卡⇨"实体编辑"面板⇨"复制面"按钮。

菜单栏："修改"⇨"实体编辑"⇨"复制面"命令。

工具栏："实体编辑"工具栏中"复制面"按钮。

命令行：SOLIDEDIT，单击"面"，选择"复制"。

通过以下实例，完成着色面和复制面的操作。

（1）创建实体

用多段线命令按尺寸绘制"工字形"实体端面，用拉伸命令创建实体，如图 15-56（a）所示。

（2）旋转面

用"旋转面"命令，选择"工字形"端面，以底边为轴旋转 30°，结果如图 15-56（b）所示。

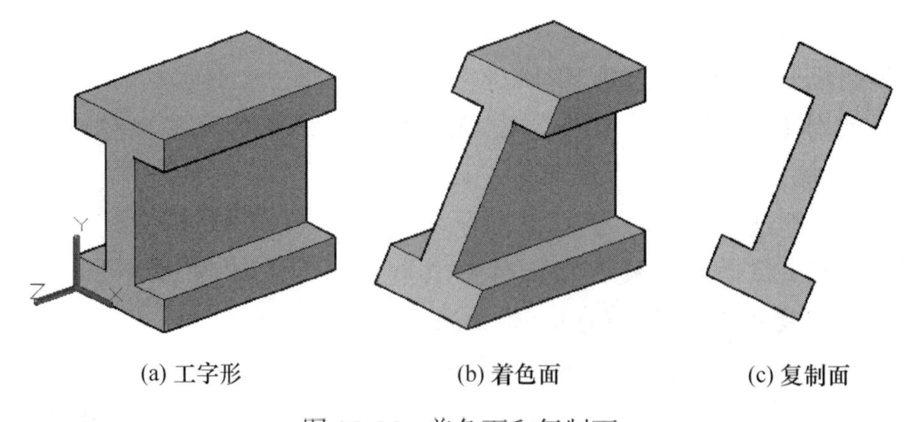

(a) 工字形　(b) 着色面　(c) 复制面

图 15-56　着色面和复制面

（3）着色面

对旋转后的面进行着色，如图 15-56（b）所示，命令行提示如下：

```
命令：_solidedit
实体编辑自动检查：  SOLIDCHECK=1
```

输入实体编辑选项 [面(F)/边(E)/体(B)/放弃(U)/退出(X)] <退出>: _face

输入面编辑选项

[拉伸(E)/移动(M)/旋转(R)/偏移(O)/倾斜(T)/删除(D)/复制(C)/颜色(L)/材质(A)/放弃(U)/退出(X)] <退出>: _color

选择面或 [放弃(U)/删除(R)]: 找到一个面　//选择旋转后的面

选择面或 [放弃(U)/删除(R)/全部(ALL)]:

//继续选择面直到右键或者回车确认

弹出选择颜色对话框（如图 15-57 所示），选择合适的颜色，单击确定，再按 ESC 键，结束命令。

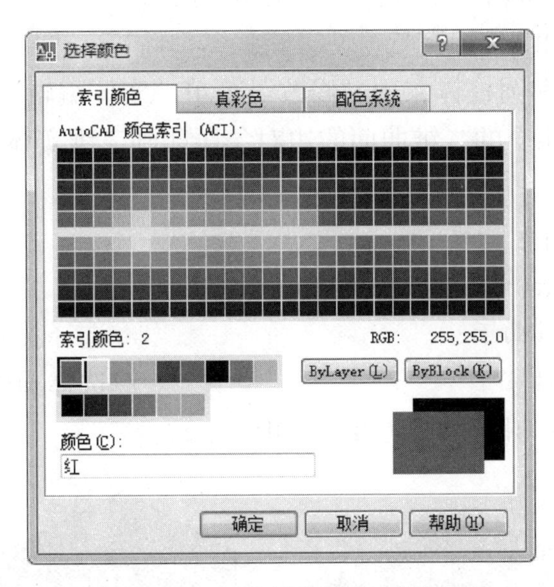

图 15-57 “选择颜色”对话框

（4）复制面

对着色后的面进行复制，如图 15-56（c）所示，命令行提示如下：

命令: _solidedit

实体编辑自动检查: SOLIDCHECK=1

输入实体编辑选项 [面(F)/边(E)/体(B)/放弃(U)/退出(X)] <退出>: _face

输入面编辑选项

[拉伸(E)/移动(M)/旋转(R)/偏移(O)/倾斜(T)/删除(D)/复制(C)/颜色(L)/材质(A)/放弃(U)/退出(X)] <退出>: _copy

选择面或 [放弃(U)/删除(R)]: 找到一个面　　//选择着色面

选择面或 [放弃(U)/删除(R)/全部(ALL)]:
//继续选择面直到右键或者回车确认

指定基点或位移:
//选择着色面上的点或者任意选取一点

指定位移的第二点: //选择目标点或者输入距离

15.4.9 压印边

功能区:“常用”选项卡⇨“实体编辑”面板⇨“压印”按钮。

菜单栏:“修改”⇨“实体编辑”⇨“压印边”命令。

工具栏:“实体编辑”工具栏中“压印”按钮。

命令行: IMPRINT。

绘制出长方体和圆柱体,用“修改”菜单“实体编辑”中“压印边”进行操作,将与选定面相交的二维曲面的边对象压印到三维实体上的面,如图 15-58 所示。

命令行提示如下:

命令: _imprint

选择三维实体或曲面: //选择长方体

选择要压印的对象: //选择圆柱体

是否删除源对象 [是(Y)/否(N)] <N>: y

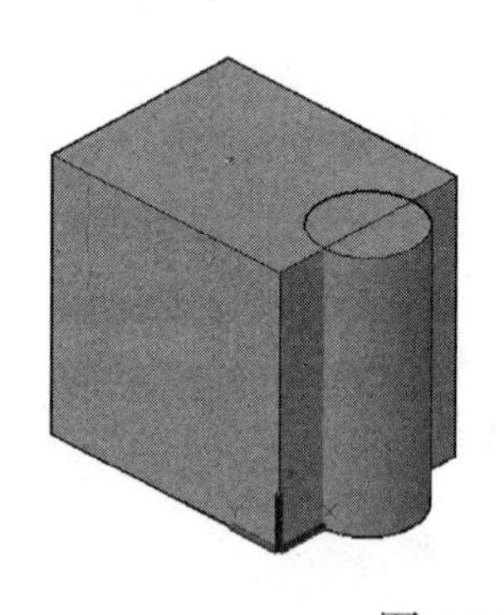
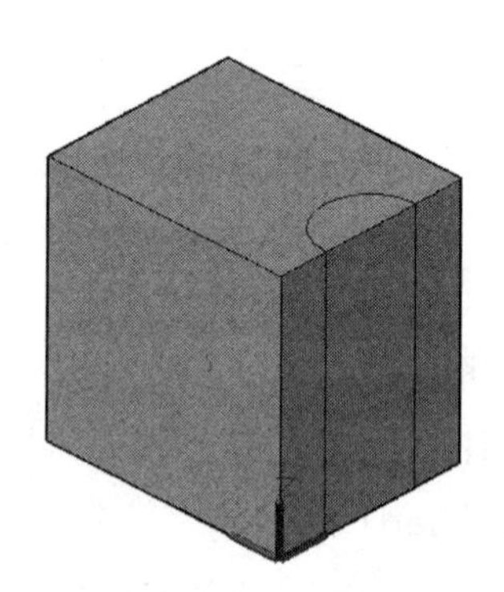

图 15-58 压印边

15.4.10 着色边

功能区:“常用”选项卡⇨“实体编辑”面板⇨“着色边”按钮。

菜单栏:“修改”⇨“实体编辑”⇨“着色边”命令。

工具栏:“实体编辑”工具栏中“着色边”按钮。

命令行：SOLIDEDIT，单击“边”，选择“着色”。

将长方体的一个边着色为红色，命令行提示如下：

命令：_solidedit

实体编辑自动检查：　SOLIDCHECK=1

输入实体编辑选项 [面(F)/边(E)/体(B)/放弃(U)/退出(X)] <退出>: _edge

输入边编辑选项 [复制(C)/着色(L)/放弃(U)/退出(X)] <退出>: _color

选择边或 [放弃(U)/删除(R)]：　//选择要着色的边，如图 15-59（a）所示

选择边或 [放弃(U)/删除(R)]：　//继续选择边直到右键或者回车确认

选择好边后，系统打开“选择颜色”对话框，用户根据需要选择合适的颜色，单击确定完成操作，效果如图 15-59（b）所示。

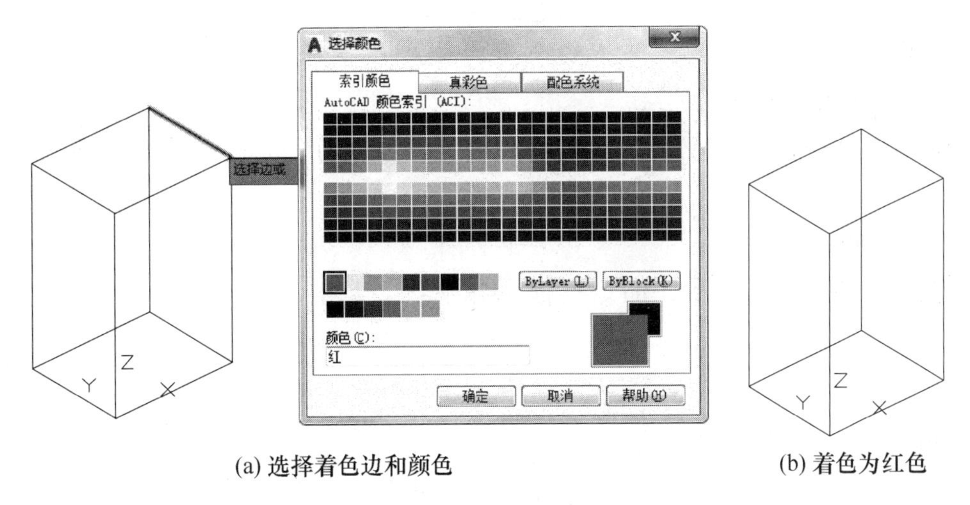

(a) 选择着色边和颜色　　(b) 着色为红色

图 15-59　着色边

15.4.11　复制边

功能区：“常用”选项卡⇨“实体编辑”面板⇨“复制边”按钮。

菜单栏：“修改”⇨“实体编辑”⇨“复制边”命令。

工具栏：“实体编辑”工具栏中“复制边”按钮。

命令行：SOLIDEDIT，单击“边”，选择“复制”。

15.4.12　抽壳

可以用以下方式对块属性进行定义：

功能区：“常用”选项卡⇨“实体编辑”面板⇨“抽壳”按钮。

菜单栏：“修改”⇨“实体编辑”⇨“抽壳”命令。

工具栏：“实体编辑”工具栏中“抽壳”按钮。

命令行：SOLIDEDIT，单击“体”，选择“抽壳”。

［**例题 15-1**］ 创建抽屉实体。

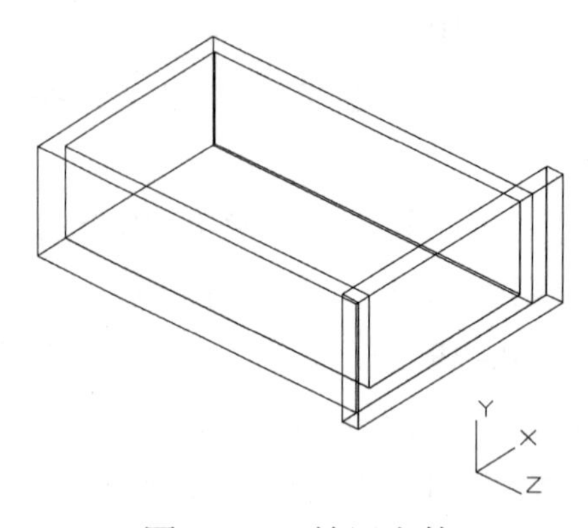

图 15-60 抽屉实体

（1）创建长方体

调用长方体命令，绘制一个长 250、宽 400、高 120 的长方体。如图 15-61 所示。

（2）抽壳

结果如图 15-62 所示，命令行提示如下：

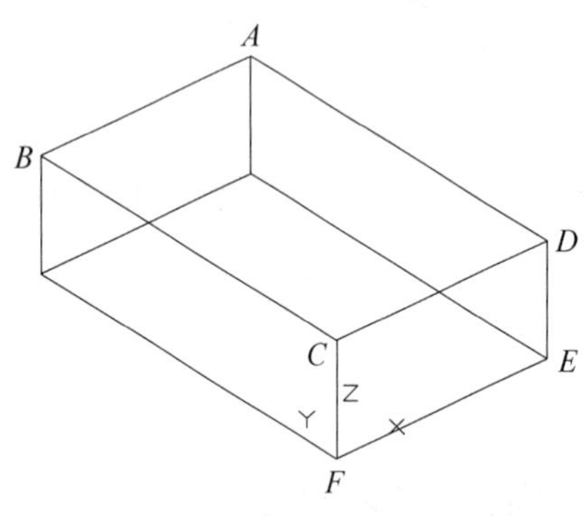

图 15-61 创建长方体

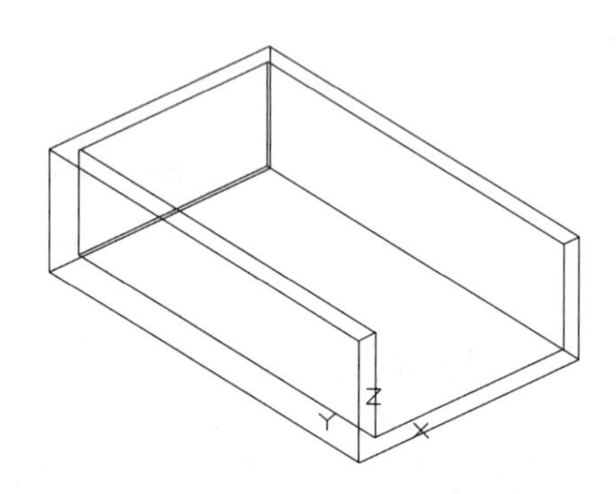

图 15-62 抽壳

命令：_solidedit

实体编辑自动检查： SOLIDCHECK=1

输入实体编辑选项 [面(F)/边(E)/体(B)/放弃(U)/退出(X)] <退出>: _body

输入体编辑选项

[压印(I)/分割实体(P)/抽壳(S)/清除(L)/检查(C)/放弃(U)/退出(X)] <退出>: _shell

选择三维实体：　　　　　　　　　　　　　　　　//选择长方体

删除面或 [放弃(U)/添加(A)/全部(ALL)]：找到一个面，已删除 1 个
　　　　　　　　　　　　　　　　　　　　　　//选择 ABCD 面

删除面或 [放弃(U)/添加(A)/全部(ALL)]：找到一个面，已删除 1 个
　　　　　　　　　　　　　　　　　　　　　　//选择 CDEF 面

删除面或 [放弃(U)/添加(A)/全部(ALL)]：
　　　　　　　　　　　　　　　　//继续选择面直到右键或者回车确认

输入抽壳偏移距离：18

已开始实体校验

已完成实体校验

（3）复制边

命令行提示如下：

命令：_solidedit

实体编辑自动检查： SOLIDCHECK=1

输入实体编辑选项 [面(F)/边(E)/体(B)/放弃(U)/退出(X)] <退出>：_edge

输入边编辑选项 [复制(C)/着色(L)/放弃(U)/退出(X)] <退出>：_copy

选择边或 [放弃(U)/删除(R)]：　　　　　　　　//选择 CF 边

选择边或 [放弃(U)/删除(R)]：　　　　　　　　//选择 FE 边

选择边或 [放弃(U)/删除(R)]：　　　　　　　　//选择 ED 边

选择边或 [放弃(U)/删除(R)]：　　　　　　　　//回车确认

指定基点或位移：　　　　　　　　　　　　　　//选择点 F

指定位移的第二点：　　　　　　　　　　　　　//选择目标点

再按 ESC 结束命令，得到复制边 C1F1，F1E1，E1D1，如图 15-63 所示。

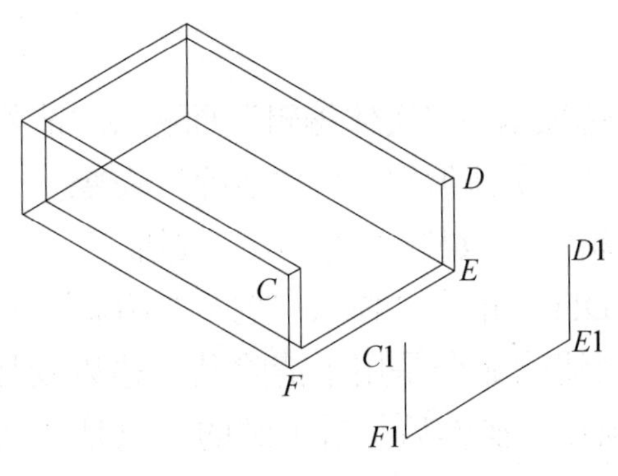

图 15-63　复制边

（4）创建抽屉面板

① 新建 UCS，将原点置于 *F*1 点，*F*1*E*1 为 *X* 轴方向，*F*1*C*1 为 *Y* 轴方向。

② 调用偏移命令，将直线 *C*1*F*1、*F*1*E*1、*E*1*D*1，向外偏移距离为 20，将偏移后的直线编辑成矩形，如图 15-64（a）所示，并创建为面域。

③ 调用拉伸命令，将矩形拉伸 20，创建成长方体，如图 15-64（b）所示。

（5）对齐

命令行提示如下：

```
命令：_align
选择对象：找到 1 个
选择对象：
指定第一个源点：                //JK 的中点 H
指定第一个目标点：              //EF 的中点 G，回车确认
```

结果如图 15-65 所示。

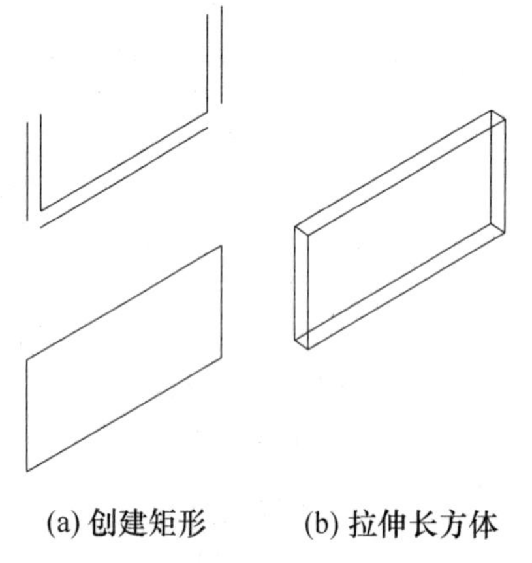

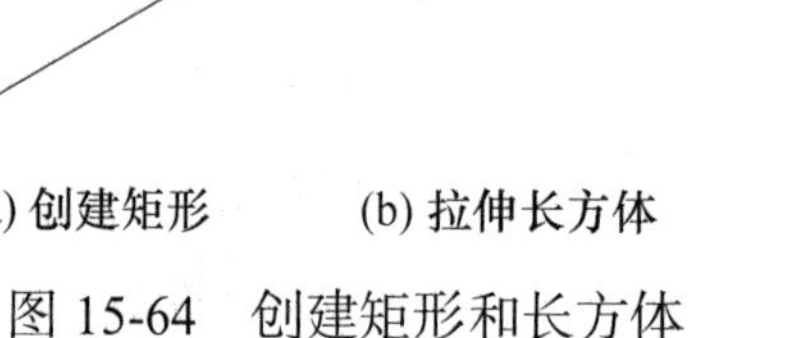

(a) 创建矩形　　(b) 拉伸长方体

图 15-64　创建矩形和长方体

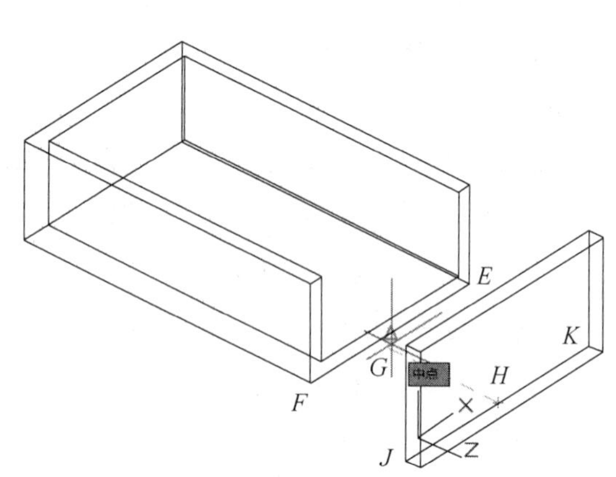

图 15-65　对齐

15.4.13　清除

功能区：“常用”选项卡⇨“实体编辑”面板⇨“清除”按钮。

菜单栏：“修改”⇨“实体编辑”⇨“清除”命令。

工具栏：“实体编辑”工具栏中“清除”按钮。

命令行：SOLIDEDIT，单击“体”，选择“清除”。

在实体编辑中使用清除命令是用于清除共享边以及那些在边或顶点具有相同表面或曲线定义的顶点，操作后是看不到的，只是文件进行优化。

AutoCAD 会检查实体对象的体、面和边，并且合并共享相同曲面的相邻面。三维实体对象上所有多余的、压印的以及未使用的边都将被删除。如图 15-66

所示的实体，多余的三个圆弧形和一个五角星压印，通过清除命令将被删除，命令行提示如下：

命令：_solidedit

实体编辑自动检查： SOLIDCHECK=1

输入实体编辑选项 [面(F)/边(E)/体(B)/放弃(U)/退出(X)] <退出>: _body

输入体编辑选项

[压印(I)/分割实体(P)/抽壳(S)/清除(L)/检查(C)/放弃(U)/退出(X)] <退出>: _clean

选择三维实体：　　　　　　　　　　　　//选择要删除的对象

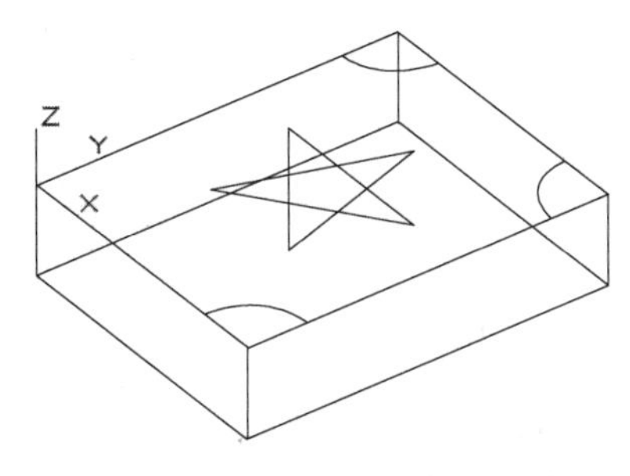

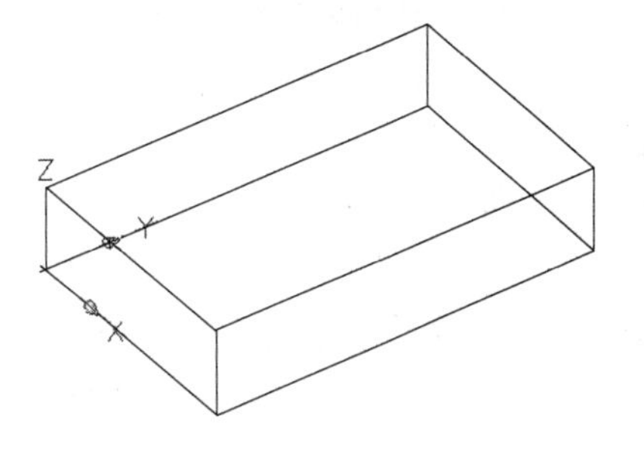

图 15-66　清除

15.4.14　分割

功能区："常用"选项卡⇨"实体编辑"面板⇨"分割"按钮。

菜单栏："修改"⇨"实体编辑"⇨"分割"命令。

工具栏："实体编辑"工具栏中"分割"按钮。

命令行：SOLIDEDIT，单击"体"，选择"分割实体"。

可以将布尔运算所创建的组合实体分割成单个实体，如图 15-67（a）长方体与圆柱做差集后，得到四块连在一起的三角形实体块，用"分割"命令变成四个独立的实体，如图 15-67（b）所示，命令行提示如下：

命令：_solidedit

实体编辑自动检查： SOLIDCHECK=1

输入实体编辑选项 [面(F)/边(E)/体(B)/放弃(U)/退出(X)] <退出>: _body

输入体编辑选项

[压印(I)/分割实体(P)/抽壳(S)/清除(L)/检查(C)/放弃(U)/退出(X)] <退出>: _separate

选择三维实体： 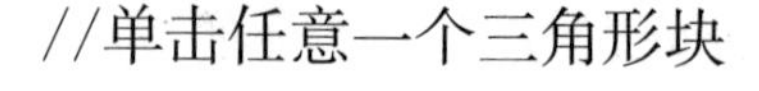 //单击任意一个三角形块

按 ECS 键结束命令。

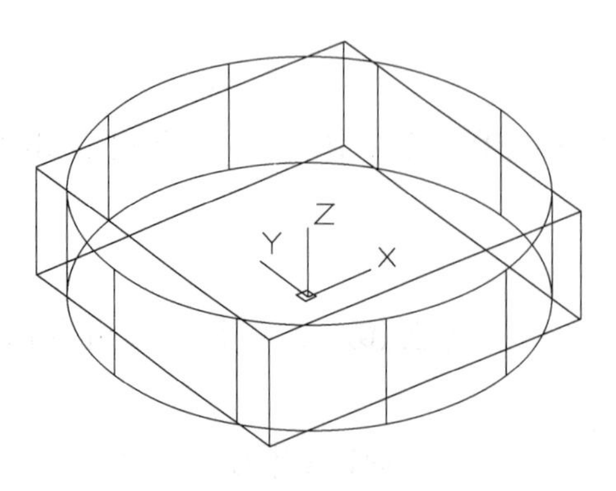

(a) 圆柱体和长方体做差集

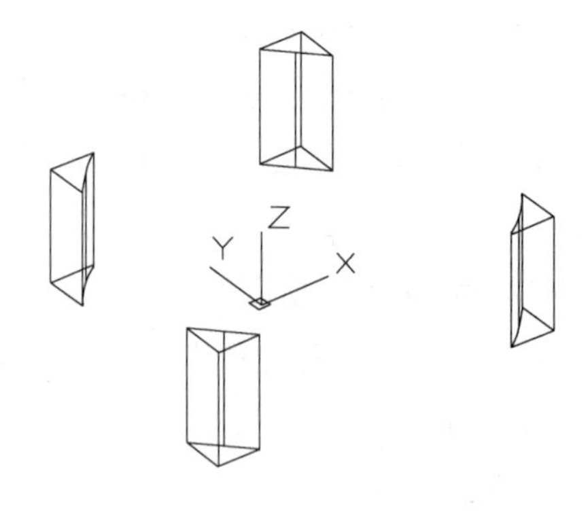

(b) 分割成四个独立的实体

图 15-67 分割

15.4.15 检查

功能区：“常用”选项卡⇨“实体编辑”面板⇨“检查”按钮。

菜单栏：“修改”⇨“实体编辑”⇨“检查”命令。

工具栏：“实体编辑”工具栏中“检查”按钮。

命令行：SOLIDEDIT，单击“体”，选择“检查”。

验证三维实体对象是否是有效的 ShapeManager 实体。命令行提示如下：

命令：_solidedit

实体编辑自动检查： SOLIDCHECK=1

输入实体编辑选项 [面(F)/边(E)/体(B)/放弃(U)/退出(X)] <退出>: _body

输入体编辑选项

[压印(I)/分割实体(P)/抽壳(S)/清除(L)/检查(C)/放弃(U)/退出(X)] <退出>: _check

选择三维实体：此对象是有效的 ShapeManager 实体

15.4.16 夹点编辑

在绘制二维图形时，可以利用夹点功能进行编辑操作，对于三维实体，夹点有相似的功能。单击要编辑的实体对象，如图 15-68（a）所示，选择想要编辑的夹点，此时夹点变成红色，拖动鼠标到目标位置或者输入相关数据，如图 15-68（b）所示，结果如图 15-68（c）所示。

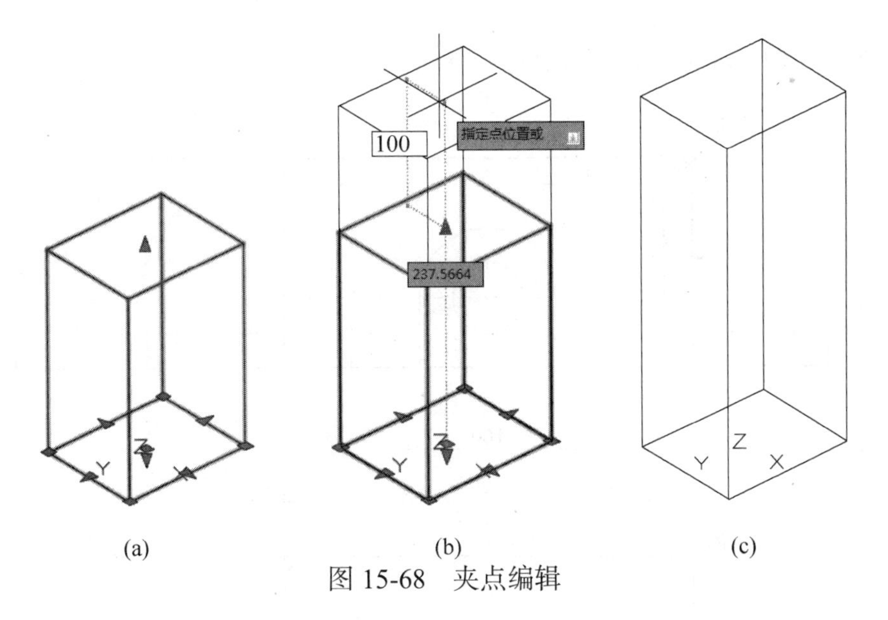

图 15-68　夹点编辑

习题

1．绘制如图 15-69 所示的雨伞造型。

图 15-69　雨伞造型

M15-1　雨伞造型绘制过程讲解

2．绘制如图 15-70 所示的花球造型。

图 15-70　花球造型

M15-2　花球造型绘制过程讲解

3．绘制如图 15-71 所示的实体造型。

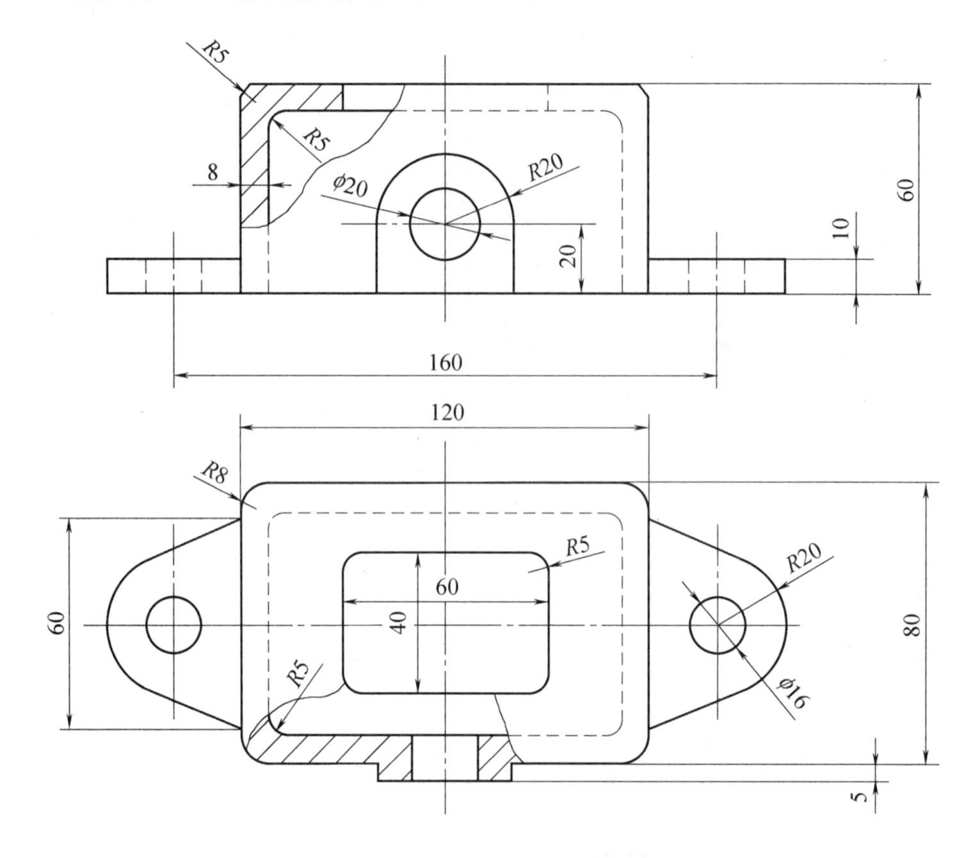

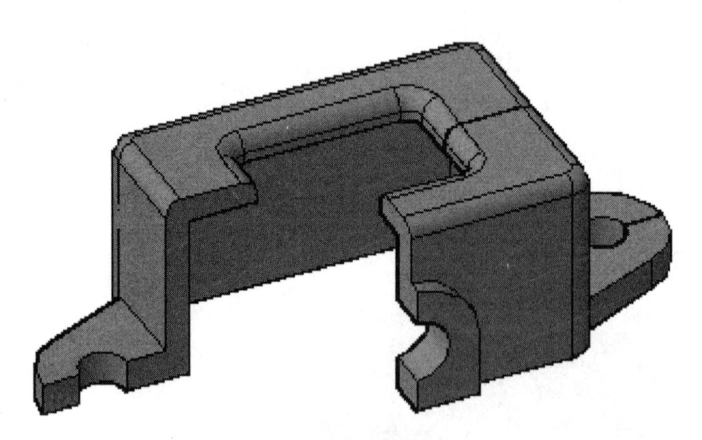

图 15-71　实体造型

M15-3　实体造型绘制过程讲解

参考文献

[1] 焦守家. 计算机绘图——AutoCAD2008. 北京：化学工业出版社，2009.

[2] 王菁. AutoCAD2020 机械设计从入门到精通. 北京：电子工业出版社，2020.

[3] 麓山文化. AutoCAD2020 从入门到精通. 北京：人民邮电出版社，2020.

[4] CAD/CAM/CAE 技术联盟. AutoCAD2018 入门与提高. 北京：清华大学出版社，2019.